装配式绿化挡墙设计理论

赵晓彦　蒋楚生　张宏伟　梁　瑶　著

科学出版社

北　京

内 容 简 介

本书将装配式绿化挡墙划分为肋柱式、桩柱式、锚固式和桩锚式，系统阐述各类挡墙的结构形式、适用范围、受力稳定特性、变形特征及应用案例。采用模型试验、数值模拟和理论分析方法，分析了装配式绿化挡墙的土拱效应及土拱动力特性，提出了土拱极限承载力的计算方法，并在此基础上提出了该类挡墙结构受力计算方法，总结了路堑挡墙趾板宽度、凸榫位置、锚杆参数、地震动力等对墙体稳定性的影响，以及路堤挡墙填料参数、踵板和趾板宽度、凸榫位置对墙体稳定性的影响。

本书可作为边坡防护与加固、滑坡治理等领域的技术参考书，也可作为大中专院校及普通高等学校地质工程、岩土工程等专业的研究生教材。

图书在版编目（CIP）数据

装配式绿化挡墙设计理论/赵晓彦等著. —北京：科学出版社，2023.3

ISBN 978-7-03-074844-7

Ⅰ. ①装…　Ⅱ. ①赵…　Ⅲ. ①装配式构件－绿化－挡土墙－园林设计 Ⅳ. ①TU985.1

中国国家版本馆 CIP 数据核字（2023）第 024844 号

责任编辑：肖慧敏 / 责任校对：彭　映
责任印制：罗　科 / 封面设计：墨创文化

科学出版社出版
北京东黄城根北街 16 号
邮政编码：100717
http://www.sciencep.com

成都锦瑞印刷有限责任公司印刷
科学出版社发行　各地新华书店经销

*

2023 年 3 月第　一　版　开本：787×1092　1/16
2023 年 3 月第一次印刷　印张：13 1/4
字数：315 000

定价：128.00 元

（如有印装质量问题，我社负责调换）

《装配式绿化挡墙设计理论》编委会

主　　笔　赵晓彦　蒋楚生　张宏伟　梁　瑶

成　　员

司文明　邹　川　贺　钢　黄献璋

曾　惜　吴佳霖　刘孟适　兰小平

吴　兵　李　晋　张昕升　韩晓云

前　言

随着我国铁路、公路等重大基础建设工程逐步向山区延伸及极端气候、天气条件的日趋严峻，同时环境保护和安全生产意识与要求逐步提高，我国提出了“紧紧围绕建设美丽中国深化生态文明体制改革，加快建立生态文明制度，健全国土空间开发、资源节约利用、生态环境保护的体制机制，推动形成人与自然和谐发展现代化建设新格局”的建设思路。装配式建筑即是一种环境友好、施工安全的建筑形式。建筑配件通过工厂预制，进行标准化、机械化制造，可实现效果可期、质量可控的建筑目标，并极大地提高生产效率；预制件现场安装，极大地减少甚至避免了现场浇筑造成的环境污染和低效率施工，也降低了由混凝土凝固时效产生的岩土体失稳风险。

装配式绿化挡墙是一种用于边坡加固的新型挡墙，既可用于开挖路堑边坡的加固，也可用于填筑路堤边坡的加固。该类挡墙由工厂集中加工的预制块经在边坡现场安装施工后组成，并可与抗滑桩、锚杆及预应力锚索组合应用，形成肋柱式、桩柱式、锚固式、桩锚式等挡墙形式，其已成功应用于铁路、公路、市政边坡的加固工程，并取得了良好的边坡加固防护效果。另外，组成该类挡墙的预制块设计有培土空间和植物生长窗口，可实现植被绿化功能，在市政边坡、铁路公路车站边坡、景区边坡、城市迎宾道路边坡等的加固中具有独特优势。

装配式绿化挡墙虽然取得了良好的工程应用效果，但其设计计算方法尚不成熟，体现在该类挡墙各构造体的尺寸确定方法尚不明确，如墙趾板及墙踵板宽度、凸榫位置及尺寸等。本书系统总结了装配式绿化挡墙的形式及构造特征，研究了桩（柱）土拱特性，在此基础上，采用理论分析和数值模拟方法研究了挡墙在不同构造形式条件下的受力特性、稳定特征及其计算方法，系统提出了墙趾、墙踵、凸榫等墙体构造对加固效果的影响，并介绍了典型路堤挡墙和路堑挡墙应用实例，以为类似条件下的挡墙设计提供参考。

本书共由8章构成，第1章介绍装配式绿化挡墙的研究意义、发展历史及研究现状；第2章介绍装配式绿化挡墙的结构特征，主要包括拼接方式及结构形式等；第3～4章介绍装配式绿化挡墙土拱效应及土拱动力特性，主要包括土拱拱形、极限承载力、地震条件下的土拱受力等；第5章介绍装配式绿化挡墙结构受力计算方法，主要包括挡墙荷载、内力、稳定性的计算方法等；第6章、第7章分别介绍装配式绿化路堑挡墙和装配式绿化路堤挡墙的稳定特性，主要包括墙体受力、位移特征及其影响因素等；第8章介绍装配式绿化挡墙应用实例，包括公路路堑挡墙、公路路堤挡墙、铁路路堑挡墙的实际应用案例。感谢司文明、邹川、贺钢、黄献璋、曾惜、吴佳霖、刘孟适、兰小平、吴兵参与本书的资料收集、数据整理分析等工作，感谢李晋、张昕升、韩晓云参与本书的试验、数值模拟分析及成果整理等工作。

本书依托国家自然科学基金项目（41672295）、中铁二院工程集团有限责任公司科研项目[院计划 KYY2018101（18-19）]和四川省交通勘察设计研究院有限公司项目（232022013）完成，并由西南交通大学教材建设项目资助，感谢上述项目的支持。

本书可作为工程技术人员的参考书，也可作为高校研究生的教材。本书在编写过程中得到了科学出版社、西南交通大学的大力帮助，在此一并表示感谢。由于作者水平有限，疏漏在所难免，欢迎广大读者批评指正。

作　者

2021 年 8 月

目　录

第 1 章　绪论……1

1.1　装配式绿化挡墙的研究意义……1

1.2　装配式绿化挡墙的发展历史和研究现状……2

第 2 章　装配式绿化挡墙结构特征……6

2.1　预制块及拼接方式……6

2.2　挡墙结构形式……9

2.2.1　肋柱式……9

2.2.2　桩柱式……10

2.2.3　锚固式……10

2.2.4　桩锚式……11

2.3　环境绿化功能……11

2.4　小结……13

第 3 章　装配式绿化挡墙土拱效应……14

3.1　桩（柱）土拱类型及形成……15

3.2　桩（柱）土拱特征……16

3.2.1　模型试验方法……16

3.2.2　数值模拟方法……22

3.2.3　土拱特征及拱轴线方程……23

3.2.4　土拱形状的确定……29

3.2.5　土拱高度的确定……33

3.3　土拱极限承载力……34

3.3.1　假定条件……34

3.3.2　土拱极限承载力计算……36

3.4　基于土拱效应的装配式绿化挡墙受力计算……40

3.5　小结……47

第 4 章　装配式绿化挡墙土拱动力特性……48

4.1　地震动力特性……49

4.1.1　地震系数……49

4.1.2　地震荷载……50

4.1.3　地震动参数……50

4.1.4　地震力计入方法……51

4.2　地震条件下土拱的受力计算…………52
4.2.1　地震条件下桩后土拱所受剩余下滑力计算…………54
4.2.2　地震条件下桩后土拱所受主动土压力计算…………56
4.3　地震动力条件下桩体偏转效应数值模拟试验…………61
4.3.1　模型建立…………61
4.3.2　边界条件设置…………62
4.3.3　地震波的输入…………63
4.3.4　模拟结果…………64
4.4　桩体偏转土拱失效模式…………68
4.4.1　悬臂桩偏转的基本模式分析…………68
4.4.2　模型试验研究…………69
4.4.3　单桩偏转试验…………79
4.4.4　多桩整体偏转试验…………83
4.4.5　试验结论…………84
4.5　降雨拱体弱化模式…………85
4.5.1　试验设备…………86
4.5.2　降雨模型试验的相似准则和降雨量等级…………87
4.5.3　试验方案…………88
4.5.4　试验结果及分析…………88
4.5.5　试验结论…………95
4.6　小结…………95
第5章　装配式绿化挡墙结构受力计算方法…………97
5.1　岩土侧向压力计算方法…………97
5.2　装配式绿化挡墙结构内力计算方法…………101
5.3　锚固式装配绿化挡墙设计计算方法…………102
5.4　装配式绿化挡墙稳定性验算…………104
5.5　小结…………104
第6章　装配式绿化路堑挡墙稳定特性…………106
6.1　无趾板装配式路堑挡墙受力特性…………106
6.1.1　模型尺寸及计算参数…………106
6.1.2　模型计算结果分析…………108
6.2　有趾板装配式路堑挡墙受力特性…………111
6.2.1　趾板宽度的影响…………111
6.2.2　凸榫位置的影响…………117
6.3　锚杆装配式路堑挡墙结构受力特性…………119
6.3.1　锚杆装配式路堑挡墙模型及其参数…………119

6.3.2 锚杆装配式路堑挡墙结构数值模拟结果 …… 120
6.3.3 锚杆竖向间距的影响 …… 123
6.3.4 预应力设计分析 …… 125
6.4 地震作用下装配式路堑挡墙受力特性 …… 127
6.4.1 动力计算地震波 …… 127
6.4.2 地震动力作用下墙体受力特性 …… 127
6.5 小结 …… 131
第 7 章 装配式绿化路堤挡墙稳定特性 …… 132
7.1 踵板对挡墙稳定性的影响 …… 132
7.1.1 模型简介 …… 132
7.1.2 路堤填料参数一 …… 133
7.1.3 路堤填料参数二 …… 138
7.1.4 路堤填料参数三 …… 142
7.2 墙趾对挡墙稳定性的影响 …… 147
7.2.1 模型简介 …… 147
7.2.2 路堤填料参数一 …… 148
7.2.3 路堤填料参数二 …… 152
7.2.4 路堤填料参数三 …… 156
7.3 凸榫对挡墙稳定性的影响 …… 161
7.3.1 模型简介 …… 161
7.3.2 路堤填料参数一 …… 163
7.3.3 路堤填料参数二 …… 167
7.3.4 路堤填料参数三 …… 171
7.4 小结 …… 175
第 8 章 装配式绿化挡墙应用实例 …… 176
8.1 装配式路堑挡墙应用实例 …… 176
8.1.1 工程概况 …… 176
8.1.2 工程地质条件 …… 177
8.1.3 边坡稳定性分析 …… 179
8.1.4 装配式绿化挡墙结构设计及稳定性计算 …… 180
8.1.5 边坡稳定性数值模拟结果及分析 …… 183
8.2 装配式路堤挡墙应用实例 …… 185
8.2.1 工程概况 …… 185
8.2.2 工程地质条件 …… 186
8.2.3 天然工况下挡墙稳定性的数值模拟研究 …… 187
8.2.4 地震工况下挡墙稳定性的数值模拟研究 …… 189

8.3 铁路装配式路堑挡墙应用实例 …… 191
8.3.1 工程概况 …… 191
8.3.2 工程地质条件 …… 194
8.3.3 开挖边坡稳定性数值模拟 …… 195
8.3.4 装配式绿化挡墙加固后边坡稳定性数值模拟 …… 195
8.4 小结 …… 198
结论 …… 199
参考文献 …… 201

第1章 绪　论

1.1 装配式绿化挡墙的研究意义

交通运输业作为社会重要的服务性行业之一，是国家经济发展中的基础性、先导性、战略性产业。2017 年国务院印发的《“十三五”现代综合交通运输体系发展规划》中提出推行绿色安全发展模式，加快完善现代综合交通运输体系；牢固树立安全第一理念，全面提高交通运输的安全性和可靠性；将生态保护红线意识贯穿到交通发展各环节，建立绿色发展长效机制，建设美丽交通走廊。随着近年来极端天气及其导致的地质灾害威胁日益严重，国土和城乡建设领域也日益强调各种建筑物的安全与绿色。各领域岩土体加固工程，尤其是艰险复杂山区的边坡岩土体加固工程应强调快速、高效、安全施工及环境友好功能。

挡墙是用于支挡路堤填土、开挖堑坡或自然斜坡岩土体，以防止岩土体变形失稳的重要支挡结构，在铁路、公路等众多线路工程及水利、国土防灾减灾工程建设中被广泛采用。目前，铁路、公路的大型边坡常采用抗滑桩与桩间结构的联合加固方式，如桩间墙、桩间土钉墙及桩板墙[1]。该类传统联合加固方式虽应用广泛，但主体结构如抗滑桩和重力式挡墙一般都采用现浇方式施工。随着社会发展对工程效率、施工安全、环境保护、生态治理的日益重视，传统的现浇式挡墙逐渐呈现出明显的弊端：现浇对施工场地的要求较高，在场地面积或地形受限的情况下施工不便；现浇工艺工期较长，当考虑混凝土凝固或存在多期分批浇筑时，结构受力前的最短工期往往达到一个月甚至更长；现场浇筑施工对环境造成的污染较大，尤其在生态脆弱区，粉尘、污水等均会造成较大的环境污染和生态破坏；现浇工艺对天气条件要求较高，在高海拔、低温、缺氧等条件下，现浇混凝土的施工条件往往面临挑战，如混凝土的配比、养护等均有待进一步研究；建成后的大面积圬工挡墙外表与周围自然环境不协调，社会和生态效益较差，尤其在城市近郊甚至市区、环境保护区、自然环境旅游区等。随着建设生态文明脚步的不断加快，在倡导生态环保、节能降耗的新时期，传统现浇挡墙的这些缺点已不符合国家生态文明建设宗旨，难以满足更高的发展要求。因此，挡墙需要朝着一种新的模式发展。

党的十九大提出了质量强国目标，基础建设如何响应质量强国要求，标准化无疑是不二选择，而装配式建筑、装配式施工是标准化的关键步骤。2016 年 9 月，国务院办公厅印发的《关于大力发展装配式建筑的指导意见》提出，力争用 10 年的时间，使装配式建筑占新建建筑面积的比例达到 30%。中央城市工作会议还提出发展新型建造方式，广泛推进装配式建筑的任务。与此同时，随着社会的不断发展，国民经济水平的逐渐提高及人们环保意识的日益增强，对项目施工的要求愈来愈高，对景观效果的需求也越来越突出。挡墙的使用需求将从单一加固防护功能朝着加固防护、环境绿化、生态景观等多种功能的方式变革。近年来，随着制造业工艺技术水平的迅速提升，混凝土预制单元标准化设计、工厂化制造、装配式施工得以逐步实现，同时基于以上政策导向和发展理念，装配式绿化挡墙应运而生。

装配式绿化挡墙是一种典型的装配式建筑，具有模块标准、施工快捷、质量可控、生态环保等优势，是未来边坡支挡结构发展的方向，尤其在艰险复杂山区常规挡墙施工困难的边坡工程中将得到日益广泛的应用。目前，我国装配式绿化挡墙的研究尚处于起步阶段，该类挡墙结构的优化、墙体的受力特点有待进一步深入研究；该类挡墙的应用也较少，偶见的一些应用实例多是工程重要性较低和墙体高度较低的边坡工程，且一般未实现良好的绿化功能。总之，装配式绿化挡墙目前尚缺乏成熟、被广泛接受的设计理论和相关计算方法。基于此，开展装配式绿化挡墙的研究十分必要，尤其是在我国基础建设向艰险复杂山区、生态敏感区延伸的背景下，此类环境友好型、施工快捷型岩土体加固结构亟待研究和推广应用。

1.2 装配式绿化挡墙的发展历史和研究现状

装配式绿化挡墙是装配式建筑发展到20世纪中期出现的一种应用于岩土体加固的装配式结构。装配式建筑是指把传统建造方式中的大量现场作业工作转移到工厂进行，在工厂加工制作构件和配件，再运输到建筑施工现场，通过可靠的连接方式在现场装配安装而成的建筑，以标准化设计、工厂化生产、装配化施工、信息化管理、智能化应用为发展目标。装配式建筑最早可追溯至17世纪英国向美洲移民时期所用的木构架拼装房屋，其后木制拼装房屋在欧美获得快速发展。1851年伦敦建成的铁骨架镶嵌玻璃的水晶宫是世界上第一座大型装配式建筑。第二次世界大战后，欧洲及日本房屋大量毁损，迫切需要解决住宅问题，这促进了装配式建筑的发展，于是英国、法国、美国、苏联、日本等国首先做了尝试，由于建造速度快、生产成本较低，装配式建筑迅速在世界各地推广开来。到20世纪60年代，装配式建筑得到大量推广，并按结构形式和施工方法分为五种，即砌块建筑、板材建筑、盒式建筑、骨架板材建筑、升板升层建筑。

装配式绿化挡墙目前主要为砌块建筑，其应用较早报道于日本的公路边坡加固。日本的公路建设于20世纪60年代末拉开序幕，由于全域地质构造复杂、地震频发，加上雨季较长、雨水丰富，日本对道路工程防护及绿化等技术进行了很多尝试，其中施工速度快、施工安全性高、环境效益好是其主要关注的目标，并最终提出了装配式绿化挡墙的方案。根据国情特点，近些年日本研究者研发了多种结构的装配式绿化挡墙，如用预制混凝土空心砌块单元、道路“L”形预制混凝土单元及预制箱笼单元等拼装成的各种装配式绿化挡墙，形成了一套相对完善的装配式绿化挡墙技术体系，该体系获得了较为广泛的应用，同时日本还出台了一系列关于预制装配式绿化挡墙的国家或行业规范规程[2-4]。美国混凝土砌体协会（National Concrete Masonry Association，NCMA）于1998年制定了预制节段拼装挡墙抗震设计手册，之后该国一些知名挡墙公司陆续公布了大量挡墙专利产品及相应施工工艺，它们大多是采用混凝土预制的标准预制块单元，通过湿砌、干砌及预制块相互嵌锁组成挡墙整体结构[5-6]。

我国装配式建筑规划自2015年以来密集出台，2015年末国家发布《工业化建筑评价标准》（GB/T 51129—2015），决定2016年在全国全面推广装配式建筑，该项措施取得突破性进展。2016年9月国务院办公厅印发《关于大力发展装配式建筑的指导意见》，要求因地制宜地发展混凝土结构、钢结构和现代木结构等的装配式建筑。2020年8月，住房和城乡建设部、教育部、科学技术部、工业和信息化部等九部门联合印发《关于加快新型建筑工业化发展的若干意见》。该意见提出：要大力发展钢结构建筑，推广装配式混凝土建筑，培养新型建筑工业化专业人才，壮大设计、生产、施工、管理等方面的人才队伍。总之，我国多部门已明确强调，发展装配式建筑是建造方式的重大变革，是推进供给侧结构性改革和新型城镇化发展的重要举措，有利于节约资源与能源、减少施工污染、提升劳动生产效率和质量安全水平，有利于促进建筑业与信息化及工业化深度融合、培育新产业与新动能、推动化解过剩产能。

我国在装配式绿化挡墙的结构形式、构造连接方式、材料、模块预制工艺及安装施工工艺等方面开展了良好的研究，形成了发明专利技术，也有公开报道的成功应用案例。

朱益军等[7]发明了一种具有绿化功能的生态拼装挡墙，该挡墙由预制面板、锚杆（索）组成：锚杆（索）可以将预制面板锚固在坡面上，面板从上到下进行台阶式拼装；在坡间平台设置花槽，栽种绿色植物。该挡墙可适用于道路高陡边坡工程，并实现生态防护功能。王志峰等[8]介绍了一种由箱体拼装式单元组成的挡墙，相邻箱体单元间采用咬合结构设计，各箱体单元能够通过单元自重及负重物体的重量抵抗土压力，箱体单元采用钢筋混凝土预制，单元结构强度高、质量较好。这种拼装式挡墙施工便利、拼装简单，能够达到支挡结构生产的工厂化及标准化要求。

刘泽等[9]介绍了由多个预制纵梁、横梁与减压板构成的一种装配式绿化挡墙结构。横梁自上而下按长度逐渐增大放置，纵梁嵌入横梁外表预设的凹槽中，减压板布置在横梁之间。因横梁长度自上而下逐渐变短，可以降低挡墙受到的竖向压力。该装配式绿化挡墙结构设计简单，能够很好地提高结构整体刚度及稳定性。王智猛等[10]发明了一种由面板与包裹式加筋墙体构成的拼装加筋土挡墙，挡墙面板采用预制块体与现浇混凝土共同组成，在预制块体构成的空间内进行混凝土现浇，面板底部设置条形基础，各预制面板之间通过混凝土现浇与锚固钢筋紧密相接成为整体。该类挡墙能够实现快速拼装，预制块体可以组成浇筑模板，减少了现浇立模程序，使造价更低，联合采用混凝土现浇还能增强面板的整体性。

王志锋等[11]发明了一种由椅形板底板与立板结构组成的快速拼装式防汛挡墙。该挡墙结构设计简单合理、拼装便利，针对防汛特点，能够节省大量人力与施工时间，并对抵挡瞬时强暴雨洪水袭击具有明显的效果。

熊探宇等[12]以某新建铁路边坡支护工程为例，介绍了一种拼装式挡墙的设计及应用情况。该挡墙以重力式挡墙为理论基础，挡墙结构设计采用钢框梁组成的框架，并在框架内部填满块石组成挡墙整体结构。与现浇混凝土挡墙相比，该拼装式挡墙结构不仅透水性更强，抗震性能更好，有良好的不均匀沉降适应性；还具有运输方便、施工快捷等特点，能够实现就地取材，具有节能环保等优势。

装配式墙体和其他结构，如锚杆、锚索、抗滑桩等的联合应用方面也有了良好的研究，形成了组合结构。郭海强等[13]发明了一种拼装土钉挡墙，该挡墙墙体由多个预制块单元竖向拼装而成，但挡墙结构的基础、压顶梁和立柱都采取混凝土现浇。该拼装土钉挡墙较传统土钉墙能够有效改善结构变形，增强挡墙稳定性，且拼装施工便捷，施工效率明显提高。周晓靖[14]研发了一种装配式柱板式挡墙，该挡墙结构采用预制带肋夹心板同现浇钢筋混凝土立柱堆叠组成。预制夹心板中的填充材料采用石膏基秸秆纤维混凝土，后期可在预制夹心板内种植植物，实现生态挡墙结构一体化与立体绿化的功能。

除了单级墙外，多级挡墙的装配式研究也引起了业界的关注，取得了初步的研究成果。蒋楚生等[15]发明了一种适用于填方路堤边坡加固的多级拼装式挡墙结构，该拼装式挡墙预制结构包括竖直的悬臂板与固定于底部的墙踵板及墙趾板，墙体结构根据边坡高度采用退台形式布设了至少两级。该拼装式挡墙可以明显降低道路高填方边坡支护工程的造价，且施工速度较快。

有学者对挡墙墙面形状也进行了一定的研究，从直面墙体发展出了曲面墙体，其结构也从单墙式发展为连拱挡墙。张飞等[16]发明了一种可拼装的曲面加筋土挡墙结构，该挡墙结构由表面为圆弧状的墙面板预制块与四周设计有预设孔的圆柱铰预制块构成。墙面板预制块和圆柱铰之间采取预设的连接键及预设孔相互嵌入相接，并采用快速凝固的水泥进行加固处理。土工格栅通过预制凹槽与预设插销紧密锁定。该拼装式加筋土挡墙结构设计合理，排水性能较传统挡墙更优良。封志军等[17]介绍了一种钢制框架拼装式挡墙结构。该类挡墙采用钢制框架单元拼装，框架内填满块石，构成挡墙整体结构。钢制框架拼装式挡墙可以明显增强挡墙结构的稳定性及耐久性，具有消能减震、排水优良的特性，且挡墙施工方便，环境适应性强，尤其对水电条件不良及无机械施工条件的危险复杂区域的边坡治理工程更加适用。傅乾龙[18]发明了一种装配式连拱挡墙，挡墙底板与墙体相接处向上预设若干个支承杆，连拱部件布置于相邻两个支承杆之中。支承杆的前表面装有连接件，连接件采用槽钢预制并通过焊接方式固定于支承杆上。该装配式绿化挡墙整体结构稳定可靠，且施工不受气候影响，工期较短，工程质量更易控制。

钢筋混凝土装配式绿化挡墙的研究也引起了足够的重视，相关成果初步解决了筋材的装配式施工问题。陈岩[19]提出了一种装配式钢筋混凝土挡墙。挡墙结构由墙体主体、支撑底板、墙体承放槽、墙体收放腔等部件组成。墙体收放腔设置于支撑底板上，收放腔外表面可以布设间距相同的防滑底腔；墙体主体结构设在收放腔靠山的一侧；承放槽布置于每个收放腔中心位置。该装配式钢筋混凝土挡墙使用范围更加广泛，挡墙的安全性更强且挡墙的使用年限更长。石中柱和张文清[20]通过研究预制钢筋混凝土折板挡墙的设计方法及施工方式，认为预制折板挡墙与现浇混凝土挡墙相比，可以明显节约物料，减少投资，降低工作量，使挡墙施工逐步实现机械化施工模式。

张程宏[21]对装配式绿化挡墙设计工艺及其重点与难点问题进行分析后，提出了一种扶壁式装配式路肩挡墙结构。该挡墙基础为现浇结构，挡墙面板采取预制结构，墙体结构与底部基础通过预留钢筋焊接方式连接。段铁铮[22]对市政工程装配式绿化挡墙标准化与系列化的重要性进行了相关讨论，并以市政工程施工运营特点为基础，从施工效率、美观效果及节能减排等方面总结了装配式绿化挡墙的优势和发展前景。曾向荣[23]介绍了将预制装配式绿化挡墙首次应用于铁路路基工程中的优越性，并认为其可以明显节约施工时间，在很大程度上解决市内线路工程建设周期紧迫的问题，也可解决工程用地紧张的问题。

装配式绿化挡墙的使用条件尤其是在特殊条件下的使用性能也是研究的一个热点。丁录胜[24]认为拼装式挡墙具有柔性结构特点，能够克服冻土对挡墙的冻胀破坏，还具有施工便利、费用低廉、稳定性强的优点，故冻土地区的挡墙应优先采用拼装式挡墙结构。江平等[25]介绍了三种能够适应寒区环境的装配式绿化挡墙结构，分别为拱式挡墙、扁壳式挡墙及涵管式挡墙，工程实践表明上述三种装配式挡墙结构不仅能很好地适应变形、抗冻能力较强，还具有强度高、施工便捷、造价较低等优点。章宏生等[26]研究了装配扶壁式挡墙的应力与变形特征，并针对挡墙结构特点，总结了装配扶壁式挡墙新旧混凝土接触面参数对墙体受力性能的影响，他们认为新旧混凝土接触面抗滑力要大于剪应力，且接触面应结合良好，保证拼接缝位置面板拉应力很小。徐健等[27]以悬臂式及扶壁式挡墙为基础，对挡墙预制装配化设计与施工中的墙型选择、构件连接、单元连接、模板工程、预留件定位控制、运输路径选择与吊装位置等关键问题进行了分析，并给出了常用的解决方法。

可见，我国已逐步引入与开发了多种结构形式的装配式绿化挡墙，包括装配式的加筋土挡墙、格宾挡墙、扶壁式挡墙、锚杆挡墙、肋柱式挡墙等。在此基础上，发展了装配式绿化挡墙的砌块预制质量控制技术、现场装配施工工艺等，也提出了该类挡墙存在的一些局限性，如施工工艺要求较高、预制件尺寸的精确控制、相关行业的具体要求等[28]。

装配式绿化挡墙发展中的一个重要革新是纳入了生态绿化功能，主要包括两个方面：设计预制件时，预留了培土植树（草）空间；将灌溉功能纳入装配式绿化挡墙整体设计。中海神勘测规划设计（天津）有限公司[29]设计了一种具备绿化功能的挡墙，该设计将墙体设置成倾斜状，有效减少了坝内水流的冲击，提高了墙体的稳定性，其顶端安装的花坛改善了堤坝的绿化功能。周晓靖[30]研发的钢筋混凝土生态挡墙，是一种装配式复合钢筋砼柱板式挡墙，可应用于铁路、公路、水利等工程建设中，具有较高的社会经济效益，市场应用前景广阔。四川宏洲新型材料股份有限公司在日本装配式绿化挡墙的基础上，开发了具有绿植培土及生长空间的装配式绿化挡墙砌块，并在铁路、公路、市政边坡开展了应用研究。

总结上述国内外装配式绿化挡墙研究现状可知，国内外均针对装配式绿化挡墙开展了一定程度的研究，但主要集中研究挡墙的结构形式、预制件磨具、砌块材料等，对于结构受力理论和整体设计方法研究相对滞后。当前我国装配式绿化挡墙在市政、道路、水利等领域都逐步开展了相关的理论和试验研究，但实际应用相对较少，基本都是用于高度较低和重要等级较低的边坡工程，且多未结合绿化功能设计；装配式绿化挡墙的适用条件、设计理论、预制件生产标准、现场安装施工工艺、检验标准等体系仍不完善。目前装配式绿化挡墙的研究大多是把挡墙现浇结构改进为部分预制结构，装配设计较单一，装配化标准也较低；相关的计算方法采取现浇挡墙现有的方法，装配式绿化挡墙结构稳定性的分析方法等均有待进一步深入系统地研究。

第2章　装配式绿化挡墙结构特征

2.1　预制块及拼接方式

按装配式建筑的基本类型划分，装配式绿化挡墙属于砌块建筑，墙体由若干个预制块在边坡现场装配而成，预制块是该类挡墙的主体构件，称为预制块单元。预制块单元采用磨具筑造方式在工厂内批量制造，其构造如图2-1所示。预制块单元在外观上为空间框格状，即由底部的植生板与左、右侧壁及后壁围成一定空间，其间填土以增加墙体自重并可植树（草、花）绿化。底部的植生板上可装填土壤种植绿色植物，预制块后壁设有排水窗，排水窗既是墙后坡体雨水的排泄通道，也可作为植物根系同墙后岩土体联系的生长通道。植生板倾向坡内，可防止雨水冲刷导致的土壤流失，同时还能保证土槽具有一定的蓄水能力，满足植被生长需求。预制块上端面设有的凸起与侧壁前后侧预留的钢筋穿孔为预制块的拼装而设计。在预制块左、右侧壁分别设有吊装孔，以方便预制块的运输和现场装配时的吊装。

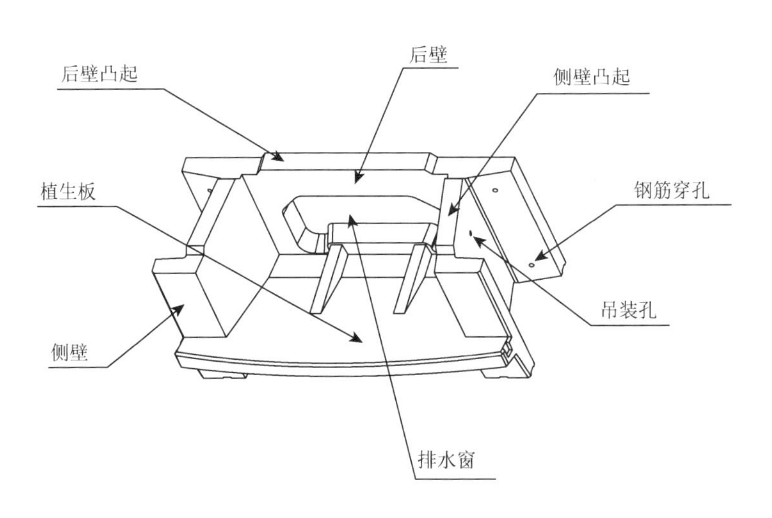

图2-1　预制块单元示意图

预制块单元的几何尺寸如图2-2所示。目前主流的预制块单元外轮廓尺寸为1.5m（长）×0.8m（宽）×0.7m（高）。后壁排水窗尺寸大小可根据实际情况和需求在预制块生产过程中进行调整。预制块单元采用钢模整体成型，采用的混凝土应满足无侧限立方体试件单轴抗压强度标准值不低于30MPa，即不低于C30标准，且采用定型模具工厂化预制生产方式，产品质量稳定可靠，单块重量约为610kg（不含预制块单元的填土重量）。

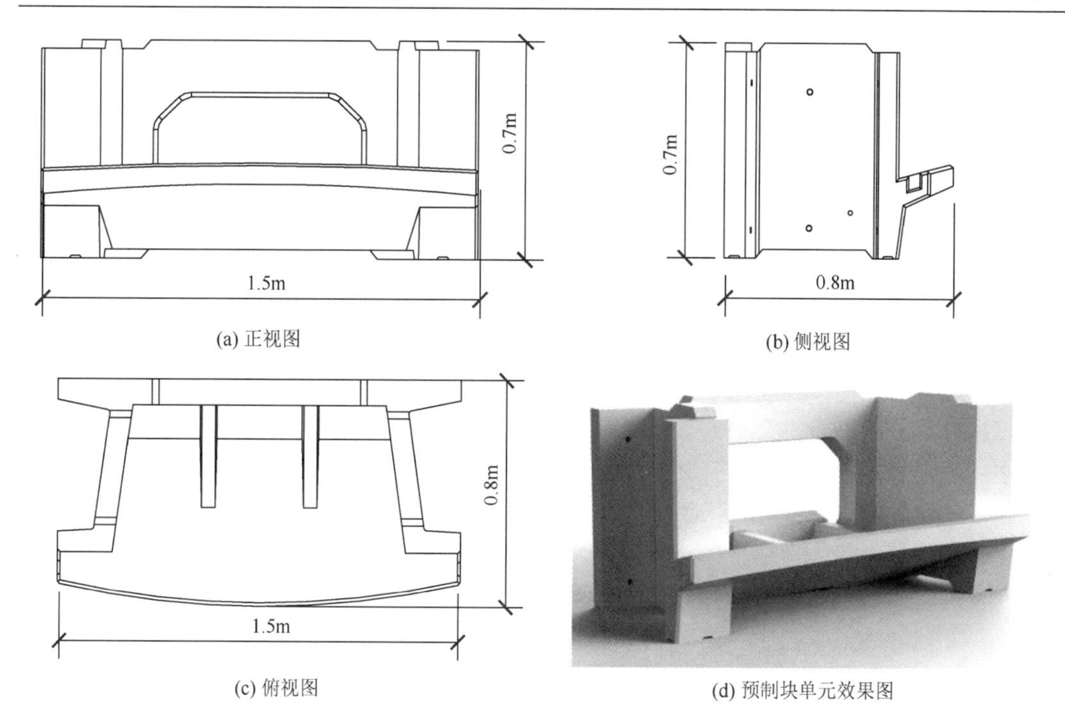

(a) 正视图　(b) 侧视图　(c) 俯视图　(d) 预制块单元效果图

图 2-2　预制块单元三视图

预制块的现场拼装包括竖向拼装和水平向拼装。预制块单元连接方式及拼装模型如图 2-3 所示。①竖直方向上：为增强施工过程中上下相邻预制块单元的连接稳定性和牢固程度，预制块上端面设有凸起并在下端面相应位置设置凹槽，上下两排预制块单元之间在拼装时凸起，且与凹槽完全锁紧。②水平方向上：为增强左右相邻预制块单元的连接稳定性和牢固程度，在预制块后壁两端都预设有钢筋穿孔，便于拼装时用“U”形钢锁住左右相邻预制块。预制块单元装配完成后左右侧壁互相闭合形成构造柱（图 2-3 中的肋柱）空间，在此封闭空间内放置钢筋笼并现浇混凝土形成构造柱（肋柱）。值得注意的是，此处的钢筋笼应自下而上逐级绑扎形成。构造柱空间（图 2-4）是预制构件拼接时预制构件两侧的翼板、前后面板围成的空间。翼板、前后面板形成构造柱的模板，既能减少现场模板施工用的物料与人力，又可以使构造柱（肋柱）与砌块单元自然联结，形成整体结构。为了保证肋柱钢筋笼的顺利绑扎，砌块单元的几何尺寸应具有足够的精度，如达到亚毫米级，以使构造柱（肋柱）空间自下而上地连续、平顺。另外，由于构造柱（肋柱）空间狭小，现场施工时难以实现混凝土的机械振捣，实际施工时，构造柱应采用分级浇筑，并注意保证混凝土分级浇筑与砌块单元拼装间的配合，以保证挡墙整体施工的效率和质量。

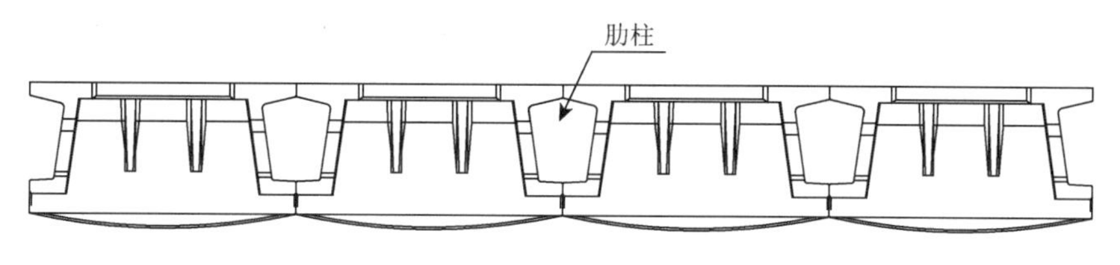

(a) 连接方式

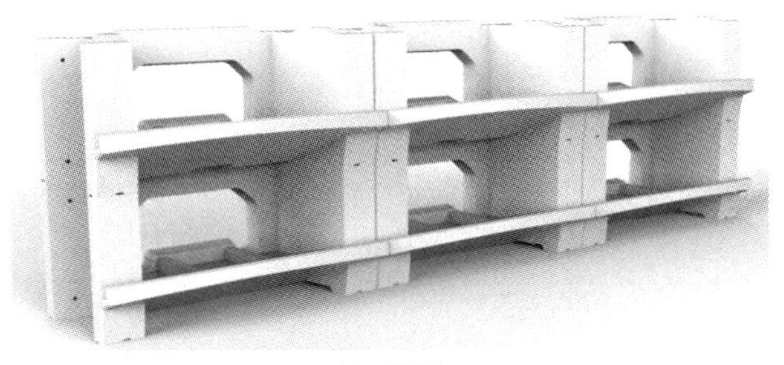

(b)正视图

图 2-3 预制块单元连接方式及拼装模型示意图

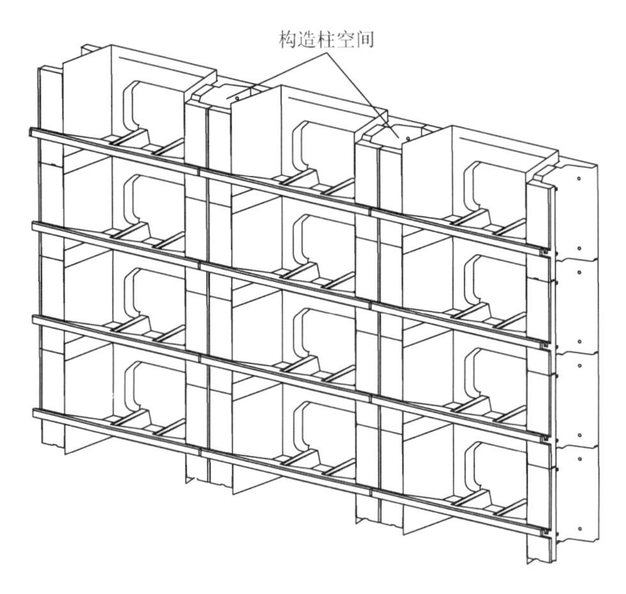

图 2-4 构造柱示意图

如图 2-5 所示，构造柱横截面为一前后边长及高度分别为 27cm、38cm、46cm 的梯形截面，面积为 1495cm^2。构造柱截面尺寸较大，具有较强的承载能力（混凝土强度等级为 C30 或更高），因此装配式绿化挡墙能够设计成多种形式的墙体结构。构造柱是装配式绿化挡墙体的主要受力构件，墙体预制块受到的墙后岩土压力或滑坡推力均传递到构造柱上，构造柱再将该作用力传递于底部构造及基础（包括墙趾板、墙踵板、凸榫及地基

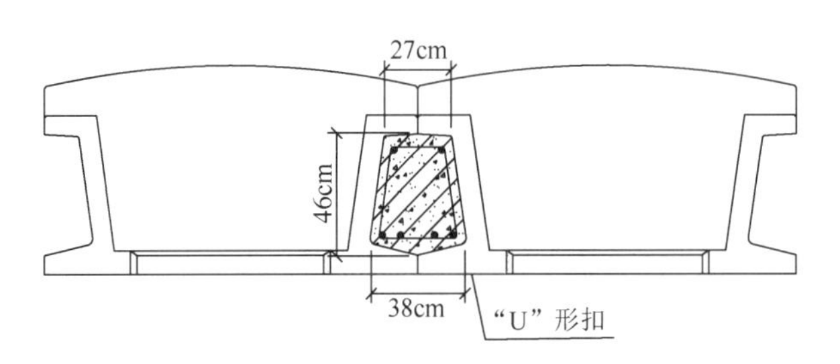

图 2-5 构造柱横截面示意图

岩土体）上。装配式绿化挡墙受力模式与悬臂式挡墙类似，构造柱同底部基础之间为刚性相接，墙顶位置增加压顶梁设计，可增强挡墙结构整体的稳定性。构造柱压顶梁、底部基础目前均为钢筋混凝土现浇结构，可进一步研发预制装配结构。

2.2　挡墙结构形式

装配式绿化挡墙主体由若干层相同的预制块单元和构造柱组合拼装而成，预制块、构造柱与墙体顶部的压顶梁及底部基础构成了类似悬臂挡墙的整体结构，其墙体整体结构形式如图 2-6 所示。

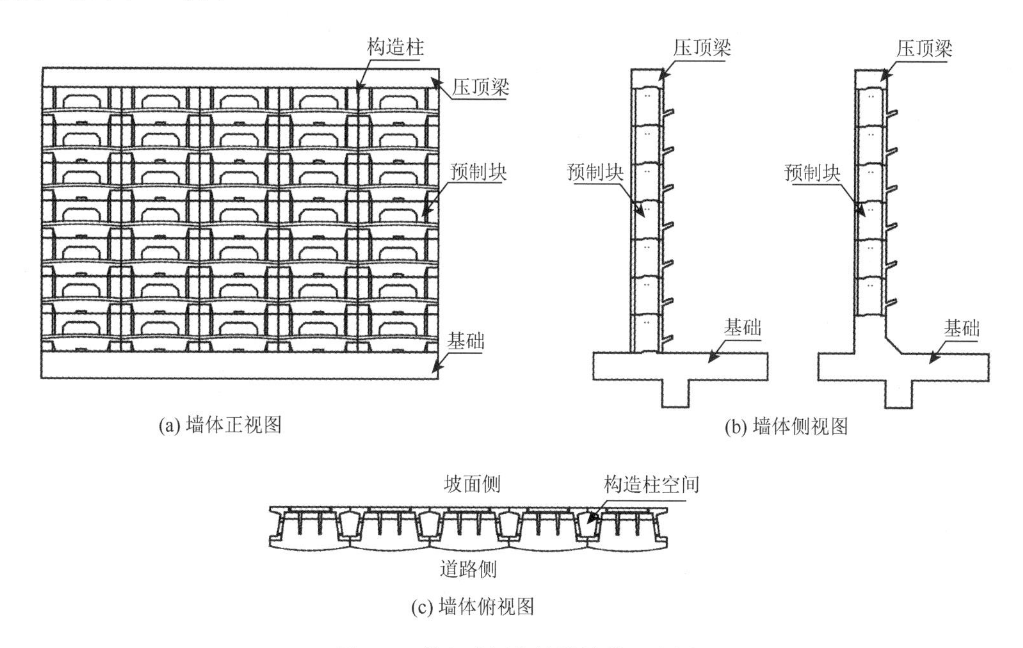

图 2-6　装配式绿化挡墙结构示意图

装配式绿化挡墙除了以悬臂挡墙（路堑挡墙）受力形式单独应用以外，还可以与锚杆、锚索、抗滑桩等措施组合使用，形成不同形式的装配式绿化挡墙体系，如肋柱式、桩柱式、锚固式、桩锚式等。不同的挡墙形式，砌块单元具有不同的受力特点。

2.2.1　肋柱式

挡墙主体仅由砌块单元装配拼接而成，且不与锚杆、锚索、抗滑桩等其他加固措施组合。如前所述，砌块单元拼接后形成肋柱空间，其中加设钢筋笼并现浇混凝土形成肋柱。此类挡墙主要通过肋柱将岩土体不平衡力（土压力或剩余下滑力）传递至基础，故称为肋柱式装配绿化挡墙。

肋柱式装配绿化挡墙适用于单级边坡的加固防护，主要用于填高小于 8m 的路堤边坡和挖方小于 10m 的路堑边坡，边坡岩土体不平衡力较小，边坡处于极限平衡或欠稳定状态。

2.2.2　桩柱式

挡墙主体仅由砌块单元装配拼接而成，并与抗滑桩组合使用。抗滑桩是主要的承载结构，可形成桩间土拱效应。砌块单元拼接而成的挡墙主体主要承担土拱拱前岩土体的不平衡力，并由肋柱传递至基础。可见，此类挡墙中将岩土体作用力传递至基础和地基的结构包括抗滑桩与肋柱，故称为桩柱式装配绿化挡墙。值得注意的是，该类组合结构中拼装完成的砌块单元不与抗滑桩刚接，即墙体受力不传递给抗滑桩。墙体与抗滑桩间的受力模式与桩间墙的受力模式相同。

桩柱式装配绿化挡墙可用于稳定性较差的高陡边坡和滑坡加固防护，主要施作于一级边坡。对于挖方边坡，当施工到一级边坡时，先施作抗滑桩，开挖桩间岩土体后在桩间施作砌块单元的装配拼接。对于填方路堤，应先施作抗滑桩和装配式绿化挡墙，再进行岩土体的填筑。

2.2.3　锚固式

锚固式装配绿化挡墙主要包括非预应力锚杆挡墙和预应力锚索挡墙，主要由构造柱（肋柱）、预制构件、基础、压顶梁、锚杆（锚索）等组成，是肋柱式装配绿化挡墙和锚杆（锚索）的组合应用。如图 2-7 所示，生产单个预制块时，左右外侧预留半孔，拼装完成后同层相邻两预制块组成锚固孔（锚杆或锚索孔）。预制构件的锚固孔设置在构造柱上，作为锚杆（锚索）施工的锚固孔，可在构造柱混凝土浇筑时埋置预留聚氯乙烯（polyvinylchloride，PVC）管。该类挡墙由于锚固构件的应用，特别是预应力锚索吨位较高时，对砌块单元混凝土的承载能力要求较高，故应经过验算论证确定混凝土的强度等级。

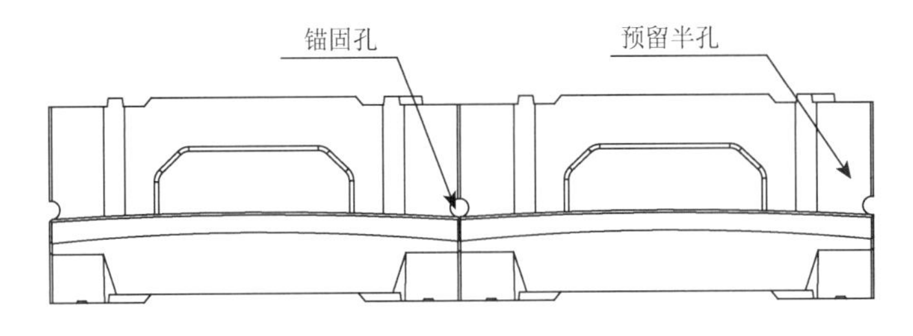

图 2-7　预制块锚固孔示意图

锚固式装配绿化挡墙结构示意图如图 2-8 所示，混凝土砌块单元相当于挡土板，构造柱等同于肋柱，其结构受力与力学计算原理同肋柱式锚杆挡墙。墙后的侧向压力作用在预制块上，并通过预制块传递给构造柱，再由构造柱传递给锚固体，锚杆（锚索）与岩土体之间的锚固力作用保证了墙体及墙后坡体的稳定性。锚固式装配绿化挡墙适用于岩质路堑地段、在施工期具有良好自稳性的路堑边坡。

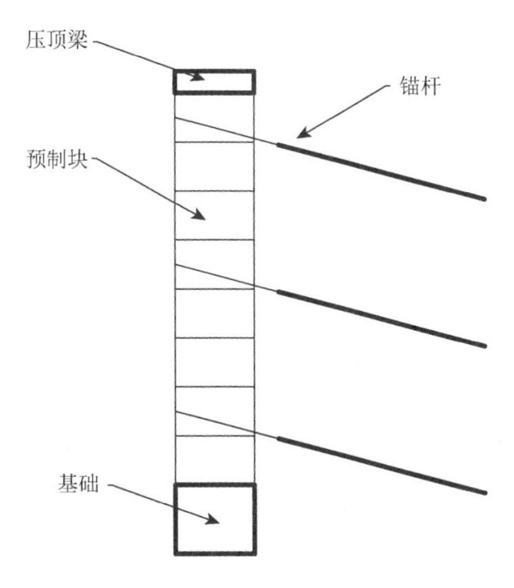

图 2-8　锚固式装配绿化挡墙结构示意图

2.2.4　桩锚式

桩锚式装配绿化挡墙是锚固式装配绿化挡墙和桩柱式装配绿化挡墙的组合应用，即由在抗滑桩间施作的砌块单元拼装而成的装配式绿化挡墙，并在肋柱上施作非预应力锚杆或预应力锚索。此类装配式绿化挡墙加固防护能力最强，受力也最复杂，岩土体作用力通过抗滑桩、锚索（锚杆）和肋柱传递至基础与地基。设计计算时应充分考虑抗滑桩桩间土拱的作用效应，并合理确定抗滑桩和墙体间的受力分配，同时基于土拱的大小合理确定锚杆的长度或预应力锚索的锚固预应力，即各部分几何尺寸（锚固段及自由段长度）。需要说明的是，此类装配式绿化挡墙的锚杆（锚索）是作用在肋柱上而不是抗滑桩上。如果作用在抗滑桩上，则仍为桩柱式装配绿化挡墙，而非桩锚式装配绿化挡墙。

该类挡墙适用于边坡失稳机理复杂、稳定性差的高陡边坡，抗滑桩用于保证边坡的整体稳定，砌块拼接的挡墙及锚杆主要用于桩间土拱前局部岩土体的稳定，当存在深部贯通性较好的结构面或覆盖层较厚时，应采用预应力锚索。

2.3　环境绿化功能

绿化技术既是生态挡墙的一大亮点，也是生态挡墙的一大难点，不仅要能确保挡墙结构的强度和稳定性达到要求，还需具备良好的绿化功能，墙体结构能够提供绿化植被的土壤及水环境等正常生长条件。图 2-9 为装配式绿化挡墙绿化效果图，由图可见，装配式绿化挡墙最亮丽的地方在于比其他装配式绿化挡墙多了绿化功能。装配式绿化挡墙通过每个预制件的独特性在挡墙的墙面培土种植绿化植物，后壁设置的排水窗成为墙后雨水排泄通道及植被根系同墙后岩土体的生长通道。植物在岩土体中形成的根系可稳固墙背岩土体，土层里的部分孔隙水可通过植物根系直接排出墙面，植物则通过墙背土壤直接获取水和养分，针对不同地区进行植物选型，能够满足良好的绿化景观需求。植生槽不仅可以同时栽种多种植物，其绿化景观效果也很明显且见效快，能真正实现立体绿化，还能根据要求随时更换植物，对环境产生积极作用。装配式绿化挡墙能够根据场址地质情况、环境气候条件的差异，对花、草、藤等植被进行组合配置，将生态植被与公路、铁路及车站等边坡工程环境有机融合，使车辆行驶于一片绿色生态氛围之中，向行人呈现立体的绿色画面，大大改善乘车环境。

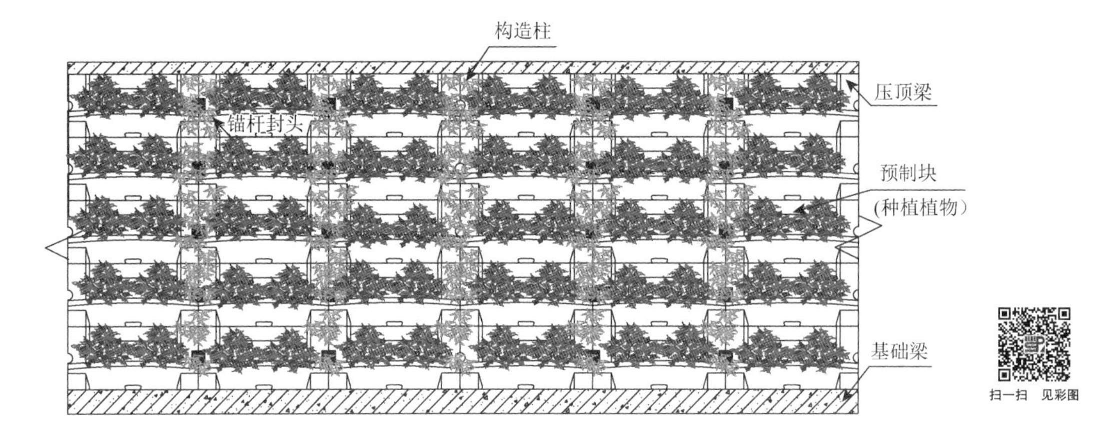

图 2-9　装配式绿化挡墙绿化效果图

与地面种植植物完全不同，装配式绿化挡墙通过墙面植生土槽培土栽种植物，达到绿化效果。植物品种的选择受到诸多因素的影响，如墙体植生槽空间固定，植土范围有限；槽内植土可能受到雨水冲刷；白天墙面混凝土材料受到的日照温度明显高于地表温度；植被所需的水分及养分来源受限等。这种特殊的生长环境对植物的选型提出了更高的要求。

装配式绿化挡墙的植物选型应充分考虑以上条件，结合当地的气候、天气状况，以及灌溉设备类型及灌溉水源等，总体按以下原则进行选型。

（1）浅根系的植物。装配式绿化挡墙的绿化受到砌块单元尺寸的限制，其植土厚度最厚也不超过单个预制块的高度 7cm，深根系植物的生长条件难以得到满足。因此，浅根系的植物更易生长成活。

（2）耐受性较强的植物。装配式绿化挡墙结构由钢筋混凝土材料制成，受到光照影响，白天墙面的温度明显高于地表土壤，且夜晚温度下降得快，导致墙体昼夜温差悬殊；挡墙墙面一般为迎风面，可能会长期受到风的影响，这些不利因素都给植物的生长造成影响。对温度、湿度、风力等条件耐受性较强的植物，更容易适应挡墙墙面上各种不利的条件。

（3）适应当地气候的植物。由于不同区域气候条件的差异性，植物选型也要因地制宜。根据当地气候特点选取的适应当地气候的植物更易生长成活。适应当地气候的植物不仅成活率高且对养护的要求相对较低，能够在植物的养护方面节约成本。

（4）四季常绿的植物及时令花卉。种植常绿植物可以很好地实现挡墙的垂直绿化功能，增大城市绿化面积。为了使装配式绿化挡墙景观效果达到最优，挡墙的绿化能够动态地体现季节变化，可以适当种植一些时令花卉，以真正实现挡墙的景观性。

（5）具有一定环保功能的植物。尽量选择具有一定环保功能（如能够吸收噪声、净化空气等）的植物品种，这些植物对环境污染有相应的抵抗能力，在一定程度上可以减轻污染。

2.4 小　　结

装配式绿化挡墙的核心在于核心构件（砌块单元）由工厂预制，现场的主要工作为砌块单元的拼装。应强调砌块单元模具的几何尺寸和材料、强度设计，保证构件的标准化，构件个体间的几何尺寸误差应满足现场拼装的需求，避免出现现场错位严重、无法顺利拼装的现象。另外，需要说明的是，该类挡墙除了砌块单元外，还由基础、压顶梁、踵板、趾板、凸榫等构成，这些组成部分仍为现浇，尚有进一步装配化的优化空间。砌块单元还可以和其他常规加固措施组合应用，如锚杆、抗滑桩、预应力锚索等，不同的组合，挡墙尤其是砌块单元的受力模式和计算方法会有所区别，根据组合的不同，可将装配式绿化挡墙划分为肋柱式、桩柱式、锚固式、桩锚式四种。肋柱式装配绿化挡墙中砌块单元不与其他常规加固方式联合；桩柱式装配绿化挡墙中砌块单元与抗滑桩组合，位于抗滑桩中间；锚固式装配绿化挡墙中砌块单元与锚杆组合，锚杆作用于肋柱；桩锚式装配绿化挡墙中砌块单元与抗滑桩及锚杆组合，锚杆作用于抗滑桩。装配式绿化挡墙环境绿化功能的实现主要体现在客土的存储和植物种类的选择上，应注意背板开窗的大小以保有客土并防止边坡岩土体雨季溜出，选择耐受能力强、根系浅、适应当地气候、四季常绿、具有环保功能的植物，条件允许或有必要且具有随季节更换植物条件的地区，可选用时令花卉。

第3章　装配式绿化挡墙土拱效应

土拱效应是具有一定抗剪强度的岩土体在荷载作用下发生的一种剪应力转移的现象和结果。在荷载作用下，岩土体局部进入屈服状态，从原来的位置剪出或具有剪出趋势，并与周围未屈服的静止岩土体产生相对位移；在此条件下，岩土体间的剪切作用力会阻碍屈服岩土体与周围静止岩土体间的相对位移，从而使得屈服岩土体趋向于留在原始位置，屈服岩土体受到的作用力减小而周围静止岩土体的土压力增加，这种现象便称为土拱效应[31]。具有以下条件时将产生土拱效应：岩土体具有足够的抗剪强度，即岩土体颗粒间具有足够的内摩擦角或（和）黏聚力，能够支持岩土体中剪应力的传递；具有形成拱脚的条件，包括支撑拱脚和摩擦拱脚；岩土体内产生不均匀位移或相对位移[32]。

当位移差与构造物及其中间的颗粒物质接触面方向一致时，在限定的空间内一定距离构造物之间的物质可以形成以接触面为拱脚，具有一定规律的拱形应力重分布区，并将颗粒物质所受应力分担到构造物——摩擦拱上，具体表现以摩擦桩和地基之间的受力模式最为典型；当位移差与构造物及其中间的颗粒物质接触面方向垂直时，岩土体自身在应力（重力或滑坡推力）作用下形成以固定构造物为拱脚，拱轴线背对应力方向的拱形压应力重新分布区域——支撑拱。

肋柱式装配绿化挡墙和锚固式装配绿化挡墙中的肋柱可为土拱的形成提供支撑拱脚，桩柱式装配绿化挡墙和桩锚式装配绿化挡墙中的抗滑桩及肋柱均可成为土拱的支撑拱脚。可见，当边坡岩土体的抗剪强度指标满足成拱条件时，装配式绿化挡墙的设计计算应考虑土拱效应。

虽然在铁路（公路）高边坡的预加固实践中越来越多地采用抗滑桩组合加固技术，如桩与桩间墙的组合、桩板墙、桩间土钉墙等，但是在此类组合加固措施的工程设计中，计算桩间结构物（桩间墙、桩板墙、土钉墙）上的滑坡推力或土压力时，并未充分考虑抗滑桩土拱的影响。设计人员多依据本单位或本人的工程经验，按工程类比的方法进行设计，致使这类支挡结构物在设计计算中存在一些不太合理甚至自相矛盾的地方，从而造成了一定的浪费或设计失误。如在进行桩的配筋计算时，一般是按每延米的土压力乘以桩中心间距来考虑的，设计挡土板或桩间墙时一般也按库仑主动土压力考虑，只是将岩土体的内摩擦角适当增大（一般取5°），而在设计桩间土钉墙时一般又是按其间距1.2～2.0m，土钉长度为0.8～1.0倍墙高等长布置的，显然这是不符合桩间土拱效应特征的。中铁二院工程集团有限责任公司的蒋楚生[33]、李海光[1]和西南交通大学的刘小丽[34]、中国科学院·水利部成都山地灾害与环境研究所的王成华等[35]均对桩的“土拱效应”进行过探讨，他们认为土拱的存在使桩间支挡结构物上的土压力明显不同于库仑主动土压力。可见，学者们都意识到了土拱效应对结构物所受土压力的影响，从而对桩板、桩间墙等组合形式的预加固措施进行了探索研究，并得到了一些可喜的成果，这对工程设计具有一定的指导作用。

但实际工程应用中，大多是对相关参数的简单调整，继而对该类预加固措施进行较为保守的设计，尚未从理论上确定该类预加固措施的设计方法，针对装配式绿化挡墙的土拱效应及考虑土拱特征的设计计算方法研究得更少，这在一定程度上限制了该类措施在边坡加固方面的应用和发展。

3.1　桩（柱）土拱类型及形成

在边坡（滑坡）装配式绿化挡墙加固防护工程中，由于剩余下滑力或土压力具有方向性（指向坡外），因而在平面上常将桩（柱）面向滑体后缘的一侧称为桩（柱）背侧或迎荷面，将背向滑体后缘的一侧叫作桩（柱）前侧或临空面。图 3-1 以抗滑桩土拱为例，将岩土体划分为 3 个部分，分别称为桩后区、桩间区及桩前区。

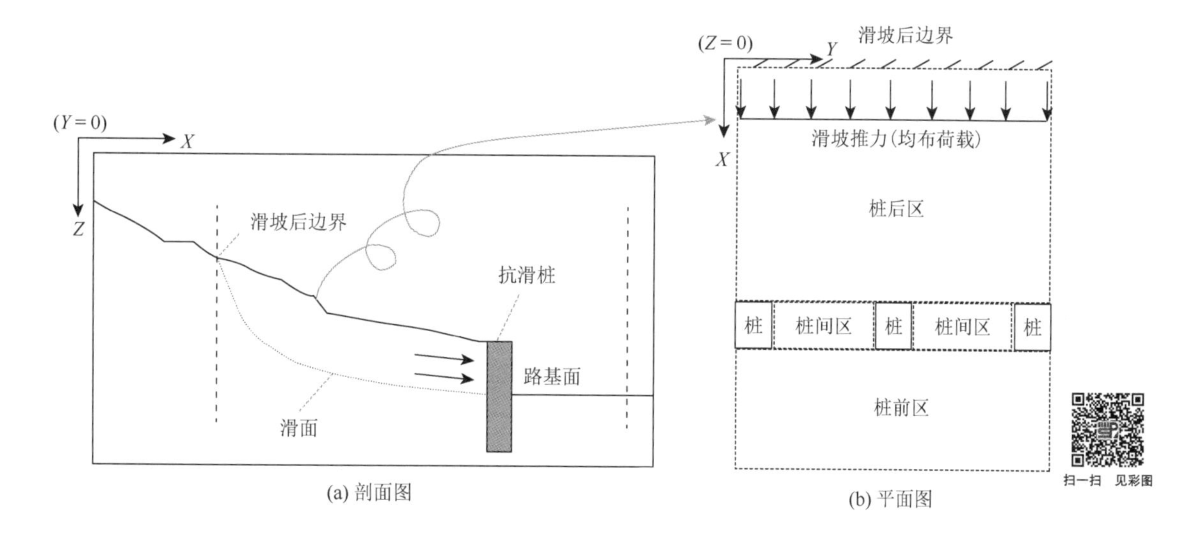

图 3-1　抗滑桩分区图

（a）中蓝色线为指示线，黑色箭头表示剩余下滑力；（a）中两条 Z 轴方向的虚线为图（b）的前后界线

根据土拱所在区域不同，本书将桩后区岩土体中的土拱称为桩后土拱，桩间区岩土体中的土拱称为桩间土拱。桩后土拱和桩间土拱在成因和拱的力学特征方面都有所不同，其中成因方面的主要区别为桩后土拱是由于桩背侧受荷面的刚性支撑而产生岩土体内部的相对位移，土拱的拱脚为支撑拱脚，相应的土拱称为支撑拱；而桩间土拱是由岩土体与相邻两桩内侧面的摩阻力产生桩间岩土体内部相对位移，拱脚为摩擦拱脚，相应的土拱为摩擦拱。据此，桩（柱）后土拱主要为支撑拱，桩（柱）间土拱主要为摩擦拱。虽然桩后土拱和桩间土拱都有传递荷载的功能，但影响装配式绿化挡墙中肋柱（桩柱）和砌块单元受力的主要为桩后土拱[36]。尤其对于桩柱式装配绿化挡墙及桩锚式装配绿化挡墙而言，由于施工过程中先开挖桩孔，然后下钢筋笼浇筑混凝土成桩，最后再开挖桩前及桩间岩土体形成路基面和砌块装配空间，故形成的主要是桩后土拱，如果桩间岩土体

完全开挖，则形成的是桩后土拱而不是桩间土拱。

对于填方边坡，施工顺序往往为先挡后填，即先完成装配式绿化挡墙的施工，再进行岩土体的填筑。而土拱的形成与岩土体填筑、碾压的方式与方法密切相关，对于肋柱式装配绿化挡墙和锚固式装配绿化挡墙，建议不考虑土拱效应；对于桩柱式装配绿化挡墙和桩锚式装配绿化挡墙，可只考虑抗滑桩土拱效应，不考虑肋柱土拱效应。

桩后土拱不同于工程实践中类似于拱桥等的结构拱，结构拱是先用材料做出拱形，然后才使拱受力，乃先有拱后有力；而土拱是先存在岩土体中应力，再由应力偏转形成拱，即先有力后有拱，拱再承受并传递其后的岩土作用力。所以对于桩后土拱而言，其拱脚形式、拱的轴线方程、拱的厚度都与装配式绿化挡墙的形式及岩土体性质密切相关。

3.2　桩（柱）土拱特征

为了获取土拱形状、大小及其影响因素等，笔者开展了模型试验方法和数值模拟方法研究。其中，模型试验分别采用了三种试验装置，即常规轻型击实装置、自制小比例土拱试验仪、自制大比例土拱试验仪；数值模拟采用 FLAC 软件并依托实际边坡展开。在此基础上，从普朗特-维西克（Prandtl-Vesic）地基承载力理论出发，提出土拱的形状及土拱高度的计算分析方法。

3.2.1　模型试验方法

1）常规轻型击实装置

首先采用常规轻型击实试验所用装置进行土拱的模型试验，装置如图 3-2 所示。将土样配制成具一定含水量的样品，按土工试验规程中击实试验的方法和程序在图 3-2（a）所示的击实筒中制作岩土体击实样。在推土器的挡环上放置模型桩，并在两根模型桩的相对侧面涂凡士林，以减小岩土体与桩体间的摩擦力，模型桩的间距及截面大小按相似理论进行计算。将击实样与击实筒一起置于推土器的挡环上，转动加力转盘，加力垫板将由螺杆推动并向下平移推动击实土样，由此模拟滑坡推力，如图 3-2（b）所示。

随着加力转盘的转动，加力垫板对击实土样施加推力，当推力大小一定时，土拱变形并向拱前岩土体传递推力，拱前岩土体由于受桩侧摩阻力很小且直接竖向临空，同时前方无任何阻力，故会与土拱拱体脱离下落，落下的岩土体呈拱形，即土拱的形状，量测落下的土样的拱高（图 3-3、图 3-4）；在未下落的岩土体中也会形成拱体形状的凹腔，如图 3-2（c）所示。当然，该凹腔形状与真实的土拱形状相比有差异，其变形主要发生在拱顶处，且拱前岩土体所受摩阻力较小，可忽略，故其变形较小，且可通过两侧拱线形状予以恢复。在凹腔内填入事先已配制好的石膏，将硬结后的石膏从击实土样中取出，观测土拱的形状并测量其几何参数（图 3-5）。在实际试验中，可将石膏模型拍照，将照片导入 CAD 软件，建立合理的坐标系，并沿拱轴线提取坐标值，依据坐标值拟合拱轴线方程，如图 3-6 所示。

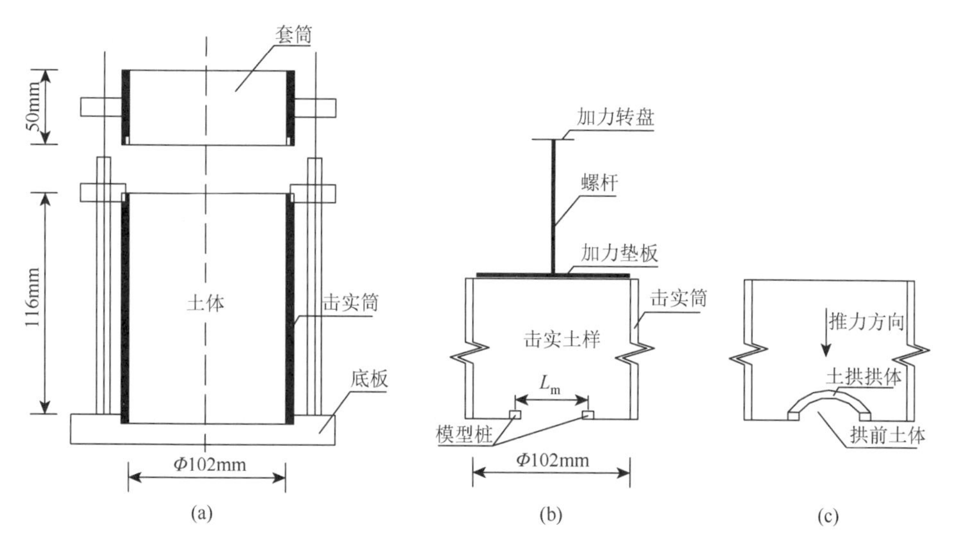

图 3-2　常规轻型击实装置示意图

图 3-3　下压岩土体

图 3-4　拱前下落岩土体呈拱形

图 3-5　土拱石膏模型

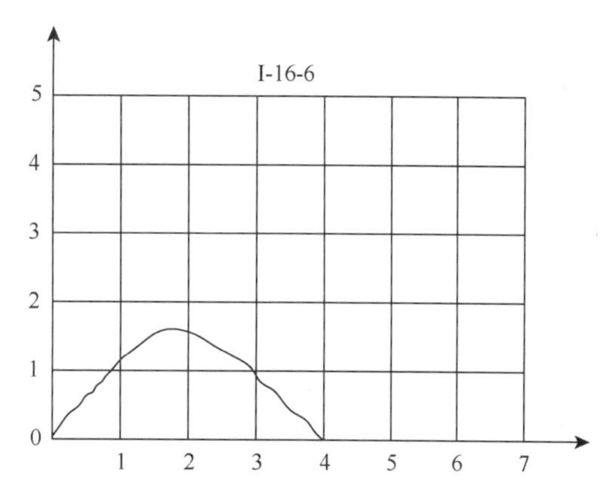

图 3-6　在 CAD 软件中根据石膏模型描绘的土拱拱轴线

试验岩土体取自 G323 国道 K617 处花岗岩残积土边坡，经现场取原状样，室内常规物理力学试验得，所取岩土体为黏砂土，天然含水量 $w=11\%$ 、天然容重 $\gamma=19\text{kN/m}^3$ 、黏聚力 $c=35\text{kPa}$ 、内摩擦角 $\varphi=28°$（所有模型试验均采用该岩土体）。进行含水量 w 分别为 10%、12%、14%、16%、18%，桩间距 L 分别为 5m、6m、7m、8m，桩宽度 B 分别为 1.5m、2.0m、2.5m 时花岗岩残积土的桩间土拱效应模拟。实际试验中，先通过容重试验和直接剪切试验得出每种含水量下击实样的密度 γ 及抗剪强度指标 c 、φ，再通过试验获取不同 L 、B 、c 、φ 条件下的土拱形状及其几何参数，从而探索土拱参数与 L 、B 、c 、φ 之间的关系。

2）自制小比例土拱试验仪

上述常规轻型击实装置为圆形边界，而实际边坡中应力边界通常为矩形边界，故自制了小比例土拱试验仪，其由长方体盛土容器和千斤顶组成。长方体盛土容器横截面为正方形，边长为 20cm，容器高度为 15cm，压力装置为 30MPa 千斤顶。模型桩在机械厂定制，以保证足够的刚度，并按相似比进行横截面制作（图 3-7）。试验过程及数据的采集方法与前述常规轻型击实装置的相同，如图 3-8～图 3-11 所示。

图 3-7　模型桩

图 3-8　土拱凹腔

图 3-9　石膏浇注

图 3-10　石膏模型

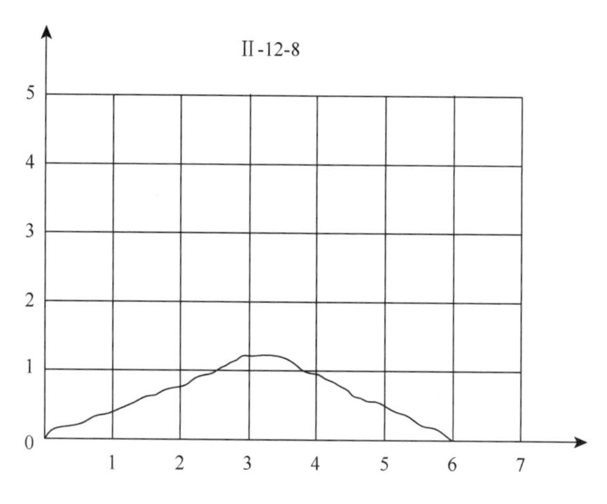

图 3-11　根据石膏模型绘制的拱轴线

土样的填筑密度根据含水量由常规轻型击实试验确定，并对试验获得的击实样进行容重试验和抗剪强度试验，以确定该含水量下击实样的γ、c、φ。在盛土容器中根据给定含水量时的容重进行土样的分层填筑，分层厚度为 4～5cm，分层界面用削土刀刮毛，刮毛厚度不低于 0.5cm。分层界面处不得置于预计土拱的拱轴线拱顶位置。

为了对比，与常规轻型击实装置一样，利用该自制小比例土拱试验仪进行含水量w分别为 10%、12%、14%、16%、18%，桩间距L分别为 5m、6m、7m、8m，桩宽度B分别为 1.5m、2m、2.5m 时花岗岩残积土的桩间土拱效应模拟。

3）自制大比例土拱试验仪

自制大比例（1∶30 左右）土拱试验仪如图 3-12 所示，其已获授权发明专利，专利号为 ZL200910058441.6，该试验仪包括箱体 10、拱脚支撑板 11、加压装置和测力装置，箱体 10 具有上端口和下端口，两个拱脚支撑板 11 间隔设置在箱体 10 的下端口处，加压装置设置在箱体 10 上端口的上方，箱体 10 下端口的下方具有拱前土下落空间 14。试验时，由加压装置向箱体 10 内的土样进行加压，直至两个拱脚支撑板 11 之间的拱前土下落并形成土拱为止，直接再现土拱，可量测拱高、拱跨，描绘拱形，经计算处理得出拱轴线，还可通过设置在箱体 10 下端口下方的压力传感器测量拱前土压力的分布，确定土拱的存在及其影响因素，并确定拱高。

加压装置由加压板 20 和驱动该加压板 20 沿箱体 10 纵向直线式往复移动的自动油压千斤顶 30 构成，如图 3-12（a）所示，自动油压千斤顶 30 可对箱体 10 内的土样进行连续稳定加压，从而有效避免压力回缩造成的土样应力回弹。如图 3-12（b）所示，为了将由自动油压千斤顶 30 产生的压力均匀传递到箱体 10 内的土样上，加压板 20 的上板面上设置有传力筋板 22，各传力筋板 22 与设置在该上板面上中央部位的承力座 21 固定连接。测力装置包括设置在承力座 21 与自动油压千斤顶 30 的顶杆之间的压力传感器 23，由该压力传感器 23 测量土拱试验过程中的压力。测力装置还包括设在土压力测试板 46 上的压力传感器（按需要布置于拱脚模型柱 11 的下方或两根模型柱间岩土体的下方），如图 3-12（c）所示。

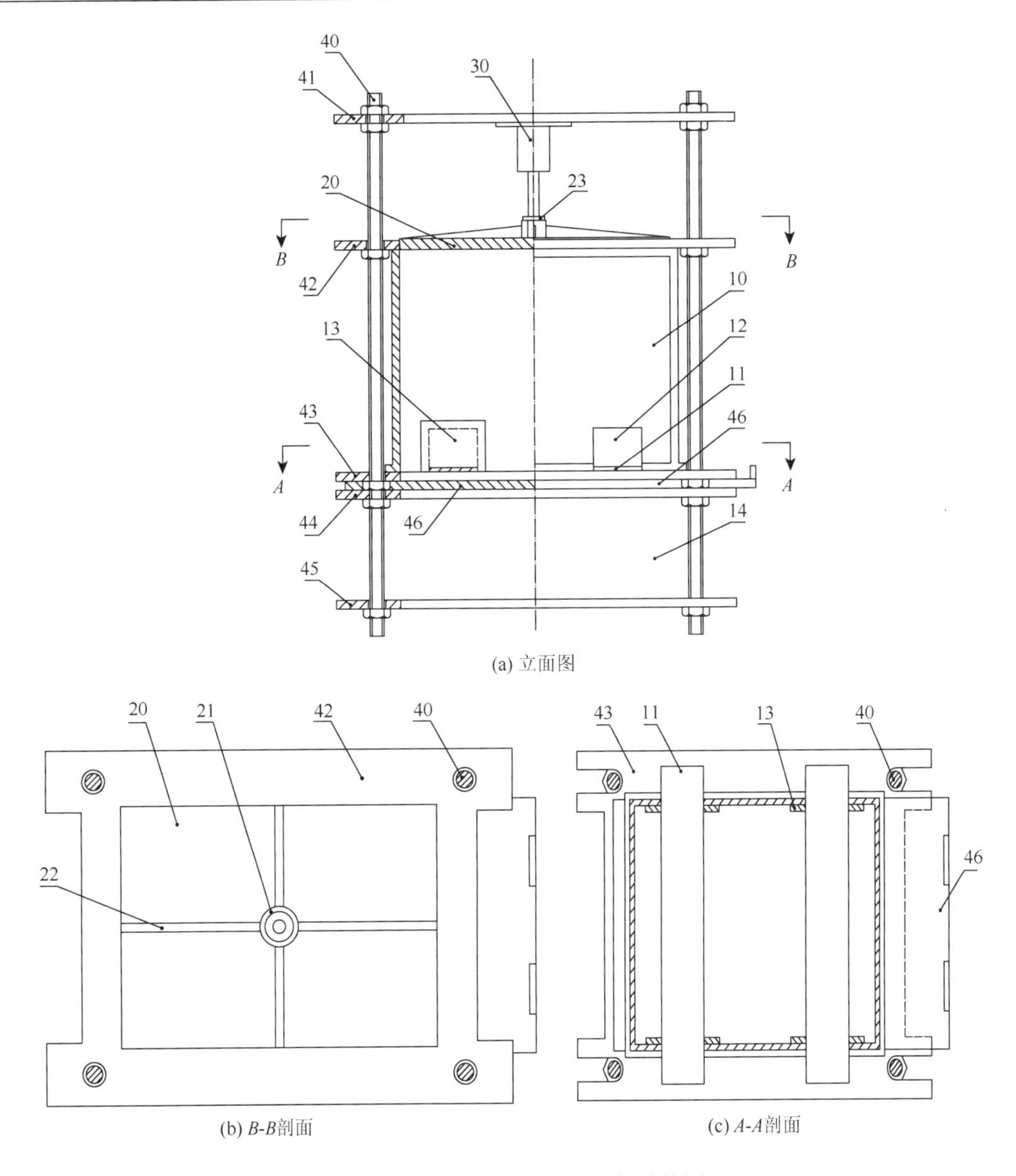

图 3-12　自制大比例土拱试验仪结构图

在箱体 10 下端口处，箱体 10 的前壁、后壁上开设有两组分别供两个拱脚模型柱 11 插入的端孔 12。为能方便调整两个拱脚模型柱 11 的位置，结合相似比例的改变，可根据不同试验条件的需要，使端孔 12 的截面大于拱脚模型柱 11 的截面，并在箱体 10 内设置内挡板 13。

为方便土样制备和试验操作，箱体 10 安装在框架上，该框架包括四根竖立的螺杆 40 和通过螺母可分别拆卸安装在螺杆 40 上部、下部的上框架板 41、下框架板 45，以及通过螺母间隔可纵向移动安装在螺杆 40 上的第一支撑框板 42、第二支撑框板 43。箱体 10 固定于第一支撑框板 42 与第二支撑框板 43 之间，自动油压千斤顶 30 安装固定在上框架板 41 上。第二支撑框板 43 下方设置有通过螺母安装在螺杆 40 上的第三支撑框板 44，第二支撑框板 43 与第三支撑框板 44 之间设置有活动支撑板（同时用作土压力测试板）46，纵向间隔的第三支撑框板 44 与下框架板 45 之间形成拱前土下落空间 14。通过各处的螺母调节并定位各部件的位置，使第一支撑框板 42、第二支撑框板 43、箱体 10 等均可纵向上下移动。

如图 3-13 所示，模型箱内部截面尺寸为 40cm×60cm，其中沿桩长方向为 40cm，模型箱深度为 50cm，桩中心分别位于截面长度为 15cm 和 45cm 处。在试验过程中，按一定含水量下的容重进行岩土体的分层填筑，分层厚度为 10cm，模型桩以上第一层分层厚度为 15cm，以免分层界面过于靠近拱顶。试验时先安装土压力测试板 46，并在岩土体中设计位置埋设土压力盒，通过测试各点土压力绘制土压力等值线，分析土拱的大小及形状；然后将测试板 46 拆除，并继续施加压力，使拱前岩土体脱落，呈现土拱，进行观测，必要时可重复无测试板试验，试验过程及结果如图 3-14～图 3-18 所示。

图 3-13　模型箱及模型桩体

图 3-14　填土及土压力盒埋设

图 3-15　土压力数据线连接

图 3-16　数据监测

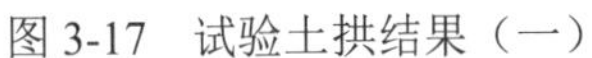

图 3-17　试验土拱结果（一）

图 3-18　试验土拱结果（二）

3.2.2　数值模拟方法

利用快速拉格朗日法（fast Lagrangian analysis of continua，FLAC），以前述花岗岩残积土边坡桩间土拱效应进行数值模拟。FLAC 较好地吸取了其他数值方法的优点并克服了它们的缺点，是一种新型数值计算方法，最早由美国 Itascas 公司（Itascas Consulting Group.Inc）开发并应用于岩土工程力学计算，现已从 FLAC2D 拓展到 FLAC3D。该方法使用了离散模型方法、动态松弛方法和有限差分方法 3 种方法，从而将连续介质的动态演化过程转化为离散节点的运动方程和离散单元的本构方程求解，即首先根据节点的应力和时间步长，利用虚功原理求节点的不平衡力和速度；再根据单元的本构方程，利用节点速度求单元的应变增量、应力（或位移）。FLAC 能针对不同的材料特性，使用相应的本构方程来比较真实地反映实际材料的动态行为。FLAC 还可考虑锚杆、挡墙、抗滑桩、预应力锚索等支护结构与岩土体的相互作用。

FLAC 数值模型如图 3-19 所示，模型左右两侧进行水平约束，底面进行刚性约束。坐标系统如图 3-20 所示，X 坐标水平向右为正方向，即 X 轴正方向水平指向坡里；Y 轴方向为水平布桩方向，即边坡的走向；Z 轴方向为桩的深度方向，竖直向下为正；坐标原点为两根模型桩靠山侧连线的中点；X、Y、Z 符合右手法则。

岩土体黏聚力、内摩擦角、桩截面宽度、桩间距分别为 c 、φ 、B 、L ，进行如下条件的土拱效应模拟。

（1）条件 1：固定 $c=30\text{kPa}$ 、$\varphi=30°$ 、$B=2\text{m}$ ，L 分别为 5m、6m、7m、8m、9m。

（2）条件 2：固定 $c=30\text{kPa}$ 、$\varphi=30°$ 、$L=6\text{m}$ ，B 分别为 1.0m、1.2m、1.5m、1.8m、2.0m。

（3）条件 3：固定 $c=30\text{kPa}$ 、$B=2\text{m}$ 、$L=6\text{m}$ ，φ 分别为 15°、20°、25°、30°、35°、40°。

（4）条件 4：固定 $\varphi=30°$ 、$B=2\text{m}$ 、$L=6\text{m}$ ，c 分别为 10kPa 、20kPa 、25kPa 、35kPa 。

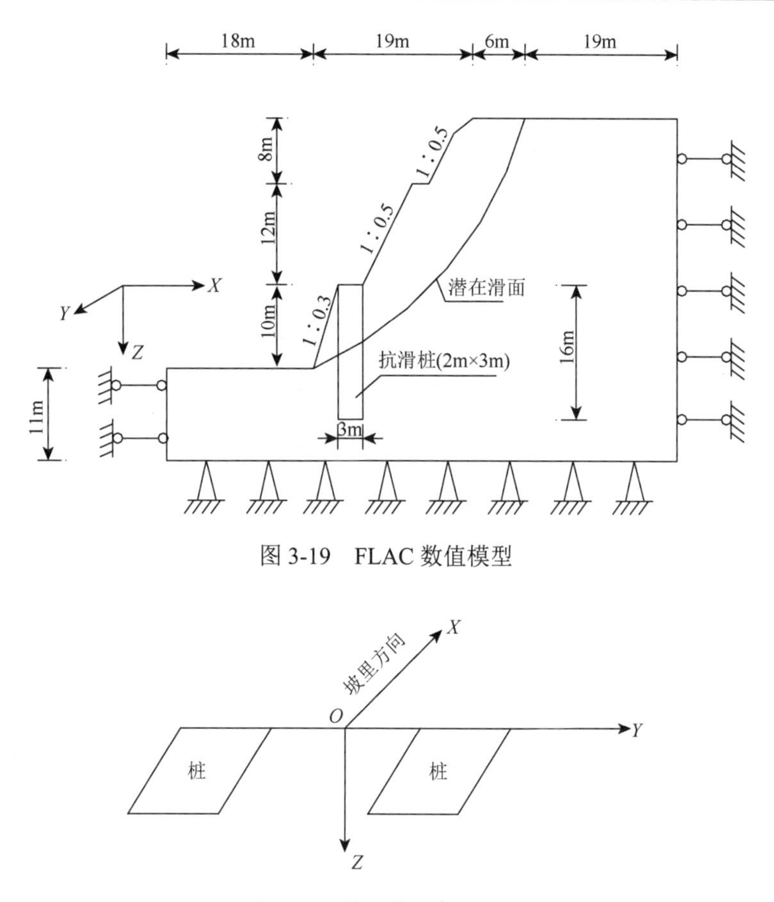

图 3-19　FLAC 数值模型

图 3-20　数值模拟坐标系统

3.2.3　土拱特征及拱轴线方程

土拱特征包括诸多方面，如土拱高度、拱体厚度、拱轴线（中轴线）等（图 3-21）。其中，岩土工程尤其是边坡加固工程，如装配式绿化挡墙中的砌块单元，对受力影响最大的是拱前岩土体的范围及性质，所以上述土拱特征中，土拱高度（简称拱高）是最核心的因素，因为拱高决定了拱前岩土体的范围，特别是相邻两桩跨中截面拱前岩土体的

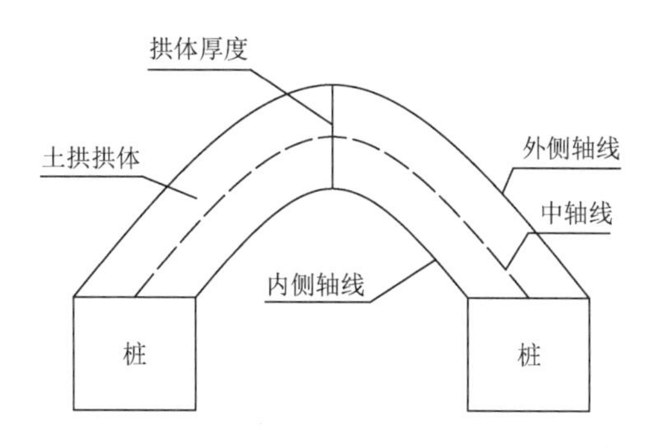

图 3-21　土拱结构示意图

剖面长度，是计算装配式绿化挡墙，尤其是桩柱式装配绿化挡墙和桩锚式装配绿化挡墙中砌块单元受力的核心因素。即使是肋柱式装配绿化挡墙，当肋柱间形成土拱时，拱高也是砌块单元岩土体作用力计算中的关键因素。故本书主要分析拱高的影响因素及其确定方法。综合模型试验和数值模拟的结果，可得出拱高与桩间净距、桩（柱）截面宽度、岩土体抗剪性质等因素间的关系。

1）拱高与桩间净距的关系

图 3-22 为桩宽度为 2m 时拱高与桩间净距的关系曲线，图中Ⅰ-10 表示常规轻型击实装置试验中含水量为 10%的试样结果，Ⅱ-10 表示自制小比例土拱试验仪试验中含水量为 10%的试样结果，依此类推，FLAC 指数值模拟结果。自制大比例土拱试验仪仅用于验证常规轻型击实装置试验和自制小比例土拱试验仪试验所得结果。

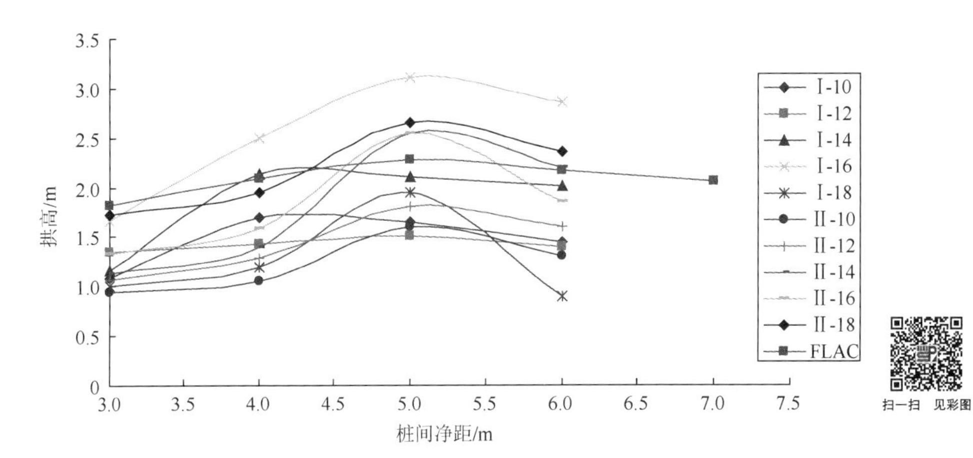

图 3-22　拱高与桩间净距的关系

由图 3-22 可知，桩间净距为 3～5m 时，拱高逐渐增大，说明所需桩间结构物的支护强度逐渐增大。但当桩间净距为 6m、7m 时，拱高反而减小，这是因为图中拱高是通过量测脱落的拱前岩土体拱高得到的，FLAC 数值分析结果是通过分析土中 X 方向的正应力 SXX 得到的，而当桩间净距过大时，土拱难以承受其后的滑坡推力或土压力，在试验中破坏严重，故脱落的拱前岩土体不能很好地保持拱形，得到的土拱高度（实测拱高）会偏小，由表 3-1 可知，按石膏模型的形状并结合脱落的拱前岩土体形状恢复的土拱高度（修正拱高）仍是逐渐增大的，也就是说，此时需要更强的桩间支护措施。

表 3-1　土拱试验结果

序号	试验编号	黏聚力/kPa	内摩擦角/(°)	容重/(kN/m³)	桩间距/m	桩宽/m	桩间净距/m	实测拱高/m	修正拱高/m
1	Ⅰ-10-5				5	2	3	1.09	1.09
2	Ⅰ-10-6	27.3	31.1	2.0	6	2	4	1.69	1.69
3	Ⅰ-10-7				7	2	5	1.65	2.02

续表

序号	试验编号	黏聚力/kPa	内摩擦角/(°)	容重/(kN/m^3)	桩间距/m	桩宽/m	桩间净距/m	实测拱高/m	修正拱高/m
4	Ⅰ-10-8	27.3	31.1	2.0	8	2	6	1.45	2.38
5	Ⅰ-12-5	28.6	28.4	2.1	5	2	3	1.35	1.51
6	Ⅰ-12-6				6	2	4	1.43	1.88
7	Ⅰ-12-7				7	2	5	1.50	2.03
8	Ⅰ-12-8				8	2	6	1.40	2.29
9	Ⅰ-14-5	26.2	20.5		5	2	3	1.16	1.37
10	Ⅰ-14-6				6	2	4	2.14	1.38
11	Ⅰ-14-7				7	2	5	2.10	1.82
12	Ⅰ-14-8				8	2	6	2.01	2.01
13	Ⅰ-16-5	37.3	38.2	2.0	5	2	3	1.66	1.40
14	Ⅰ-16-6				6	2	4	2.50	1.73
15	Ⅰ-16-7				7	2	5	3.10	2.52
16	Ⅰ-16-8				8	2	6	2.85	2.90
17	Ⅰ-18-5	37.8	36.6	2.1	5	2	3	1.00	1.40
18	Ⅰ-18-6				6	2	4	1.20	1.25
19	Ⅰ-18-7				7	2	5	1.94	2.32
20	Ⅰ-18-8				8	2	6	0.94	0.95
21	Ⅱ-10-5	27.9	37.0		5	2	3	0.94	0.77
22	Ⅱ-10-6				6	2	4	1.05	1.10
23	Ⅱ-10-7				7	2	5	1.60	1.30
24	Ⅱ-10-8				8	2	6	1.30	1.77
25	Ⅱ-12-5	15.7	35.3		5	2	3	1.06	0.87
26	Ⅱ-12-6				6	2	4	1.28	0.84
27	Ⅱ-12-7				7	2	5	1.70	1.51
28	Ⅱ-12-8				8	2	6	1.80	1.39
29	Ⅱ-14-5	27.3	31.1	2.0	5	2	3	1.13	1.07
30	Ⅱ-14-6				6	2	4	1.39	1.16
31	Ⅱ-14-7				7	2	5	2.55	1.54
32	Ⅱ-14-8				8	2	6	2.20	1.71

续表

序号	试验编号	黏聚力/kPa	内摩擦角/(°)	容重/(kN/m^3)	桩间距/m	桩宽/m	桩间净距/m	实测拱高/m	修正拱高/m
33	Ⅱ-16-5	28.6	28.4	2.1	5	2	3	1.34	1.07
34	Ⅱ-16-6				6	2	4	1.58	1.42
35	Ⅱ-16-7				7	2	5	2.55	1.94
36	Ⅱ-16-8				8	2	6	1.85	2.21
37	Ⅱ-18-5	26.2	20.5		5	2	3	1.72	1.27
38	Ⅱ-18-6				6	2	4	1.95	1.47
39	Ⅱ-18-7				7	2	5	2.65	2.23
40	Ⅱ-18-8				8	2	6	2.35	2.67

通过上述分析可知，桩间净距大于 5m 后，桩间土拱效应将会很差，土拱拱体强度也会很低，不能起到良好的应力传递作用，极易被破坏，从而导致桩间岩土体挤出，此时砌块单元受力最不利。故建议桩柱式装配绿化挡墙或桩锚式装配绿化挡墙最大桩间净距为 5m，如 2m 桩宽时，最大桩间距为 7m。

由于试验中固定桩截面宽度为 2m，FLAC 曲线也采用桩截面宽度为 2m 时的曲线，所以上述桩间净距与拱高的关系，主要是针对截面宽度为 2m 的桩，其他截面宽度的桩可参考此结论。

2）拱高与桩（柱）截面宽度的关系

桩（柱）的截面宽度（简称桩宽）指桩（柱）截面平行于边坡走向（装配式绿化挡墙的延伸方向）的长度，垂直于挡墙延伸方向的截面长度称为截面高度。图 3-23 为桩间距为 6m 时，通过 FLAC 数值模拟方法得出的拱高随桩宽的变化曲线。随着桩宽的增大，一方面桩间净距减小，拱高减小，所需桩间支护措施强度也随之降低，与前述拱高与桩间净距的关系原理一致；另一方面，桩宽的增大，增大了拱体厚度，从而提高了拱体的强度，如图 3-24 所示。

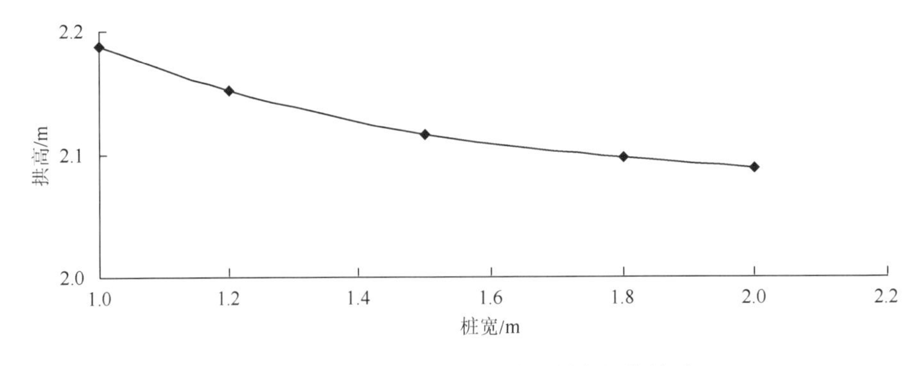

图 3-23　桩间距为 6m 时拱高与桩宽间的关系

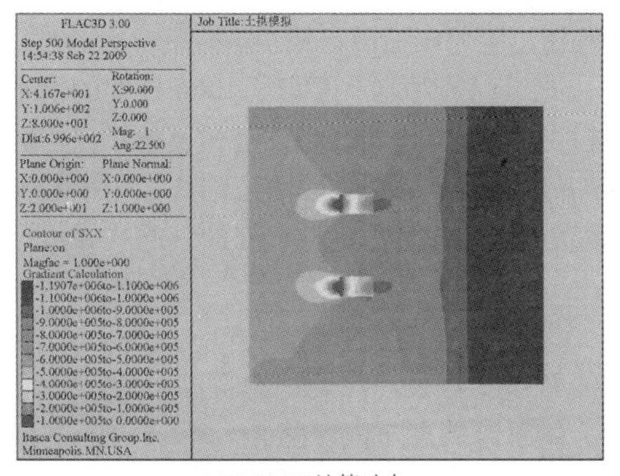

(a) B15-500计算时步

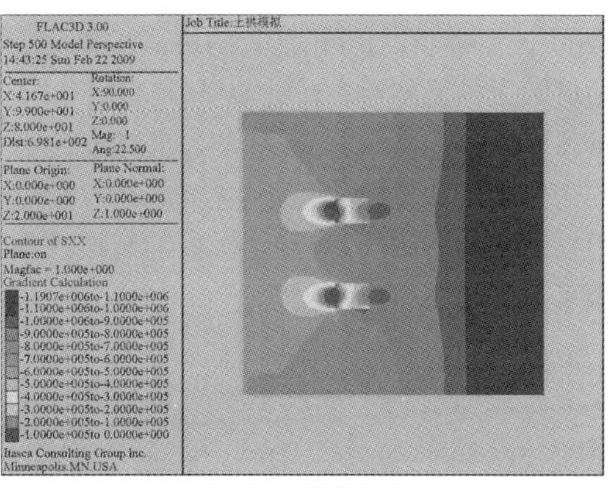

(b) B18-500计算时步

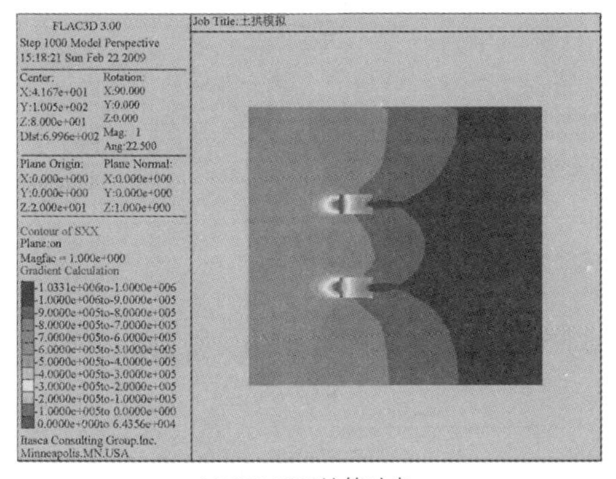

(c) B15-1000计算时步

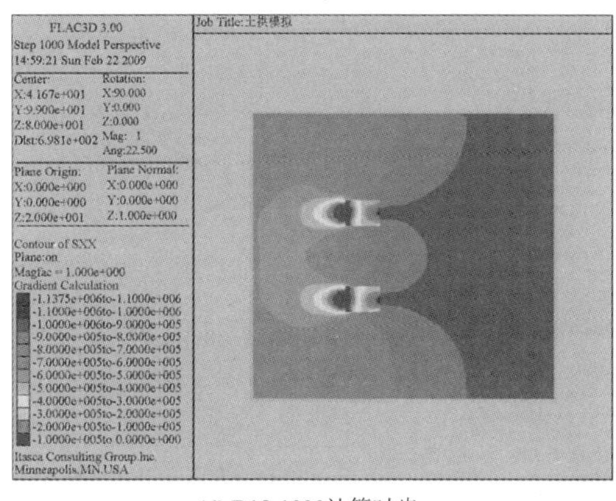

(d) B18-1000计算时步

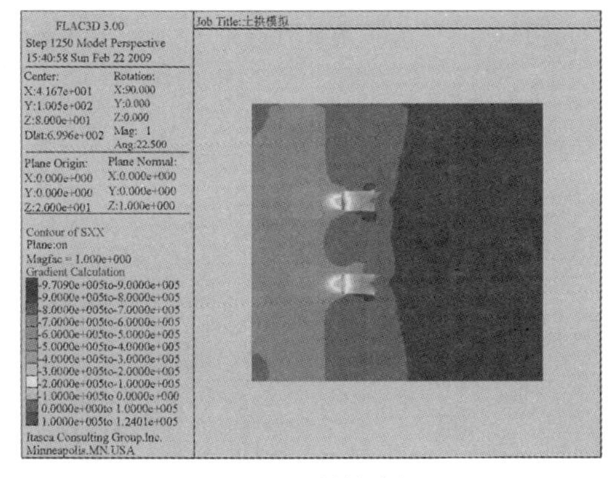

(e) B15-1200计算时步

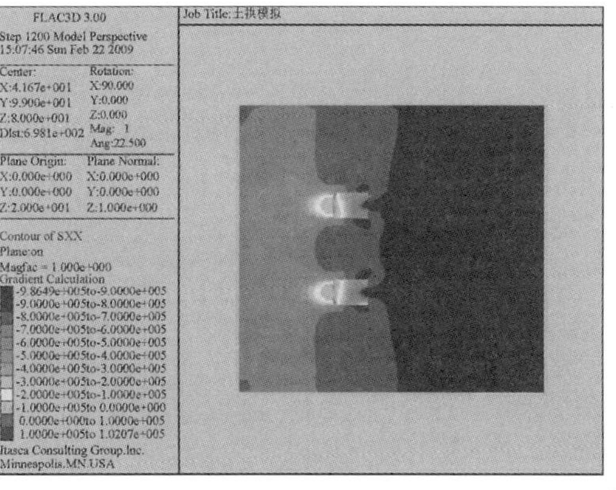

(f) B18-1200计算时步

扫一扫　见彩图

图 3-24　桩宽分别为 1.5m 和 1.8m 时各时步的 SXX 对比云图

图 3-24 中，B15-500 计算时步是指桩宽为 1.5m、第 500 计算时步的结果，依此类推。由图可知，在第 500 计算时步，1.5m 和 1.8m 桩宽的桩间土拱效应均较显著，且二者在应力上无显著差别；在第 1000 计算时步，两种桩间虽均存在土拱效应，但 1.5m 桩宽土拱处的应力已明显小于 1.8m 桩宽，表明 1.5m 桩宽的土拱已开始变形，这在 B15-1000 计算时步的 SXX 云图中可以明显看出，图中的土拱已不对称，并出现了桩间的摩擦拱；在第

1200 计算时步，1.5m 桩宽的桩间土拱已完全破坏，应力在桩前已经扩散，而 1.8m 桩宽的桩间土拱仍然存在，桩前仍以集中应力为主。此过程的对比，说明了 1.8m 桩宽的土拱拱体强度明显高于 1.5m 桩宽，也充分说明，桩柱式装配绿化挡墙和桩锚式装配绿化挡墙的受力优于肋柱式装配绿化挡墙，建议滑坡和高度大于 8m 的填方边坡装配式绿化挡墙采用桩柱式和桩锚式。自稳性较好的堑坡或填筑高度小于 8m 且稳定性良好的装配式绿化挡墙可采用肋柱式或锚固式。

3）拱高与岩土体抗剪性质的关系

土拱效应的形成及土拱参数主要与土的抗剪强度有关，此处讨论拱高与岩土体内摩擦角及黏聚力间的关系。图 3-25 和图 3-26 分别为拱高随内摩擦角、黏聚力的变化曲线。

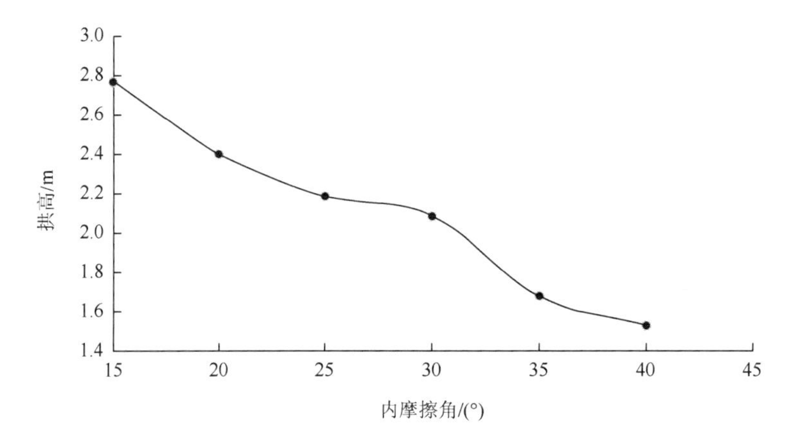

图 3-25　$c=30\text{kPa}$、$B=2\text{m}$、$L=6\text{m}$ 时拱高与内摩擦角 φ 的关系

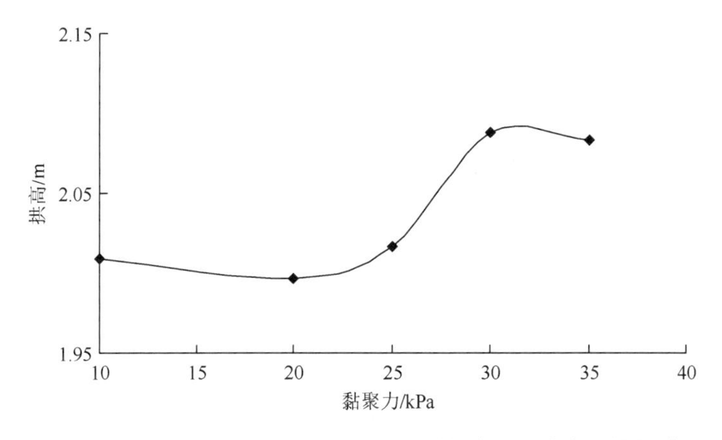

图 3-26　$\varphi=30°$、$B=2\text{m}$、$L=6\text{m}$ 时拱高与黏聚力 c 的关系

由图 3-25 可知，拱高受岩土体内摩擦角影响显著，φ 从 15°增大到 40°，则拱高从 2.8m 减小到 1.5m，特别是 $\varphi=20°\sim30°$ 时，影响最为明显。而由图 3-26 可知，黏聚力对拱高影响不大，在图中给定条件下，黏聚力从 10kPa 增大到 35kPa，拱高仅增加 0.09m（不足

10cm），而且拱高并非严格随着黏聚力的增大而增大，但这并不是说，黏聚力对土拱效应无贡献，黏聚力的增大将会增加土拱拱体的强度。

3.2.4　土拱形状的确定

有学者针对土拱形状，通过理论分析、模型试验或数值分析提出了抛物线形、圆顶形、半球形、三角形等假设。重庆市地方标准《地质灾害防治工程设计标准》（DBJ50/T-029-2019）中，设定桩后土拱为一等腰直角三角形，如图 3-27 所示，该规范未考虑桩后岩土体的性质，而直接规定桩后土拱拱轴线与水平面间的夹角为 45°，未能体现不同岩土体性质对土拱效应的影响。

本书基于普朗特-维西克地基承载力理论（图 3-28），依据所取花岗岩残积岩土体的试验结果，提出土拱形状及其轴线方程，如图 3-29 所示。普朗特-维西克地基承载力理论认为在如图 3-28 所示的地基荷载及过载作用下，地基岩土体中会存在一个被动区，即图中所示的朗肯被动区，这个被动区是岩土体由两侧向内压缩而导致的一个极限平衡区，即地基岩土体产生潜在滑动的滑面。该被动区与水平面的夹角为 $\alpha = 45° - \frac{\varphi}{2}$，其中 φ 为岩土体的内摩擦角，该夹角的提出未考虑岩土体黏聚力的影响。

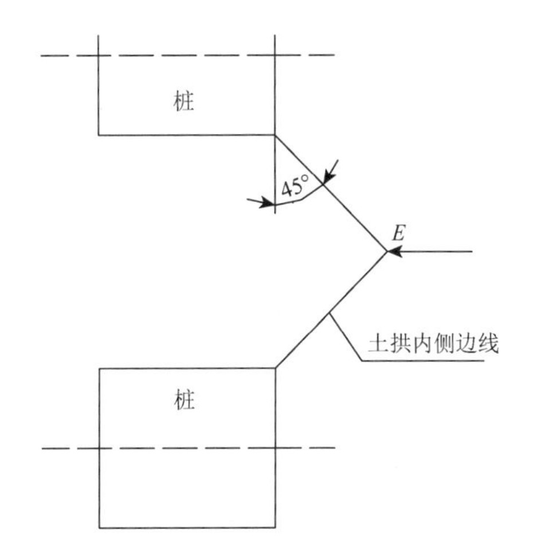

图 3-27　等腰直角三角形土拱

图中 E 为拱顶处坡体剩余下滑力

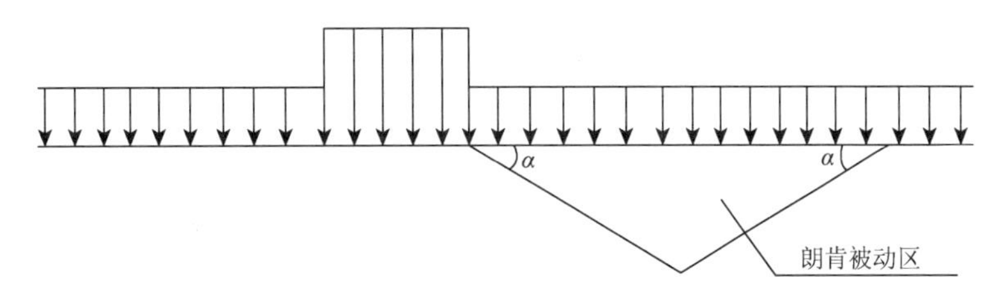

图 3-28　普朗特-维西克地基承载力理论中的岩土体被动区示意图

在抗滑桩加固滑坡（边坡）工程中，滑坡推力作用于抗滑桩上，抗滑桩将对边坡岩土体产生反作用力，其形式与图 3-28 类似，在后部滑动部分推力作用下，桩后岩土体也会因两侧向内传递应力而被压缩，形成一个极限平衡体，即土拱拱体，拱体界面即为潜在的剪切破坏面。基于此可认为，拱体内侧边线为一等腰三角形，即图 3-29 中的$\triangle ABC$，拱体外侧边坡线为等腰三角形 DEF，拱体厚度为桩宽 B 。通过试验可知，拱体内侧边坡要高于上述被动区边界，即 AB 和 BC 与水平面的夹角 β 大于 α 。实际工程中，拱顶处由于受压力作用会产生土的塑性变形，从而呈弧状，如图 3-29 所示，这样实际的拱高就比按等腰三角形计算的要小一些，但为了使加固工程偏于安全，可按等腰三角形方法进行计算。

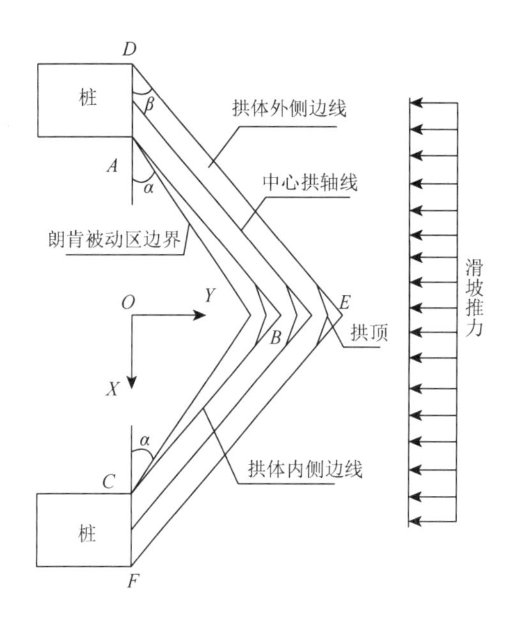

图 3-29　土拱形状示意图

如图 3-29 所示，以两根桩靠山侧连线的中点（图中 AC 的中点）O 为原点建立坐标系，桩间净距 $D=L-B$ ，并注意到 $\alpha=45°-\dfrac{\varphi}{2}$，则前述的朗肯被动区的边界方程为

$$\begin{cases} y=\left(x+\dfrac{D}{2}\right)\tan\left(45°-\dfrac{\varphi}{2}\right) & \left(-\dfrac{D}{2}\leqslant x\leqslant 0\right) \\ y=\left(-x+\dfrac{D}{2}\right)\tan\left(45°-\dfrac{\varphi}{2}\right) & \left(0\leqslant x\leqslant \dfrac{D}{2}\right) \end{cases} \tag{3-1}$$

由于 $\beta>\alpha$，图 3-29 所示土拱内侧边线 ABC 的方程为

$$\begin{cases} y=\lambda\left(x+\dfrac{D}{2}\right)\tan\left(45°-\dfrac{\varphi}{2}\right) & \left(-\dfrac{D}{2}\leqslant x\leqslant 0\right) \\ y=\lambda\left(-x+\dfrac{D}{2}\right)\tan\left(45°-\dfrac{\varphi}{2}\right) & \left(0\leqslant x\leqslant \dfrac{D}{2}\right) \end{cases} \tag{3-2}$$

中心拱轴线方程为

$$\begin{cases} y=\lambda\left(x+\dfrac{L}{2}\right)\tan\left(45^\circ-\dfrac{\varphi}{2}\right) & \left(-\dfrac{L}{2}\leqslant x\leqslant 0\right) \\ y=\lambda\left(-x+\dfrac{L}{2}\right)\tan\left(45^\circ-\dfrac{\varphi}{2}\right) & \left(0\leqslant x\leqslant \dfrac{L}{2}\right) \end{cases} \tag{3-3}$$

土拱外侧边线 DEF 的方程为

$$\begin{cases} y=\lambda\left(x+\dfrac{L+B}{2}\right)\tan\left(45^\circ-\dfrac{\varphi}{2}\right) & \left(-\dfrac{L+B}{2}\leqslant x\leqslant 0\right) \\ y=\lambda\left(-x+\dfrac{L+B}{2}\right)\tan\left(45^\circ-\dfrac{\varphi}{2}\right) & \left(0\leqslant x\leqslant \dfrac{L+B}{2}\right) \end{cases} \tag{3-4}$$

式中，λ 为大于 1 的系数，对于花岗岩残积岩土体，建议取 $\lambda=1.3\sim1.8$，具体取值主要与岩土体性质有关，岩土体密实、抗剪强度高、含水量低时 λ 取较小值，反之取较大值。

为了得到 λ 的合理取值，首先量测图 3-11 中的恢复土拱内侧边线的斜率（记为 k_1），然后根据普朗特-维西克地基承载力理论计算朗肯被动区边界斜率 $k_2=\tan\left(45^\circ-\dfrac{\varphi}{2}\right)$，则根据前述式（3-1）、式（3-2）可知 $\lambda=\dfrac{k_1}{k_2}$。表 3-2 为各试验土样的计算结果，表中 I -10-5 表示第 I 组土样（含义同前）、含水量为 10%、桩间距为 5m，以此类推（下同）。由该计算结果可知，对于试验所用的花岗岩残积土，λ 的均值为 1.31，故取 $\lambda=1.3\sim1.8$ 是合理的。

表 3-2　各试验土样的 λ 取值

序号	试验编号	实测斜率 k_1	理论斜率 k_2	λ	序号	试验编号	实测斜率 k_1	理论斜率 k_2	λ	序号	试验编号	实测斜率 k_1	理论斜率 k_2	λ
1	I-10-5	0.59	0.62	0.957	11	I-16-6	0.87	0.56	1.532	21	II-12-7	0.60	0.49	1.245
2	I-10-6	0.65	0.62	1.046	12	I-16-7	1.01	0.56	1.782	22	II-14-5	0.71	0.50	1.417
3	I-10-7	0.81	0.62	1.304	13	I-18-5	0.93	0.60	1.560	23	II-14-6	0.58	0.50	1.154
4	I-12-5	1.01	0.68	1.487	14	I-18-6	0.63	0.60	1.048	24	II-14-7	0.62	0.50	1.226
5	I-12-6	0.94	0.68	1.388	15	I-18-7	0.93	0.60	1.556	25	II-16-5	0.71	0.50	1.425
6	I-12-7	0.81	0.68	1.200	16	II-10-5	0.51	0.60	0.857	26	II-16-6	0.71	0.50	1.423
7	I-14-5	0.91	0.62	1.484	17	II-10-6	0.55	0.60	0.915	27	II-16-7	0.78	0.50	1.560
8	I-14-6	0.69	0.62	1.119	18	II-10-7	0.52	0.60	0.863	28	II-18-5	0.85	0.52	1.642
9	I-14-7	0.73	0.62	1.179	19	II-12-5	0.58	0.49	1.199	29	II-18-6	0.74	0.52	1.422
10	I-16-5	0.93	0.56	1.647	20	II-12-6	0.42	0.49	0.866	30	II-18-7	0.89	0.52	1.726

由表 3-2 可知，土拱轴线的实测斜率与岩土体性质有着本质的联系（每组试验土样的物理力学性质见表 3-1），将其统一为 1，对于本次试验的岩土体，会引起较大的误差，且将在设计中造成较大的工程浪费，有时甚至会造成设计偏于危险。图 3-30 为每组试样的

实测土拱斜率与上述重庆地方标准中的土拱斜率的对比图，由图可知，本次试验中花岗岩类土质桩间土拱拱轴线斜率大多小于 1，仅 Ⅰ-12-5、Ⅰ-16-7 两组试样的土拱斜率达到了 1.01。所以，按本书的方法，考虑到岩土体内摩擦角的影响，采取合理的 λ 值，进行桩间土拱的描述是合理的。

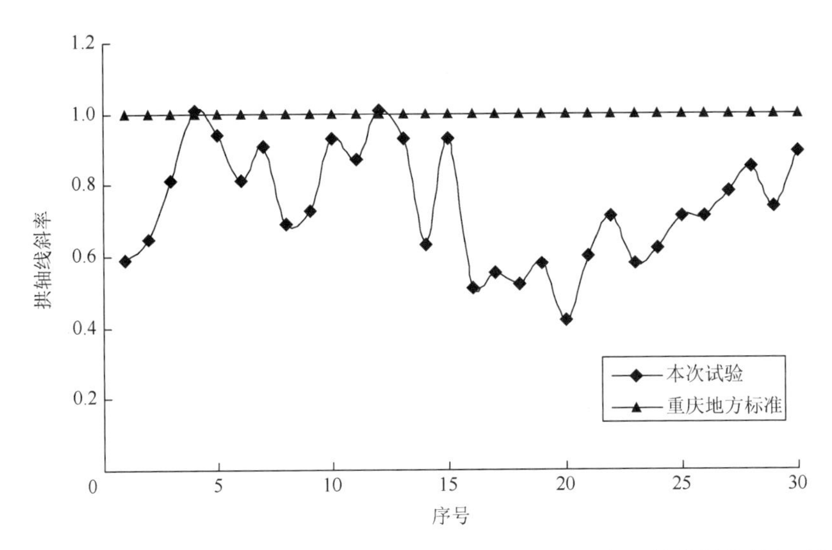

图 3-30　本次试验与重庆地方标准（DBJ50/T-029-2019）所得土拱拱轴线斜率对比

经大量现场调研及数据分析，结合上述试验结果，本书提出 λ 的建议值，见表 3-3。

表 3-3　λ 的建议值

岩土体类型	内摩擦角/(°)	λ 的建议值	备注（土名）
黏性土	<10	+∞	淤泥、淤泥质土、红黏土
	10～15	1.8～2.0	新近沉积的黏性土
	15～25	1.5～1.8	一般黏性土
	25～30	1.2～1.7	下蜀黏土
砂类土	38～42	1.2～1.7	粗砂
	35～40	1.5～1.8	中砂
	32～38	1.5～1.8	细砂
	28～36	1.8～2.0	粉砂
粉土	23～30	2.0	粉土
碎石类土、全强风化岩石	35～42	1.1	碎石土
岩石	>42	0	各类中风化或风化程度更低的岩石

注：内摩擦角越大，λ 取值越小，同一种岩土体的 λ 值可依据特定的内摩擦角几何内插获得。

3.2.5　土拱高度的确定

根据式（3-2）～式（3-4）可计算拱体内侧拱高、中心拱高和外侧拱高，此处只计算内侧拱高，即图 3-29 中的三角形 *ABC* 拱高，以便与模型试验中通过石膏模型得到的恢复土拱拱高相对比，检验计算方法的正确性。

由式（3-2）可知，土拱的内侧拱高为

$$H = \lambda \cdot \frac{D}{2} \cdot \tan\left(45° - \frac{\varphi}{2}\right) \tag{3-5}$$

据表 3-2 中的数据及 3.2.4 节的分析，取 $\lambda = 1.31$，则试验中花岗岩残积土的桩间土拱高度计算公式为

$$H = 1.31 \cdot \frac{D}{2} \cdot \tan\left(45° - \frac{\varphi}{2}\right) \tag{3-6}$$

表 3-4 为按式（3-6）计算的拱高结果及前述恢复土拱的实测拱高结果，两种结果的对比如图 3-31 所示，由于 8m 桩间距的土拱效应明显变差，拱体变形严重，恢复拱形误差较大，会影响对比效果，故在表 3-4 和图 3-31 中未列出 8m 桩间距的相关数据。

表 3-4　各土样的拱体内侧拱高计算及实测结果

序号	试验编号	实测拱高/m	理论拱高/m	序号	试验编号	实测拱高/m	理论拱高/m	序号	试验编号	实测拱高/m	理论拱高/m
1	Ⅰ-10-5	0.89	1.22	11	Ⅰ-16-6	1.73	1.48	21	Ⅱ-12-7	1.51	1.59
2	Ⅰ-10-6	1.30	1.62	12	Ⅰ-16-7	2.52	1.85	22	Ⅱ-14-5	1.07	0.99
3	Ⅰ-10-7	2.02	2.03	13	Ⅰ-18-5	1.40	1.17	23	Ⅱ-14-6	1.16	1.32
4	Ⅰ-12-5	1.51	1.33	14	Ⅰ-18-6	1.25	1.56	24	Ⅱ-14-7	1.54	1.65
5	Ⅰ-12-6	1.88	1.77	15	Ⅰ-18-7	2.32	1.95	25	Ⅱ-16-5	1.07	0.98
6	Ⅰ-12-7	2.03	2.22	16	Ⅱ-10-5	0.77	1.18	26	Ⅱ-16-6	1.42	1.31
7	Ⅰ-14-5	1.37	1.21	17	Ⅱ-10-6	1.10	1.57	27	Ⅱ-16-7	1.94	1.63
8	Ⅰ-14-6	1.38	1.61	18	Ⅱ-10-7	1.30	1.97	28	Ⅱ-18-5	1.27	1.02
9	Ⅰ-14-7	1.82	2.02	19	Ⅱ-12-5	0.87	0.95	29	Ⅱ-18-6	1.47	1.36
10	Ⅰ-16-5	1.40	1.11	20	Ⅱ-12-6	0.84	1.27	30	Ⅱ-18-7	2.23	1.69

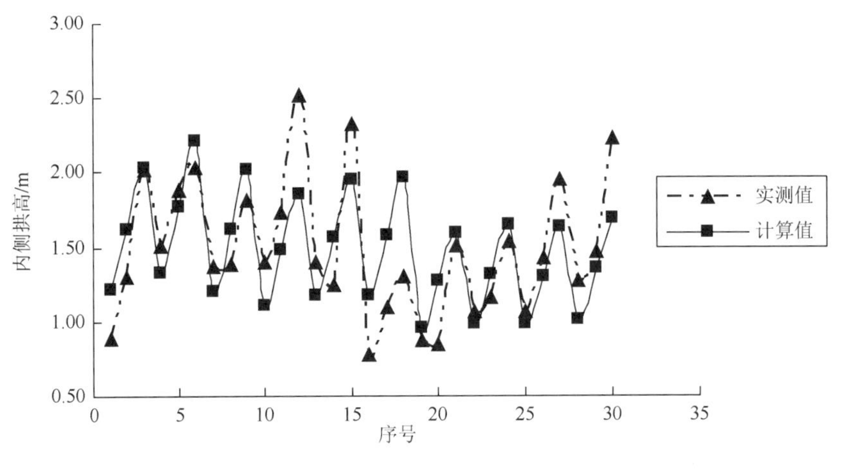

图 3-31　实测与计算土拱内侧拱高

由图 3-31 可知，实测结果与理论计算结果基本相符，证明了理论计算方法的可行性。含水量为 16%和 18%时的实测值明显大于计算值，这可能是因为模型试验中，加压过程中的水体无法排出，形成较大孔隙水压力，导致土拱高度偏大。

3.3　土拱极限承载力

土拱效应是发生在岩土体内部的力学行为，而目前精确观测和描述岩土体内部力学行为的方法还有待进一步研究，目前的方法对于土拱的准确刻画很难实现，尚不能良好地满足边坡加固结构受力计算分析的需求。土拱的承载能力，是其在荷载作用下实现岩土体作用力传递的基础，当拱体承载力小于作用于拱体的应力时，拱体将发生大的变形甚至破裂，从而无法传递岩土体作用力。此时，边坡加固结构设计与计算不能考虑土拱效应。本书在简化土拱拱体受力的基础上，求解土拱的极限承载力。

3.3.1　假定条件

装配式绿化挡墙桩（柱）土拱效应虽然是在三维空间中产生的，但求解装配式绿化挡墙受力时仅考虑桩（柱）水平土拱，多数情况下仅考虑桩（柱）后水平土拱，只有在桩柱式装配绿化挡墙和桩锚式装配绿化挡墙中抗滑桩截面尺寸较大（桩高大于 2.5m）时才考虑桩间水平土拱效应，因此可将装配式绿化挡墙桩（柱）土拱效应简化为二维平面问题。由前述可知，桩后土拱为支撑拱，拱脚为刚性支撑拱脚，为简化土拱的力学计算，土拱结构采用结构拱分析，并将其划分为两个基本单元：拱体和拱脚。拱体即是发生不均匀位移或相对位移，并借助自身抗剪强度转移荷载的那部分岩土体，其功能为将所受的压力转换成作用在拱脚上的力。拱脚的功能则是为拱体提供支撑。

1）拱轴线形状

为了简便描述结构拱（尤其是讨论其力学特征时），通常用拱的轴线来代表拱体。

图 3-29 及式（3-1）～式（3-4）将拱轴线假定为等腰三角形，是为了确定土拱高度继而确定拱前岩土体范围，这样的假定最能简化拱高的计算，但在进行拱体受力计算，特别是进行拱体本身承载能力分析时，将拱轴线假定为三角形是不合适的。因为土拱效应来源于岩土体内部应力自我调整，所以其应最大限度地发挥拱体材料（岩土体）自身的抗剪强度，土拱的拱轴线应为合理拱轴线。同时大多数情况下，土拱所受荷载可假定为均布荷载，而且不考虑土拱自身重力，基于这样的假设时土拱拱轴线为抛物线。

2）拱脚形态

结构力学中拱在两端的拱脚都会对拱体有一个支持的作用，而且土拱定义也明确了拱脚要承担从屈服区转移过来的荷载，因而土拱拱脚必须是一个相对“稳固”的结构，能够承受拱体由于抑制其后方岩土体位移所产生的力。土拱能否形成并稳定存在，很大程度上取决于能否形成足够“稳固”的拱脚。如前所述，装配式绿化挡墙桩（柱）后土拱拱脚为支撑拱脚，桩（柱）间土拱拱脚为摩擦拱脚。

虽然我们在土拱理论中将桩（柱）视为支撑拱脚，并认为其依靠自身抗弯性能而存在，但桩（柱）自身并不是土拱拱脚，充当土拱拱脚并直接承受拱后岩土体作用力的是桩（柱）背侧（靠坡体一侧）的三角受压区域，如图 3-32 所示。由于通常抗滑桩都成排布设，装配式绿化挡墙中的肋柱更是如此，因而装配式绿化挡墙桩（柱）后土拱也是成排出现，彼此相连。就单个桩（柱）而言，其背侧会同时受到相连的两个土拱的作用，两个土拱在桩（柱）背侧便形成了一个三角受压区域。这个三角受压区域一方面受到两侧拱体的轴力 F_1 作用，由于实际工程布设的对称性，可假设两侧的土拱轴力大小相等、方向关于桩（柱）中截面对称；另一方面受到桩（柱）背侧提供的支撑反力 F_2 作用。三角受压区域在这三个力作用下保持静力平衡。因此，这个三角受压区域在事实上发挥了拱脚的作用，在形式上与拱体相连，可以认为其为桩后土拱的拱脚。对于三角受压拱脚而言，其几何特征受桩背宽度与起拱角度（图 3-32 中的 α）控制。

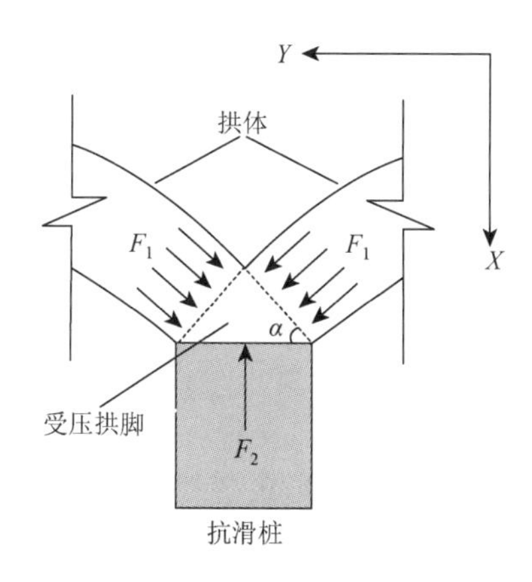

图 3-32　装配式绿化挡墙桩（柱）后土拱拱脚示意图

该图描述的是成排布设的桩（柱）中任一桩（柱）后拱脚附近区域，其余桩（柱）及拱体未画出；图中 X 轴指向桩前；桩（柱）截面形状为矩形；图中 F_1、F_2 均为拱脚区受力

3）土拱计算分析模型

假设装配式绿化挡墙桩（柱）后土拱拱体为等厚拱体，即土拱拱体沿轴线的正截面宽度保持一致，结合土拱的拱轴线和拱脚形态，建立土拱的完整模型，如图 3-33 所示。该分析模型主要由两个部分组成：①反映土拱几何形态和整体力学特征的轴线部分；②反映土拱自身特点的拱脚部分。值得说明的是，由于土拱是实体拱，而力学研究是通过对拱线建立方程进行分析，因此就实体拱中哪条线能代表实体拱进行受力及几何形态分析这一问题，不同的研究者有不同的选择。有的研究者以土拱内侧边线（图 3-33 中的下拱线）为拱轴线进行分析，而有的研究者以土拱外侧边线（图 3-33 中的上拱线）为拱轴线进行分析，无论是下拱线还是上拱线显然都不太符合拱轴线的原始定义，因此本书以土拱实体的轴线（即中轴线，图 3-33 中的虚线）建立分析模型。

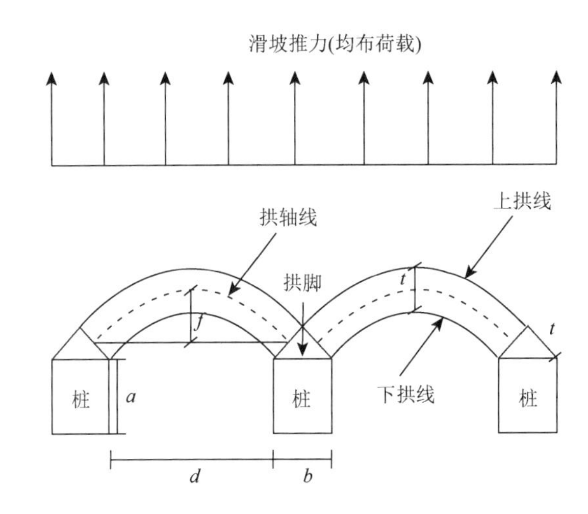

图 3-33　装配式绿化挡墙桩（柱）后土拱计算分析模型

图中 a、b、d、t、f 分别为抗滑桩截面高度、宽度、桩间净距及桩后土拱厚度、拱高

3.3.2　土拱极限承载力计算

李晋[37]对此进行了较深入的研究，本书采用其研究成果并介绍其相关试验。为简化计算模型，分析装配式绿化挡墙桩（柱）后土拱极限承载力，并作基本假定如下。

（1）桩柱式装配绿化挡墙或桩锚式装配绿化挡墙中的抗滑桩及肋柱式装配绿化挡墙或锚固式装配绿化挡墙中的肋柱均视作悬臂桩，仅考虑桩后土拱作用，不考虑桩间土拱作用。

（2）拱后岩土体的作用力为水平均布恒定荷载 q，不考虑土拱自身重力作用，土拱合理拱轴线为抛物线。

（3）简化土拱效应为平面问题，拱轴线位置按图 3-33 所示原理确定，做三铰拱计算，模型如图 3-34 所示。

（4）假定桩后岩土体为均质体。

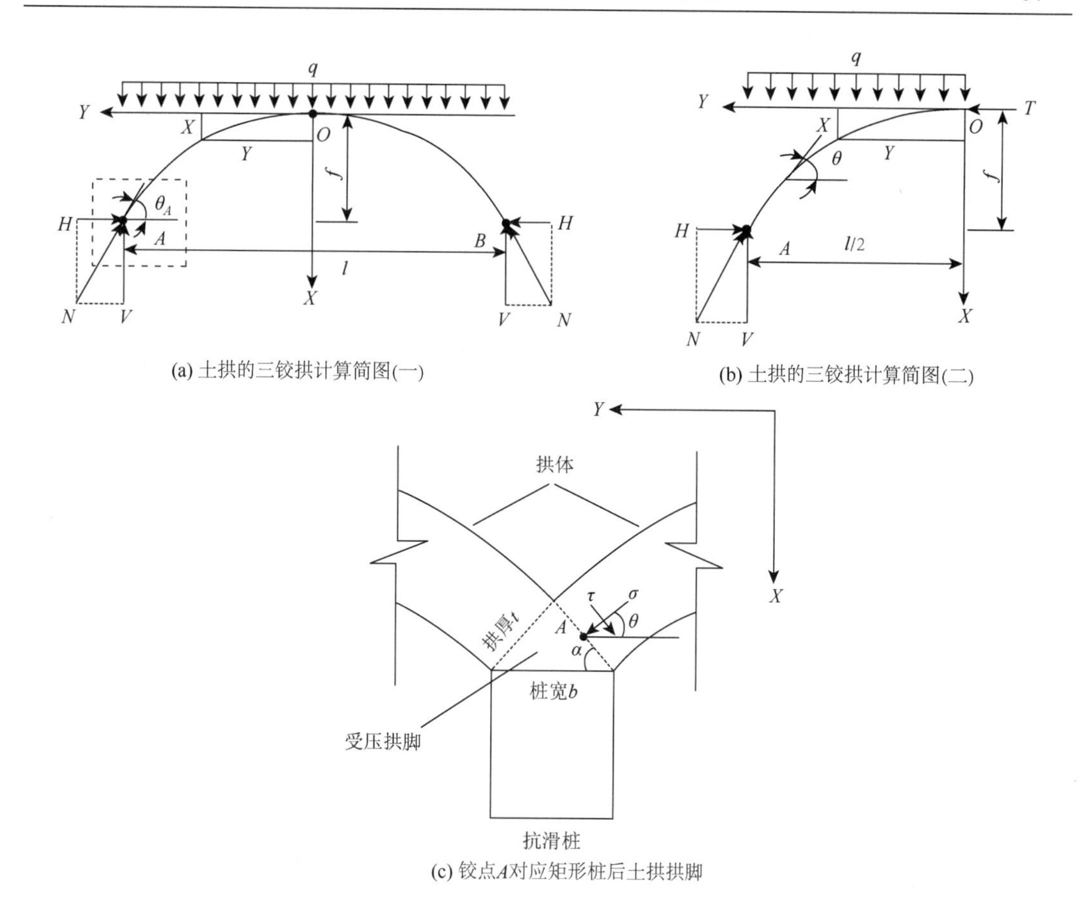

(a) 土拱的三铰拱计算简图(一)　(b) 土拱的三铰拱计算简图(二)

(c) 铰点A对应矩形桩后土拱拱脚

图 3-34　桩后土拱三铰拱计算模型

图中 A、O、B 为铰点，A、B 代表拱脚，H、V 为 A、B 点提供的支座反力，f 为土拱拱高，l 为土拱拱跨，τ 为土拱横截面所受剪力，θ 为横截面倾角；合理拱轴线的拱跨与图 3-34 保持一致，即 $l=d+b/2$，其中 d 为桩间净距

当土拱拱轴线为合理拱轴线时，轴线上任一点（截面）无弯矩，因此对拱上任意一点（x, y）取矩，可得

$$T\cdot x-\frac{qy^2}{2}=0 \tag{3-7}$$

根据静力平衡条件，在拱脚处竖向反力为

$$V=\frac{ql}{2} \tag{3-8}$$

对 O 点取矩，有

$$Hf-V\frac{l}{2}=0 \tag{3-9}$$

又取左半拱作隔离体，根据静力平衡：

$$H=T \tag{3-10}$$

联立式（3-8）～式（3-10），可得 $T=\dfrac{ql^2}{8f}$，将其代入式（3-7），可得拱轴线方程为

$$x = \frac{4f}{l^2} y^2 \tag{3-11}$$

同时，在垂直于轴向的横截面上，内力只有压力，没有剪力，即该类截面只受轴力作用，则有

$$\tan\theta = x' = \frac{\mathrm{d}x}{\mathrm{d}y} \tag{3-12}$$

本书认为在均布作用力 q 的作用下，土拱拱脚处受力最大，最先达到极限平衡状态并破坏，即拱脚处最先处于极限应力状态，轴力为 N，方向为拱轴线在 A 点的切线方向，与水平线的夹角为 θ_A。如前所述，桩后岩土体将沿着与 σ_1 方向的夹角为（45°–φ/2）（φ 为材料的内摩擦角）的截面破坏，同时联立式（3-11）、式（3-12）可得

$$\tan\theta = \frac{2yf}{l^2} = \tan(45° - \varphi / 2) \tag{3-13}$$

故有

$$f = l\tan(45° - \varphi / 2) \tag{3-14}$$

式（3-14）为极限状态下桩后土拱合理拱轴线的拱高，其只和拱跨（桩间中心距）及桩后岩土体的性质有关。可见，拱高的形式与式（3-5）一致，说明了式（3-5）在快速确定拱高方面的可行性，也说明了采用抛物线方式求解土拱拱体承载力的可行性。

在极限状态下，拱脚如图 3-34（c）所示，此时 α 为最大主应力与破裂面的夹角，并有

$$\alpha = 45° + \varphi / 2 \tag{3-15}$$

当桩（柱）宽度为 b 时，拱体厚度为

$$t = \frac{b}{2\cos\alpha} \tag{3-16}$$

拱脚破裂面的轴力可用式（3-17）表示：

$$N = \sqrt{H^2 + V^2} \tag{3-17}$$

破裂面上的正应力：

$$\sigma = \frac{N}{t} = \frac{ql}{4bf}\sqrt{l^2 + 16f^2}\cos\alpha \tag{3-18}$$

由于拱轴截面只有轴力没有剪力，所以拱脚破坏面处为单向受压状态，由莫尔-库仑强度准则：

$$\sigma_1 = \sigma = \frac{2c\cos\varphi}{1 - \sin\varphi} \tag{3-19}$$

联立式（3-18）、式（3-19）可得

$$\frac{ql}{4bf}\sqrt{l^2 + 16f^2}\cos\alpha = \frac{2c\cos\varphi}{1 - \sin\varphi} \tag{3-20}$$

将式（3-14）和式（3-15）代入式（3-20），整理可得

$$q_{\max}=\frac{8bc\tan(45°-\varphi/2)\cos\varphi}{l(1-\sin\varphi)\cos(45°+\varphi/2)\sqrt{1+16\tan^2(45°-\varphi/2)}} \tag{3-21}$$

用 $P_{\lim}$ 代表土拱的极限承载力，即土拱在极限状态下的荷载，由图 3-34 可知土拱所受荷载的范围大于拱轴线的拱跨，为 $l+b/2$，所以有

$$P_{\lim}=q_{\max}\cdot\left(l+\frac{b}{2}\right) \tag{3-22}$$

将式（3-21）代入式（3-22）可得

$$P_{\lim}=\frac{16(d+b)bc\tan(45°-\varphi/2)\cos\varphi}{(2d+b)(1-\sin\varphi)\cos(45°+\varphi/2)\sqrt{1+16\tan^2(45°-\varphi/2)}} \tag{3-23}$$

式中，$P_{\lim}$ 为土拱极限承载力，kN/m；b 为桩宽，m；d 为桩间净距，m；c 为岩土体黏聚力，kPa；φ 为岩土体内摩擦角，(°)。

式（3-23）即为极限状态下装配式绿化挡墙桩（柱）后土拱拱体能承受的最大荷载，也就是土拱的极限承载力。由式（3-23）可知土拱的极限承载力只与桩（柱）间净距 d、桩宽 b、岩土体的内摩擦角 φ、岩土体的黏聚力 c 有关。对于肋柱式装配绿化挡墙和锚固式装配绿化挡墙，由于砌块单元的几何尺寸往往是固定的，因此柱间净距和柱的截面宽度也是固定的，此时的柱后土拱极限承载力仅取决于岩土体的抗剪强度指标。对于桩柱式装配绿化挡墙和桩锚式装配绿化挡墙，土拱的性质主要由抗滑桩决定，而抗滑桩的桩间净距也受控于砌块的几何尺寸，且理论上应为砌块宽度的整数倍，因此在设计时应综合考虑砌块单元的尺寸与桩（柱）后土拱承载力的取值，这是和其他抗滑桩组合加固结构的不同之处。

为验证上述桩（柱）后土拱极限承载力的合理性，本部分选用文献[38]中的某实际边坡工程，计算该边坡工程悬臂抗滑桩桩后土拱的极限承载力，并与土拱的实际受荷进行比较。所选边坡位于四川北部，为一堆积体路堑高边坡，该边坡最下一级采用桩板墙支护，边坡岩土体抗剪强度指标为黏聚力 $c=50\text{kPa}$，内摩擦角 $\varphi=28°$，泊松比为 0.30，变形模量为 60MPa。抗滑桩采用 C30 混凝土浇筑，截面宽度 $b=2\text{m}$、高度 $a=3\text{m}$，桩全长 $h=22\text{m}$，悬臂段长度 $h_1=11\text{m}$，经采用传递系数法计算得到的桩后坡体剩余下滑力 $E=1050\text{kN/m}$，设计桩间净距 $d=4\text{m}$。

将 $b=2\text{m}$、$\varphi=28°$、$c=50\text{kPa}$ 和 $d=4\text{m}$ 代入式(3-23)，可得极限承载力 $P_{\lim}=716.02\text{kN/m}$。桩后岩土体剩余下滑力（坡体推力）$E$ 为 1050kN/m，假设桩后坡体推力呈矩形分布，则沿垂向每米的坡体推力 $E_p=1050/11=95.45\text{kPa}$。而实际上坡体推力并非全部作用在拱体上，假设作用在拱体上的荷载为相邻两桩中心间段落的下滑力，则桩间土拱所受荷载 $P_1=6E_p=572.73\text{kN/m}$，小于本计算方法得出的土拱极限承载力。定义土拱拱体稳定系数为

$$k=\frac{P_{\lim}}{P_1} \tag{3-24}$$

将 $P_{\lim}$ 与 P_1 值代入式（3-24），可得拱体稳定系数 $k=1.25$。在工程中留有一定的安全储备是必要的，在工后该边坡未出现桩间拱破坏（挡板开裂、桩间土挤出、抗滑桩偏

转等）相关现象，整个边坡稳定性良好，这在一定程度上说明了本书提出的土拱极限承载力算法具有良好的可行性。

3.4 基于土拱效应的装配式绿化挡墙受力计算

1）关于土拱形状

本节以桩柱式装配绿化挡墙为例进行基于土拱效应的受力计算的说明，肋柱式及其他形式的装配式绿化挡墙通过调整土拱参数参考该计算方法。只考虑桩（柱）后水平土拱效应，不考虑桩（柱）间土拱效应，即仅考虑支撑拱而不考虑摩擦拱，并按 3.2.4 节和 3.2.5 节的思路确定桩（柱）后土拱形状和土拱高度，从而确定桩（柱）间砌块单元支护的岩土体范围（拱前岩土体），并在此基础上进行荷载计算。

虽然学者对土拱效应的研究较多，但多集中在理论层面。在土拱效应的应用方面，以规范或规程形式进行定量规定的较少，目前可参考的是重庆市地方标准《地质灾害防治工程设计规范》(DBJ50/T-029-2019)，其设定桩后土拱为一等腰直角三角形[图 3-35(a)]，虽然该规范未考虑桩后土拱的性质，直接规定桩后土拱拱轴线与水平面间的夹角为 45°，较为粗略，但由于难以在其他规范中找到更精确的描述，故本书暂采用该规范的建议说明装配式绿化挡墙的受力计算，即桩后土拱形状为一等腰直角三角形。

如图 3-35(a)所示，Z_1 桩和 Z_2 桩后形成水平土拱拱体 $B_1BB_2O_2A_2AA_1O_1B_1$，其中 B_1BB_2 为拱体外边线，A_1AA_2 为拱体内边线，O_1OO_2 为拱轴线。如前所述，B_1BB_2 和 A_1AA_2 均为等腰直角三角形。计桩截面宽度、高度分别为 a、b，桩间净距为 d，则土拱拱体的外边线拱高 h_2、内边线拱高 h_1、中心拱高 h[轴线拱高，对应图 3-35（b）中的 OO']可按式（3-25）计算。

$$\begin{cases} h_2 = a + \dfrac{d}{2} \\ h_1 = \dfrac{d}{2} \\ h = \dfrac{a+d}{2} \end{cases} \tag{3-25}$$

2）基本假设

(1）桩（柱）后拱体未发生变形破坏。

本书研究的核心在于考虑桩（柱）后水平土拱效应时的桩（柱）间砌块单元结构受力计算，故土拱拱体的完整存在是本书研究的基础。桩（柱）后土拱实际上为一实体压密拱，拱体相对于其周围的岩土体可认为处于弹性状态，在该假设条件下，由于不考虑土拱的变形，拱前岩土体与拱体间的力学边界为自由边界，即土拱不传力至拱前岩土体。拱后岩土体的剩余下滑力（或土压力）由土拱拱体完全传递至土拱的拱脚——抗滑桩或肋柱上。若桩后岩土体软弱（如软土），不具有形成土拱的物理力学条件，则不适合用本方法。

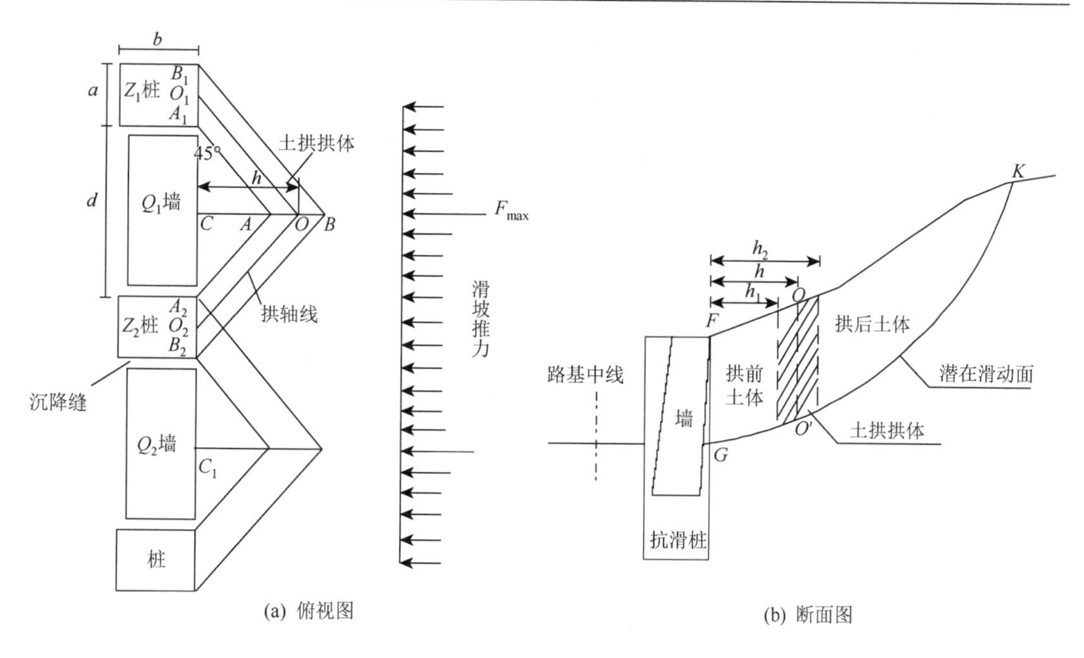

(a) 俯视图　　(b) 断面图

图 3-35　桩柱式装配绿化挡墙组合及桩后水平土拱示意图

（2）水平土拱拱高以拱轴线拱高 h 计算。

如前所述，桩（柱）后水平拱为一实体拱，但拱体实际厚度较难精确计算。如图 3-35（a）所示，若抗滑桩截面宽度 a 为 2m，则拱体厚度约为 1.4m，与整个边坡潜在不稳定岩土体长度相比值很小，为简化计算，采用拱轴线拱高 h 进行拱前岩土体和拱后岩土体的划分[图 3-35（b）]。这种假设增大了拱前岩土体范围，使墙上土压力增大，使设计偏于安全；而拱后潜在不稳定岩土体长度远远长于简化后的岩土体长度 $h_2-h=a/2$，对抗滑桩受力几乎无影响，故该假设是可行的。当可较精确地计算土拱拱体厚度时，也可采用拱体内边界和外边界分别计算墙和桩上的受力，这并不影响本书计算方法的可行性。

（3）计算截面为桩（柱）跨中截面，将该截面上的力学计算简化为平面问题。

按现行规范的设计理念，一根抗滑桩所承担的计算荷载为其左右各一半桩间距范围内的剩余下滑力或土压力。在图 3-35（a）中，桩 Z_2 承担 CC_1 范围内的荷载，布桩时，也多将最大下滑力 F_{max} 让其左右两根抗滑桩承担[图 3-35（a）中的 Z_1 桩和 Z_2 桩]，从而使整体设计更优化。基于此，可计算各跨中截面的荷载，以确定桩及墙上的受力，而且以跨中截面确定墙上的受力可使墙的设计偏于保守，利于边坡的稳定。

现行规范及研究结果均认为水平土拱形状关于跨中截面对称，在不考虑土拱沿桩长方向（深度方向）改变形状的情况下，可简化为平面问题。关于土拱沿桩长方向（深度方向）的形状改变，可做进一步研究，本书暂不讨论。

3）考虑水平土拱效应的抗滑桩荷载

由于桩后土拱的存在，抗滑桩上的荷载应为水平土拱传递给抗滑桩的力，即拱后岩土体的剩余下滑力，而非不考虑土拱时设桩处的剩余下滑力。如图 3-35（b）所示，计算抗滑桩荷载时，应计算至图中的 OO'处，即计算岩土体 KOO'而非岩土体 KFG 的剩余下滑力。计算方法仍采用目前规范中常采用的传递系数法。

另外值得说明的是，由于桩＋桩间挡墙组合结构中，墙与桩间设置有沉降缝[图 3-35（a）]，墙上的荷载不会传递到桩上，故 OO'处[图 3-35（b）]的剩余下滑力即为桩上的最终荷载。

4）考虑水平土拱效应的挡墙荷载

如前所述，由于挡墙与桩间设有沉降缝，桩与桩间墙之间可认为是未联结的，桩与墙的受力是相互独立的，桩上的荷载也同样不会传递至墙上（本书不考虑桩间岩土体与桩体间的摩擦力，现行规范设计时也未考虑）。墙背荷载为桩后土拱拱前岩土体产生的土压力或剩余下滑力（二者之中的大者）。

采用库仑土压力理论进行墙背土压力（此处只分析主动土压力）的计算，该理论从墙后滑动土楔处于极限平衡状态时的静力平衡条件出发，求解土压力。如图 3-36 所示，当不考虑土拱效应（或无土拱存在）时，墙前移或绕墙趾外转会引起墙后岩土体沿破裂面 BH 破坏，土楔 FBH 将沿墙背 FB（本书不考虑第二破裂面的情况）和通过墙踵的破裂面 BH 向下滑动，从而产生作用于墙背 FB 的主动土压力，在破坏的瞬间，楔体 FBH 处于极限平衡状态，通过分析该楔体的静力平衡，即可求解作用于墙背的主动土压力。

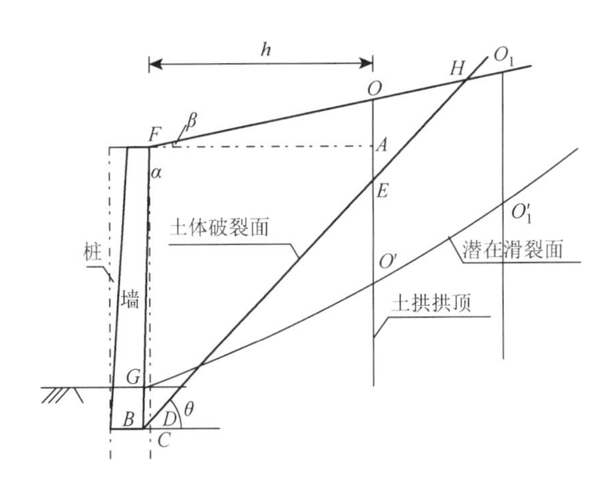

图 3-36　桩柱式装配绿化挡墙中挡墙受力模型

可见，主动土压力的大小与土楔 FBH 的重量有密切关系。当考虑土拱效应时，由于桩对拱及拱后岩土体的支撑作用，依据前述基本假设，此时滑动楔体为 $FBEO$，而非传统计算中的 FBH。墙背主动土压力是由于岩土体 $FBEO$ 向下滑动而产生的，此时，应通过岩土体 $FBEO$ 的静力极限平衡求解墙背主动土压力。

选择挡墙中心截面为计算断面[图 3-35（a）中的 CAB]，如前所述，该截面处水平拱高为 h。如图 3-36 所示，若不考虑土拱效应，墙上的荷载 F 应为土楔 FBH 产生的土压力 P_{FB} 和沿原潜在滑裂面产生的 FG 处剩余下滑力 E_{FG} 中的大者，即 $F=\max(P_{FB}, E_{FG})$。考虑土拱效应时，根据上述分析，可分为两种情况。

(1) 拱顶位于墙后岩土体破裂面之后（图 3-36 中的 $O_1O'_1$），此时土压力仍为土楔 FBH

产生的土压力 P_{FB}，但剩余下滑力为岩土体 $FGO_1'O_1$ 沿滑面 GO_1' 在 FG 处产生的剩余下滑力 E_{1FG}，此时 $F = \max(P_{FB}, E_{1FG})$。

（2）拱顶位于墙后岩土体破裂面之前（图 3-36 中的 OO'），此时土压力为土楔 $FBEO$ 产生土压力 P_{2FB}，剩余下滑力应为岩土体 $FGO'O$ 滑面 GO' 在 FG 处产生的剩余下滑力 E_{2FG}，此时 $F = \max(P_{2FB}, E_{2FG})$。

以上两种情况均不考虑原滑面的变化，包括滑面形状及滑面位置。

在上述考虑土拱效应的第（2）种情况中，由前述基本假设可知，土拱与拱前岩土体间的力学边界为自由边界，基于此，墙后破裂土楔受力分析如图 3-37 所示。图 3-37 中 W 为土楔自重；R 为土楔受到的下部岩土体的作用力；δ、φ、θ 分别为墙后岩土体与墙背间的摩擦角、墙后岩土体内摩擦角、墙后岩土体的破裂角；墙体对破裂土楔的力为主动土压力的反作用力，其大小等于 E_{2FB}，在图中仍以 E_{2FB} 表示；α、β 分别为墙背与竖向夹角及墙后岩土体表面与水平面的夹角。

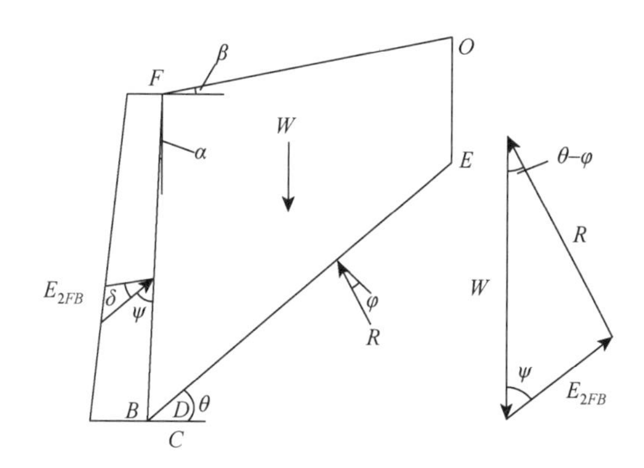

图 3-37　考虑水平土拱效应的墙后土楔受力示意图

土楔 $FBEO$ 在 W、R、E_{2FB} 三个力的作用下处于静力极限平衡状态，这三个力必构成一闭合的力矢三角形，如图 3-37 所示，图中 $\psi = 90° + \alpha - \delta$。

欲求解 E_{2FB}，必须先求解出 W 的表达式，下面先结合图 3-37 求解 W，记 S 为面积符号，γ 为岩土体容重，h_0 为墙高，有

$$\begin{aligned}S_{FBEO} &= S_{FDEO} + S_{FBC} - S_{BCD} \\ &= \frac{h}{2}(h_0 - h_0\tan\alpha\tan\theta + h_0 - h\tan\theta - h_0\tan\alpha\tan\theta + h\tan\beta) + \frac{h_0^2}{2}\tan\alpha - \frac{h_0^2}{2}\tan^2\alpha\tan\theta \\ &= h_0\left(h + \frac{h_0}{2}\tan\alpha\right)(1 - \tan\alpha\tan\theta) + \frac{h^2}{2}(\tan\beta - \tan\theta)\end{aligned} \tag{3-26}$$

$$W = S_{FBEO} \cdot \gamma \tag{3-27}$$

由图 3-37 中的力矢三角形可知：

$$\frac{E_{2FB}}{W} = \frac{\sin(\theta-\varphi)}{\sin(\theta-\varphi+\psi)} \Rightarrow E_{2FB} = W \cdot \frac{\sin(\theta-\varphi)}{\sin(\theta-\varphi+\psi)} \tag{3-28}$$

令 $\frac{dE_{2FB}}{d\theta}=0$，求得 E_{2FB} 为最大值时的 θ 值，将其代入式（3-26）～式（3-28）即可求得主动土压力 E_{2FB}。

5）算例

算例边坡概况及潜在滑体条块划分如图 3-38 所示，该边坡加固工程中，桩间距为 6m，桩截面尺寸为 2.0m×2.5m，残积层及全风化层岩土体天然容重 $r=18.5\text{kN/m}^3$、黏聚力 $c=50\text{kPa}$，内摩擦角 $\varphi=28°$。

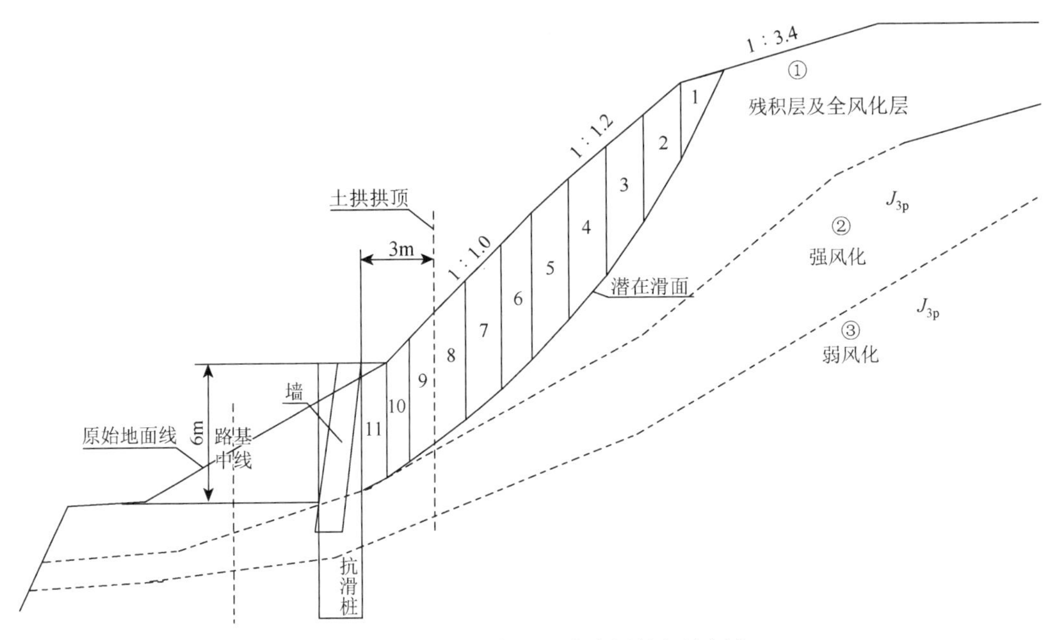

图 3-38　算例边坡概况及潜在滑体条块划分

（1）桩后土拱高度计算。

由式（3-25）可知，桩间墙中心截面处的水平土拱高度为 $h=(4+2)/2=3\text{m}$。为便于计算，潜在滑体条块划分时，在水平土拱拱顶处设条块划分线，将相邻两条块在拱顶处划分，如图 3-38 所示。

（2）不考虑土拱效应时桩上的荷载计算。

考虑到工程安全，根据《铁路路基支挡结构设计规范》（TB10025—2019）的要求，取安全系数 $k_0=1.2$。按图 3-38 所示的条块划分，采用传递系数法进行设桩处剩余下滑力的计算。不考虑土拱效应时，抗滑桩上的荷载应为条块 11 的剩余下滑力，计算结果如表 3-5 所示，剩余下滑力为 297.4kN/m。

表 3-5　单宽断面剩余下滑力计算

条块编号	重力 W_i/kN	条块宽度 L_i/m	滑面倾角 α_i/(°)	传递系数 ψ_i	下滑力 T_i/(kN/m)	抗滑力 R_i/(kN/m)	剩余下滑力 E_i/(kN/m)
1	50.1	1.7	64	0	54.0	33.6	20.5
2	104.3	1.5	59	0.9459	107.3	49.0	77.6

续表

条块编号	重力 W_i/kN	条块宽度 L_i/m	滑面倾角 α_i/(°)	传递系数 ψ_i	下滑力 T_i/(kN/m)	抗滑力 R_i/(kN/m)	剩余下滑力 E_i/(kN/m)
3	130.3	1.5	54	0.9459	126.5	62.2	137.7
4	148.4	1.5	50	0.9573	136.4	73.1	195.1
5	159.6	1.5	46	0.9573	137.7	82.0	242.6
6	138.0	1.3	43	0.9684	113.0	73.9	274.0
7	147.4	1.4	40	0.9684	113.7	82.0	297.0
8	130.3	1.3	37	0.9684	94.1	75.7	306.1
9	94.5	1.0	35	0.9792	65.0	56.7	308.0
10	88.3	1.0	33	0.9792	57.7	54.7	304.6
11	90.6	1.0	31	0.9792	56.0	56.8	297.4

注：$T_i = W_i k_0 \sin\alpha_i$，$R_i = W_i \cos\alpha_i \tan\varphi_i + c_i L_i$，$E_i = \psi_i E_{i-1} + T_i - R_i$。

（3）考虑水平土拱效应时桩上的荷载计算。

如前所述，当考虑土拱效应时，抗滑桩上的荷载应为土拱拱体传递到桩上的剩余下滑力。如图3-38所示，拱顶处荷载为条块8的剩余下滑力，即此时抗滑桩上的荷载应为条块8的剩余下滑力。由表3-5可知，该剩余下滑力为306.1kN/m。可见，该工程算例中，由于土拱的存在，抗滑桩的荷载较常规算法略有增加，按土拱效应方法计算的荷载更利于设计安全。

该算例由于无明显抗滑段，即最后几个条块的滑面倾角仍较大，故考虑土拱效应与不考虑土拱效应的计算结果差别不大。但当有明显抗滑段时，荷载增大的效果将会很明显，如图3-39（a）所示。当然，当滑面为直线形，如沿覆盖层与基岩接触面的滑动，则考虑土拱效应时的抗滑桩上的荷载反而会明显减小，如图3-39（b）所示。

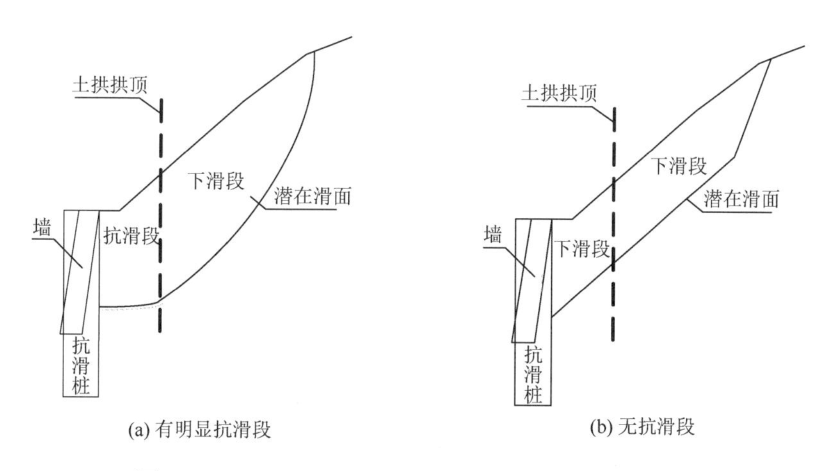

(a) 有明显抗滑段　(b) 无抗滑段

图3-39　不同滑面形状时的桩（柱）后土拱效应示意图

（4）墙上荷载计算。

该算例中，墙背及墙胸与竖直面的夹角均为15°，如前所述，桩后水平土拱拱高为

3m，按式（3-26）～式（3-28），可求得岩土体与墙背间的摩擦角 $\delta = 15°$，墙后岩土体破裂角 $\theta = 44°$，其余计算参数如图 3-40 所示。

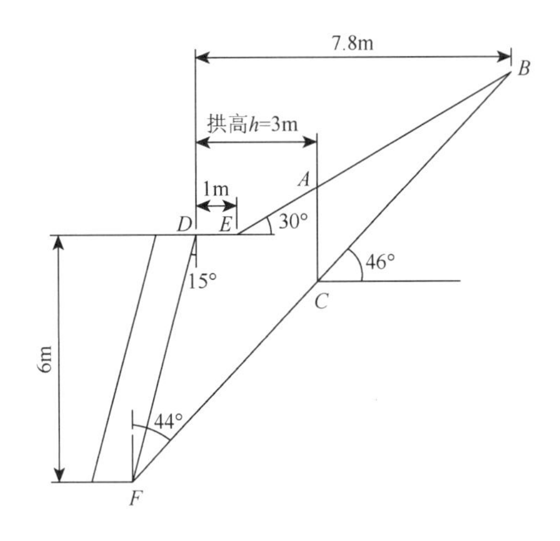

图 3-40　桩间挡墙土压力计算示意图

考虑桩后土拱效应时，挡墙上的主动土压力应为岩土体 *DEACF* 沿破裂面 *FC* 和墙背下滑产生的主动土压力，按式（3-26）～式（3-28）计算，结果为 $E_{a1} = 53.7$kN/m。

不考虑土拱效应时，挡墙上的主动土压力应为岩土体 *DEBF* 沿破裂面 *FB* 和墙背下滑产生的主动土压力，同样按式（3-26）～式（3-28）计算，结果为 $E_{a2} = 69$kN/m，与此相比，前述考虑土拱效应时的计算结果减小了 22.2%，这将对墙体（砌块单元）的设计产生显著影响。

若按图 3-38 所示的滑面求解挡墙上的剩余下滑力，则由于桩后土拱效应，拱后岩土体作用力不会传递至拱前岩土体，所以作用在墙上的剩余下滑力应为条块 9、条块 10、条块 11 产生的剩余下滑力，计算结果如表 3-6 所示，其中条块 11 的剩余下滑力仅为 10.0kN/m。可见，该边坡挡墙上的荷载应取土压力。

表 3-6　考虑桩后土拱效应时单宽断面挡墙上剩余下滑力计算

条块编号	重力 W/kN	条块宽度 L/m	滑面倾角 α /(°)	传递系数 ψ	下滑力 T/(kN/m)	抗滑力 R/(kN/m)	剩余下滑力 E/(kN/m)
9	94.5	1.0	35	0	65.0	56.7	8.3
10	88.3	1.0	33	0.9792	57.7	54.7	11.1
11	90.6	1.0	31	0.9792	56.0	56.8	10.0

将上述算例的计算结果总结于表 3-7，由该表可知，桩后土拱效应确实会影响桩间墙组合结构的受力分配，特别是挡墙上的荷载受桩后土拱效应的影响更大，差值率达到了 22.2%。如前所述，由于该算例中滑面形状的原因，桩上荷载差值率较小。

表 3-7　算例计算结果

荷载类型	不考虑土拱效应 P_1/(kN/m)	考虑土拱效应 P_2/(kN/m)	差值率 $\lvert P_2-P_1\rvert/P_1$
桩上荷载	297.4	306.1	3.0%
墙上荷载	69.0	53.7	22.2%

（5）桩后土拱承载力验算。

由式（3-23）可知：

$$
\begin{aligned}
P_{\lim} &= \frac{16(d+b)bc\tan(45°-\varphi/2)\cos\varphi}{(2d+b)(1-\sin\varphi)\cos(45°+\varphi/2)\sqrt{1+16\tan^2(45°-\varphi/2)}} \\
&= \frac{16(4+2)\times2\times12\tan(45°-30°/2)\cos30°}{(2\times4+2)(1-\sin30°)\cos(45°+30°/2)\sqrt{1+16\tan^2(45°-30°/2)}} \\
&= 183.10(\text{kN/m})
\end{aligned}
$$

拱后岩土体剩余下滑力（坡体推力）E 为 306.1kN/m，假设该力沿桩长呈矩形分布，则沿桩长方向的单宽滑体推力 $E_{\text{p}}=306.1/12=25.51\text{kPa}$。取作用在拱体上的荷载为相邻两桩中心间段落的下滑力，则桩后土拱所受荷载 $P_1=6E_{\text{p}}=153.05\text{kN/m}$。由式（3-24）可得

$$
k=\frac{P_{\lim}}{P_1}=183.10/153.05=1.20
$$

桩后土拱承载力能够支撑其后岩土体的剩余下滑力，桩后土拱有效。

3.5　小　　结

装配式绿化挡墙，尤其是桩柱式和桩锚式，其在施工过程中会形成土拱，包括桩后土拱（支撑拱）和桩间土拱（摩擦拱），其中桩后土拱对桩间装配式绿化挡墙受力有决定性影响。作用在装配式绿化挡墙上的力应为拱前岩土体形成的剩余下滑力或土压力，多数情况下为主动土压力。拱前岩土体的范围（方量）是决定其形成的土压力大小的核心因素。拱前岩土体的范围由桩后土拱高度计算确定，土拱高度由桩间净距和边坡岩土体的抗剪强度指标决定，土拱形状可取等腰三角形。土拱极限承载力是土拱效应能否发挥的另一个关键因素，只有当土拱拱体所受作用力小于其极限承载力时，土拱拱体才能保持稳定、完整，土拱效应才能良好发挥。计算土拱拱体的极限承载力时，宜将土拱形状视为合理拱轴线。土拱的极限承载力只与桩间净距、桩的宽度、岩土体的内摩擦角、岩土体的黏聚力有关。对于肋柱式装配绿化挡墙和锚固式装配绿化挡墙，由于砌块单元的几何尺寸是固定的，所以柱间净距和柱的截面宽度也是固定的，此时的柱后土拱极限承载力仅与岩土体的抗剪强度指标有关。对于桩柱式装配绿化挡墙和桩锚式装配绿化挡墙，土拱的性质主要由抗滑桩决定，而抗滑桩的桩间净距同样受控于砌块的几何尺寸，为砌块宽度的整数倍。所以，在设计时应综合考虑砌块单元的尺寸与桩（柱）后土拱承载力的取值。

第4章 装配式绿化挡墙土拱动力特性

装配式绿化挡墙较早在日本获得良好应用，该类挡墙具有两大优势：①适用于多震山区边坡，具有一定位错适应性且施工速度快；②环境协调性好，具有良好的植物栽培功能。

实际上，气象和气候条件恶劣、施工艰难、生态环境脆弱的地区，如我国西部及西南山区，其边坡加固对该类装配式结构具有较大的需求。这些地区的边坡加固工程面临以下挑战：冬期施工时间长，混凝土结构的质量难以得到保证或需要特殊工艺；高原地区氧气稀薄，施工人员长期现场作业难度大；生态自我修复条件差，需要最大限度地减少山体开挖。而装配式绿化挡墙的工厂预制、现场安装、生态绿化特点可以良好地解决以上难题。

同时应强调另外一个问题，即该类地区多具有较高的地震烈度，我国西南及西部地区（如四川、西藏等）多处边坡处于地震多发带或活动断裂区。由于该类地区在地势上位于一级阶梯向二级阶梯的过渡带，平均海拔从4000m急速下降到不足1000m，河流落差大、流速快，下蚀作用强烈，河谷多为“V”形谷。同时河谷两侧山体受强烈构造活动影响，节理、裂隙发育，抗风化能力差，加上长期地震动力作用，其风化、破碎、堆积速度显著加快，故谷坡下缘多发育深厚粗粒土堆积体。当线路工程穿越河谷时，谷底太过狭小且易受河水影响，谷坡中上部太过陡峭，难以施工，因而相对宽缓的谷坡下缘就成为理想的路基施工地点。由于堆积体具有一定的坡度，因而在施工中不可避免地要进行挖方，形成大量的路堑边坡，并且部分路堑边坡需要支护，为了保证支护效果，悬臂式抗滑桩（以下简称悬臂桩）被大量应用。虽然悬臂桩自身强度较高，在地震过程中发生桩体破坏的概率较小，但是在地震过后仍会观察到桩（柱）偏转、抗滑桩与桩间挡土板偏离、桩间挡土板外鼓、桩间岩土体挤出等现象。

可见，装配式绿化挡墙除滑坡推力外还需考虑动力影响，而工程中的动力来源比较多，如施工机械的振动、爆破活动、地震等。通常而言，地震动力是最重要的动荷载来源。

地震是内动力地质作用中的一种，受地球内部巨大能量所驱动。地震的发生主要受发震断裂、火山活动等控制并广泛分布于全球各地区。就我国而言，地震灾害相当严峻，全国共有23条大型地震带，分布在西南地区、西北地区、华北地区、东南沿海地区和台湾地区。其中受环青藏高原地震带和龙门山地震带控制的川西藏东地区工程震害频繁，边坡加固工程设计应重视动应力的影响。

我国西南山区受亚欧板块和印度洋板块碰撞的影响，地表高山峡谷纵横，地下孕育强震的活动断层极度发育。由于该地区独特的地质条件，交通线路等基础设施的建设一直落后于内部平原地区，严重制约了当地的经济发展。随着西部大开发及脱贫攻坚等国家战略的实施，西部地区以铁路、公路为首的基础设施的建设经历了蓬勃发展，与此同时，这些工程不得不面对该地区严重的山地震害的威胁。

此外，降雨条件下岩土体的力学强度弱化是一个制约边坡稳定性及加固工程设计的因素，即使在高海拔地震多发区，该因素也应得到充分的重视，如折多山和波密地区，降雨严重影响边坡的稳定性。对于边坡而言，岩土体力学强度弱化的一个直接结果就是岩土体的抗剪强度降低，从而导致边坡垮塌。对于不稳定的边坡，需要采用合适的支挡措施，而抗滑桩则由于具有良好的支挡能力，常用于边坡的支护。即便支挡能力良好，强降雨仍是抗滑桩工程失败的关键因素，常导致如桩间土挤出、桩间土垮塌、桩体倾覆、“越顶”等破坏现象。以往相关研究主要关注的是降雨对滑坡体下滑力的影响，忽略了桩后土拱在降雨影响下的弱化乃至失效。由于桩后土拱的稳定存在是抗滑桩组合结构（如桩柱式装配绿化挡墙及桩锚式装配绿化挡墙）发挥支挡功能的重要前提，故应重视桩后土拱在地震动力和降雨条件下的稳定性。

装配式绿化挡墙桩（柱）后土拱效应是结构受力计算和工程设计的基础，故土拱在地震作用及降雨影响下的稳定特性是一个关键问题。如果土拱在地震或降雨作用下破裂失效，将会导致桩间砌块单元的受力骤然大幅增大，严重时将使砌块自桩间挤出，继而发生边坡的整体垮塌，2020 年成都三岔湖桩板墙加固边坡的失效就是非常典型的一个例子。

4.1　地震动力特性

地震本质上是来源于地壳深处的岩体破裂释放的巨大能量，并且以地震波的形式向周围扩散，当地震波传递到地表时，会引起地表及其上的建（构）筑物的动力损毁，如地表岩土体的破裂、建（构）筑物的倒塌等。由于地震形成机制还未完全查明、传播途径复杂多样，且会诱发各种次生灾害，因而抗震防灾的相关研究和工作极其复杂和艰难。因此，考虑到地震动力的复杂性，在进行装配式绿化挡墙抗滑桩（肋柱）后土拱的动力特性研究前，首先应确定用于土拱动力特性表征的相关参数及其取值。

4.1.1　地震系数

为了定量表达装配式绿化挡墙及其桩（柱）后土拱受地震动力影响的程度，本书采用文献[37]的方法，引入一个用于衡量地震烈度的定量指标——地震系数，一般用 K 表示，指地震时地面最大加速度（峰值加速度）与重力加速度的比值。地震系数广泛应用于抗震设计、抗震试验和工程结构的抗震强度验算等。为了分析方便，地震加速度通常被分解成水平向加速度 A_{H} 和竖向加速度 A_{V}。考虑到竖向加速度产生的竖向力对于工程结构物（尤其是边坡工程）而言影响较小，所以在计算地震系数时只考虑水平地震峰值加速度。因而地震系数一般表示为

$$K=\frac{\sqrt{g^2+A_{\mathrm{H}}^2}}{g} \tag{4-1}$$

式中，g 为重力加速度，取值为 $9.8\mathrm{m/s^2}$；A_{H} 为水平地震峰值加速度，$\mathrm{m/s^2}$。

地震作用时会产生一个附加的水平荷载，为了计算该附加水平荷载的大小，将水平地震峰值加速度和重力加速度的比值定义为水平地震系数：

$$K_{\mathrm{H}} = \frac{A_{\mathrm{H}}}{g} \tag{4-2}$$

于是，附加的水平荷载就是水平地震系数与重力的乘积。作用在装配式绿化挡墙桩（柱）后土拱上的地震附加荷载就是拱后不稳定体（潜在的滑体或土压力计算土楔）的重力与水平地震系数的乘积。该力也可在计算剩余下滑力或土压力时通过计入岩土体自身的地震力考虑，这样获得的作用在拱体上的作用力为考虑拱后岩土体自重和地震力的综合作用力，这种情况下，无须再单独计算地震附加荷载。

4.1.2 地震荷载

地震荷载是地震过程中作用在结构物上的力，是由于地震而受到的惯性力、土压力和水压力的总称。对于边坡支挡结构而言，最主要的地震荷载就是地震产生的惯性力，所以一般情况下抗滑桩抗震设计主要关心地震产生的惯性力。就地震产生的惯性力而言，边坡及其支护结构在竖直方向上的强度储备较充分，而水平方向通常为边坡下滑力和主动土压力作用方向，水平方向上的惯性力会对整个支挡结构产生很大的附加荷载，这就对支挡结构抗剪强度提出了更高的要求，因此一般只考虑水平地震荷载，即水平惯性力。

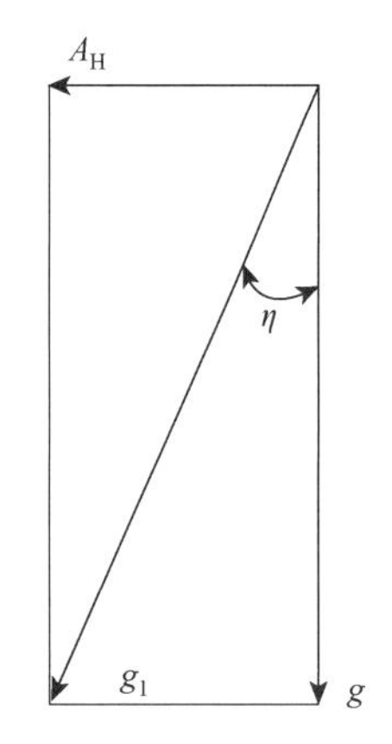

图 4-1 水平地震峰值加速度和重力加速度的合成

水平地震荷载通常称为地震力，记为 P，是抗震设计中最重要的参数。如前所述，建（构）筑物本身的地震力计算公式为地震力 = 自重×水平地震系数，其中，水平地震系数 K_{H} 通过地震时的地面峰值水平加速度 A_{H} 的统计平均值计算得到。也就是说，地震作用下的土拱除了受其后不稳定岩土体的附加地震力作用外，还受自身地震力的作用。

水平地震峰值加速度 A_{H} 和重力加速度 g 的合成加速度为 g_1，如图 4-1 所示，其与重力加速度的夹角为 η，称为地震角，进而水平地震峰值加速度便成为地震角的函数，即

$$A_{\mathrm{H}} = g \cdot \tan\eta \tag{4-3}$$

4.1.3 地震动参数

装配式绿化挡墙同其他建（构）筑物一样，其抗震设计的基础是确定相关的地震动参数，其中最基础的地震动参数是峰值。服务于一般的交通及工业民用建筑边坡的抗震设计采用峰值加速度即可，通常是先确定当地的基本烈度，然后根据基本烈度和工程的重要性等级，以及场地的复杂性等确定设防烈度，再依据设防烈度换算得到相应的峰值加速度。当装配式绿化挡墙服务于核电站、大坝、大跨度桥梁等特殊工程边坡的加固防

护时，仅采用峰值加速度进行抗震设计就难以满足工程抗震设计的精度要求了，此时还需考虑其他的地震动参数，通常包括反应谱和强震持时两个参数。

1）峰值

地震工程中，用地震动幅值来表示地震动的强度，在一次地震中地震动幅值是随着时间变化的，因此将一次地震过程中幅值的最大值称为峰值，如峰值加速度、峰值速度。地震动峰值的大小反映了地震过程中某一时刻地震动的最大强度，它直观地反映了地震力及其产生的振动能量和引起的结构地震变形的大小。地震动峰值由于代表了地震破坏的能量大小，因而是衡量地震对结构影响程度的主要尺度。在以烈度为基础制定抗震设防标准时，往往将烈度换算成相应的峰值加速度。

2）反应谱

地震动的强度是随时间变化的，因此单独用峰值来刻画一次地震动可能会造成较大偏差。地震动的本质是地震波的波谱变化，而地震波在地面上还会传播到结构物上，引起结构的响应。对于不同的结构物而言，由于其自振周期不同，响应的激烈程度也不同，因此将这一特征称为地震动频谱特性。反应谱是抗震工程用来表示地震动频谱的一种特有的方式，因为它是通过单自由度体系的反应来定义的，容易为工程界所接受。

反应谱 $S(T, \xi)$的定义是具有同一阻尼比 ξ 的一系列单自由度体系（其自振周期为 T_i，$i = 1, 2, \cdots, N$）的最大反应绝对值 $S(T_i, \xi)$与周期 T_i 的关系，即 $S(T_i, \xi)$，有时也写为 $S(T)$。或者说具有相同阻尼特性但结构周期不同的单自由度体系，在某一地震作用下的最大反应。反应谱的形状随 $a(t)$而改变，通常情况下近震、小震、坚硬场地上的地震动 $a(t)$的反应谱峰值在高频部分，远震、大震、软厚场地上的地震动 $a(t)$的反应谱峰值在低频部分。所以，反应谱特征与震源距、地震震级、场地岩土体性质有关。

3）强震持时

强震持时，也就是一次地震持续的时间。一次地震持续时间不同，对结构物的破坏程度往往不同，尤其是当结构物进入非线性振动阶段时，地震持续时间的延长会增加结构物发生永久性变形破坏的程度和概率。即便峰值不是很大的地震，如果有足够长的持时，其累积的损伤也会造成结构物严重损坏。因此对于重大工程、特殊工程，仅考虑峰值和反映谱并不能满足工程的设计精度，还需考虑强震持时的影响。

值得说明的是，由于本书研究的装配式绿化挡墙多服务于普通的交通设施及一般的工业与民用建筑，所以其抗震研究，尤其是相关计算采用的地震动参数多为相关规范中的参数，很少涉及反应谱和强震持时等内容。但当装配式绿化挡墙服务于特殊工程时，或工程场址位于地震多发或活动断裂区，或主体工程有特殊抗震要求（如对变形位移要求严苛等）时，则应强调在抗震设计中计入反应谱和强震持时。

4.1.4　地震力计入方法

边（滑）坡及其支挡结构工程抗震研究应用的几种分析方法包括拟静力法、概率分析法、滑块分析法、数值模拟法、试验法等。其中，概率分析法、滑块分析法、数值模拟法和试验法都尚处于探索阶段，其计算理论及方法尚不成熟，在工程上应用得较少。

目前，拟静力法仍是世界各国边（滑）坡稳定性分析及加固防护工程抗震设计、地震力计算用到的主要方法[39]。

拟静力法又称等效荷载法，其通过反应谱理论把地震对岩土体及建筑物的作用力以等效荷载的方式表示，然后对这一等效荷载进行静力分析，得到岩土体及加固工程结构的内力和位移，再通过对计算所得的内力和位移进行分析，进而验证岩土体的动力稳定性及结构的抗震性能。拟静力法作为一种以静力学角度近似处理动力学问题的方法，发展较早、概念明确、力学原理简单、计算方法简明易行，至今仍在广泛使用。简而言之，拟静力法将地震力进行简化，并将简化后得到的惯性恒定（大小和方向）力系作用在研究对象上；对于边（滑）坡而言，惯性力的作用方向取最不利于坡体稳定的方向[40]；将地震所产生的惯性力作为静力，作用于潜在不稳定岩土体上，根据极限平衡理论，便可求出边坡的抗震稳定系数。

拟静力法简单实用，并且纳入了各国的相关工程抗震设计规范，数十年间应用于无数边坡抗震设计，被工程设计人员和相关研究者所推崇。但作为目前唯一被工程实践普遍检验过的成熟方法，拟静力法也具有自身的固有缺陷，主要体现在两点：一是不能反映材料自身的地震动力响应特征；二是直接忽略了结构物间的动力耦合关系。然而本书所研究的桩后土拱受力问题并不涉及结构间的动力耦合问题，故采用拟静力法进行装配式绿化挡墙桩（柱）后土拱的动力计算。

4.2　地震条件下土拱的受力计算

地震是一种多发的自然灾害，其对工程建筑物的危害严重已在业界和学术界达成共识，工程抗震设计也一直是地震领域和岩土工程领域研究的热点与难点。但以往对边坡加固措施，如抗滑桩及其组合措施的抗震研究多集中在地震动力作用下桩体自身的动力响应和工作状态方面，较少有关于地震动力对桩后土拱影响（如地震动力作用下桩后土拱受力）的研究。

实际上对于一个具体的边坡加固工程，在设计方案和施工工艺确定后，由于桩间距、桩体几何尺寸、岩土体性质等是确定的，故由本书第 3 章可知，桩后土拱的承载能力是一定的。一些在静力条件下保持稳定的边坡抗滑桩或抗滑桩组合结构在地震动力作用下，其桩后土拱拱体上的荷载会骤然增大，最终导致土拱突然破坏失效。桩后土拱的失效预示着桩间结构物（如装配式绿化挡墙的砌块单元）上的作用力发生了明显甚至本质上的变化，土拱破坏失效之前仅承受拱前岩土体的作用力，土拱破坏失效之后则承担其后整个坡体的作用力，这可能会导致桩间结构物的快速破坏，甚至会牵引抗滑桩随之倾覆。因此在高烈度地区边坡抗滑桩组合工程在设计时要考虑桩后土拱的抗震问题，避免桩后土拱在地震动力作用下受荷增加，甚至因超过其极限承载力而突发失效。本书第 3 章已经给出了桩后土拱极限承载力的计算方法，如果能够确定地震动力作用下土拱拱体上的荷载，就可以判断土拱失效会不会发生。可见，地震动力作用下拱体上荷载的计算方法是装配式绿化挡墙（特别是桩柱式装配绿化挡墙和桩锚式装配绿化挡墙）地震动力稳定性分析中的重点和关键。

在静力条件下，抗滑桩组合结构其实就是一个桩拱联合体，受滑坡的剩余下滑力作用，通过桩后土拱发挥支挡作用，保持坡体的稳定。值得注意的是，高边坡工程中，即使边坡整体稳定性良好，不会发生沿某一滑面大规模滑动的现象，但为了保证岩土体的稳定，在地震多发山区也常用桩板墙进行高边坡的加固，此时抗滑桩组合结构所受荷载为主动土压力，而且仍会产生桩后土拱，即研究者所称的“卸荷拱[41]”。进行土拱的动力稳定性计算时，应考虑上述两种情况（滑坡推力和土压力），本章将建立相应的计算方法。当明确土拱主要受滑坡推力作用时，可不进行土压力的计算。

首先要确定地震设防烈度、峰值加速度、水平地震系数、地震角等地震基础数据，必要时明确地震动反应谱和强震持时；然后确定荷载类型，即是剩余下滑力还是主动土压力，并根据荷载类型的不同进行相应的计算，必要时需要进行两种情况的计算，取最不利情况的计算结果。图 4-2 为地震动力作用下桩后土拱荷载计算的流程图。

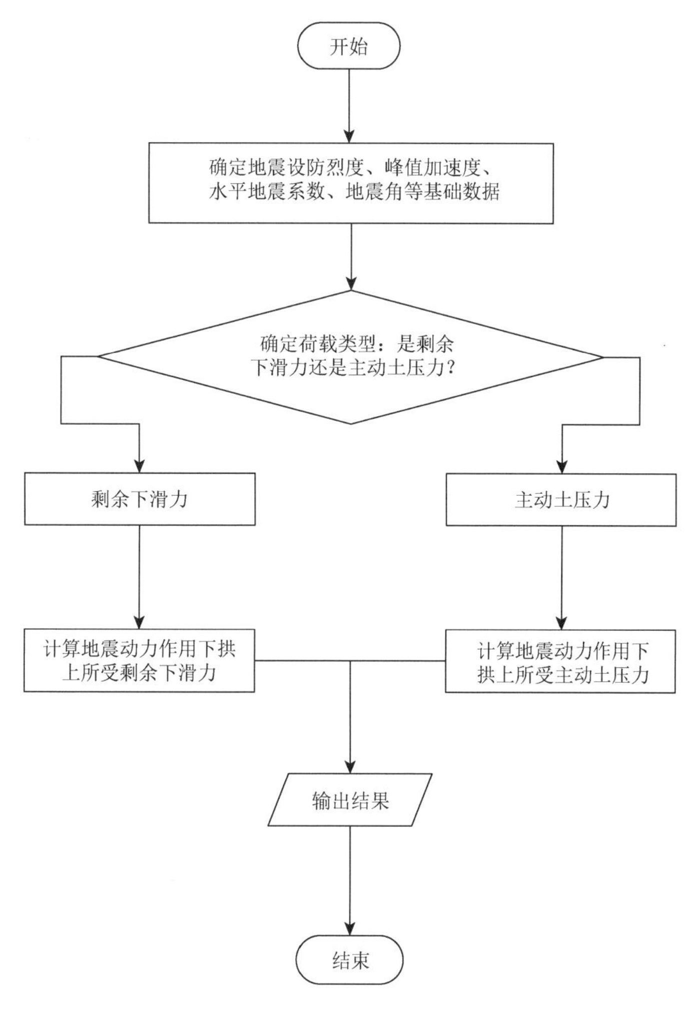

图 4-2　地震动力作用下桩后土拱荷载计算流程图

4.2.1　地震条件下桩后土拱所受剩余下滑力计算

现行规范多采用传递系数法进行静力条件下的滑体剩余下滑力计算，即按一定规则将滑体划分为若干条块，各条块的剩余下滑力按传递系数传递至下一条块，直至计算出最后一个条块的剩余下滑力并将其作为滑坡整体的剩余下滑力，当然某一条块的剩余下滑力可作为紧邻该条块的支撑结构所承受的滑坡推力，也就是说，土拱所受的滑坡推力为拱后紧邻条块的剩余下滑力。本书将地震动力视为作用在各条块上的一个外力，仍采用传递系数法按上述思想计算作用在桩后土拱上的推力（剩余下滑力）。取相邻抗滑桩跨中截面，即土拱对称轴截面进行计算，并作如下假设。

（1）地震动力作用在每一个条块上。以往也有学者认为地震动力作用在滑体重心上，即作用在滑体重心所在的条块上，其余条块应不计地震作用力，本书则认为这种计算方法不符合地震作用的特点和本质。地震将使每一条块均受到振动荷载的影响，而这种影响会导致每一条块剩余下滑力的改变，故应在计算中考虑每一条块的地震响应。

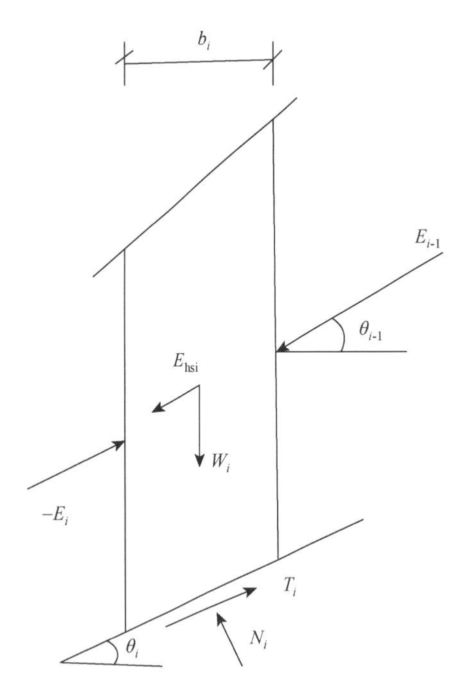

图 4-3　剩余下滑力计算示意图

b_i 为条块的宽度；W_i 为滑体自重；E_{hsi} 为地震水平惯性力；E_{i-1} 为自上一条块传递来的剩余下滑力；E_i 为下一条块的支撑力；N_i 为滑床反力；T_i 为滑面的抗滑力

（2）各条块剩余下滑力的方向与本条块滑面平行。除一般的条块划分原则外，应在拱顶计算边界设置条块划分界线，即不能将某一部分和土拱拱体划归为同一土条，也不建议将土拱分割为不同的土条。另外，滑面应平顺，不可设置具有尖锐拐点的滑面，即使是岩质边坡也建议在拐点处设置过渡曲线，这符合滑坡滑动的基本规律。

（3）按平面应变问题进行计算，不计截面两侧所受的作用力。

（4）假定各滑块为刚体，并且不考虑条块间的摩擦作用，仅考虑上一条块按传递系数法传递至下一条块的剩余下滑力。

（6）地震动力作用简化为一大小、方向恒定的加速度，并作用于各条块重心上，加速度的作用方向取最不利于滑坡稳定的方向，也就是各滑块滑面方向；其大小为水平地震峰值加速度，则地震力大小为水平地震系数与条块重量的乘积。

基于以上假设，可得任一条块的作用力系，如图 4-3 所示。

作用在条块 i 滑体上的剩余下滑力由 4 个部分构成，可用式（4-4）表示：

$$E_i = E_1 + E_2 + E_3 + E_4 \tag{4-4}$$

其中 E_1 为本条块滑体自身产生的下滑力，在考虑地震动力作用时：

$$E_1 = K\left[W_i \sin(\theta_i) + E_{\mathrm{hsi}}\right] \tag{4-5}$$

式中，K 为设计安全系数；E_{hsi} 为作用在本条块上的地震力，可由式（4-6）计算：

$$E_{\mathrm{hsi}} = C_i C_Z K_{\mathrm{H}} G_i \tag{4-6}$$

式中，K_{H} 为水平地震系数；G_i 为条块 i 的重力，位于地下水位以下或考虑暴雨工况时采用饱和重度；C_Z 为地震力计算综合影响系数，为了克服瞬时的峰值地震力不能代表地震过程中平均地震力的问题，在峰值地震力前加一个系数做调整，根据现有的规范建议选取 0.25；C_i 为条块 i 的重要性系数。对土拱受力的计算，可与普通结构物受力计算不同，取 $K=1$、$C_i=1$，有特殊要求时，如需人为提高土拱的安全可靠度，则可按实际需求取值。

E_2 为条块 i–1 滑体产生的下滑力，由式（4-7）计算，其方向及其与条块 i 力系间的关系如图 4-3 所示，其中 θ_{i-1} 为条块 i–1 的滑面倾角，θ_i 为条块 i 的滑面倾角，φ_i 为条块 i 滑面的内摩擦角。

$$E_2 = E_{i-1}\left[\cos(\theta_{i-1} - \theta_i) - \sin(\theta_{i-1} - \theta_i)\tan(\varphi_i)\right] \tag{4-7}$$

本条块滑体受到的摩擦抗滑力用 E_3 表示：

$$E_3 = -W_i \cos(\theta_i)\tan(\varphi_i) \tag{4-8}$$

本条块滑体受到的黏聚抗滑力用 E_4 表示：

$$E_4 = -c_i l_i \tag{4-9}$$

式中，c_i 为条块 i 滑面的黏聚力；l_i 为条块 i 的滑面长度。

剩余下滑力传递系数由式（4-10）计算：

$$\psi_i = \cos(\theta_{i-1} - \theta_i) - \sin(\theta_{i-1} - \theta_i)\tan(\varphi_i) \tag{4-10}$$

条块 i 滑体的重量用 W_i 表示，其可分为浸水部分的重量 W_{i1} 和非浸水部分的重量 W_{i2}，具体计算如式（4-11）～式（4-13）所示，其中 γ 为条块岩土体的天然重度，A_{i1} 为本条块内浸水部分面积，γ_{sat} 为条块岩土体的饱和重度，A_{i2} 为本条块的浸水部分面积。

$$W_i = W_{i1} + W_{i2} \tag{4-11}$$

$$W_{i1} = \gamma A_{i1} \tag{4-12}$$

$$W_{i2} = \gamma_{\mathrm{sat}} A_{i2} \tag{4-13}$$

据上述方法可依次求得各条块的剩余下滑力，直至土拱拱体紧邻条块，并且最后一条块（拱体紧邻条块）的剩余下滑力即为桩后土拱所受荷载。

图 4-4 为悬臂桩桩拱联合体示意图。图 4-4（b）中的潜在滑面为折线，根据滑面特征划分为 5 个滑块。通过上文给出的计算方法可分别计算出各滑块的剩余下滑力。对于抗滑桩而言，其所受荷载即为滑块 5 的剩余下滑力；对于桩后土拱而言，其拱顶深入桩后岩土体，将土拱拱轴线作为土拱的受荷面，图 4-4（b）中土拱所受荷载应为条块 4 而不是条块 5 的剩余下滑力。至于土拱拱轴线的拱高 f，可根据第 3 章相关内容确定。

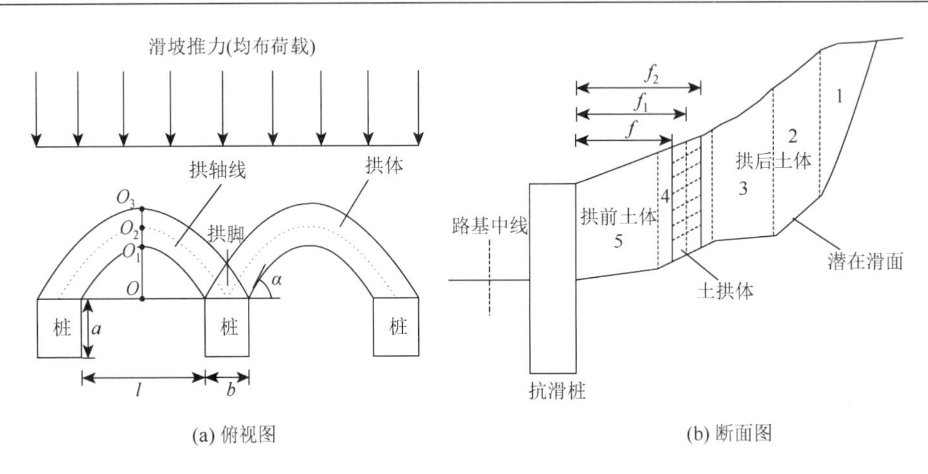

图 4-4　悬臂桩桩拱联合体示意图

4.2.2　地震条件下桩后土拱所受主动土压力计算

当边坡整体稳定性良好，岩土体不沿固定滑面整体滑动时，桩后土拱所受的荷载是土压力，而不是剩余下滑力，尤其是在强震山区广泛分布的河谷、岸坡堆积体。开挖这些堆积体后所形成的路堑边坡常用悬臂抗滑桩组合结构进行加固支护，此时悬臂桩桩后土拱所受的力主要是主动土压力。在此种条件下，桩柱式装配绿化挡墙和桩锚式装配绿化挡墙具有良好的应用优势，在边坡整体稳定的情况下，桩后土拱上的荷载即为其后岩土体产生的主动土压力，桩间砌块单元的受力取决于桩后土拱在该主动土压力作用下的稳定性。

进行土拱的动力稳定性计算时，地震加速度可以分解为水平加速度和竖直加速度两个分量，坡体任何部位包括土拱以及加固结构（如悬臂桩、装配式绿化挡墙中的砌块单元等）都会受到地震力水平和竖直分量的作用。但由于无论是桩、桩间砌块，还是桩后土拱拱体，在竖直方向上的强度储备及变形位移容错都比较大，因而在计算主动土压力时只考虑水平地震加速度作用，特殊条件下考虑竖向地震加速度的影响，且需按相应规范执行。

依旧采用拟静力法来处理地震条件下的主动土压力计算，此时桩后岩土体的力系中多了一个水平的附加地震力 P，这个地震力同重力一样是惯性力。与上述剩余下滑力计算不同的是，此处假定 P 作用在破裂土楔体的重心上，而不再进行土条划分，即仅将地震力视为一个作用在土楔重心上的集中力，其大小为

$$P = C_Z \cdot K_H \cdot G \tag{4-14}$$

式中，C_Z 为综合影响因素，表示结构体系的地震反应与理论计算之间的差异，取 0.25；K_H 为水平地震系数，为水平地震峰值加速度的统计平均值与重力加速度 g 的比值，可按表 4-1 选取；G 为破裂土楔的重力。

表 4-1　水平地震系数

水平地震峰值加速度/(m/s^2)	0.1g，0.15g	0.2g，0.3g	≥0.4g
水平地震系数 K_H	0.1	0.2	0.4

地震力 P 的方向水平并指向拱后岩土体的潜在破裂土楔的滑动方向，它与破裂土楔重力 G 的合力为 G_1，如图 4-5 所示，其大小为

$$G_1 = \frac{G}{\cos\eta} \tag{4-15}$$

式中，η 为地震角，为土楔自重与地震力的合力偏离铅垂线的角度。由图 4-5 和式（4-15）可知 $\eta = \arctan\left(\frac{P}{G}\right)$，可通过查表 4-2 获得。

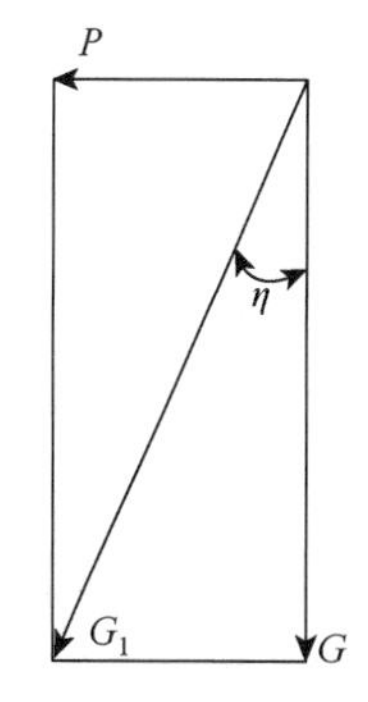

图 4-5　水平地震峰值加速度和重力加速度的合成

表 4-2　地震角

水平地震峰值加速度/(m/s²)	水上地震角	水下地震角
0.1g，0.15g	1°30′	2°30′
0.2g	3°	5°
0.3g	4°30′	7°30′
0.4g	6°	10°

注：数据来源于《铁路工程抗震设计规范》（GB50111—2006）。

采用库仑土压力理论计算地震动力条件下坡体对抗滑桩组合结构的主动土压力。如前所述，桩后土拱和抗滑桩共同受力，各自发挥自身强度形成桩拱联合体，并以桩拱联合体的形式来承担岩土体的土压力。桩后土拱在桩拱联合体中起到了关键的承载和荷载传递作用，其在地震动力作用下的稳定性是承载和荷载传递的基础条件，故需计算地震动力条件下作用在土拱拱体上的土压力。在边坡加固工程中，抗滑桩结构属于被动加固结构，故本书主要进行地震动力作用下桩后土拱所受主动土压力的计算。其实，即使在桩锚式装配绿化挡墙或锚固式装配绿化挡墙中，锚固预应力也不足以导致桩（柱）后土拱对拱后岩土体施加作用力并使其达到极限平衡状态，故本书认为装配式绿化挡墙桩（柱）后土拱拱体所受的土压力为主动土压力，并建立计算分析模型，如图 4-6 所示。

图 4-6（a）中的土拱模型与第 3 章建立的土拱模型相同，并用黑色实线表示拱轴线，用黑色点画线表示上、下拱线，拱轴线和上、下拱线都遵循抛物线拱形或三角形的假定（快速、粗略地确定土拱高度时可采用三角形拱形，计算土拱受力时采用抛物线拱形）。由于考虑到土拱拱体自身也会受地震惯性力作用，因此在土拱拱轴线以上的部分为向拱体施加土压力的部分；拱轴线以下的部分与拱体之间为力学自由边界，即不考虑拱前岩土体对拱体的作用力，则拱轴线为土拱主动土压力的受荷面。在图 4-6（b）中，OD 表示破裂土楔潜在滑动面，其与水平面的夹角为 θ；线段 AB 表示断面图中下拱线的位置；线段 ED 表示坡体顶面；抗滑桩与坡体紧密接触，接触面垂直；W 和 F 分别表示破裂土楔所受的重力和水平地震力。

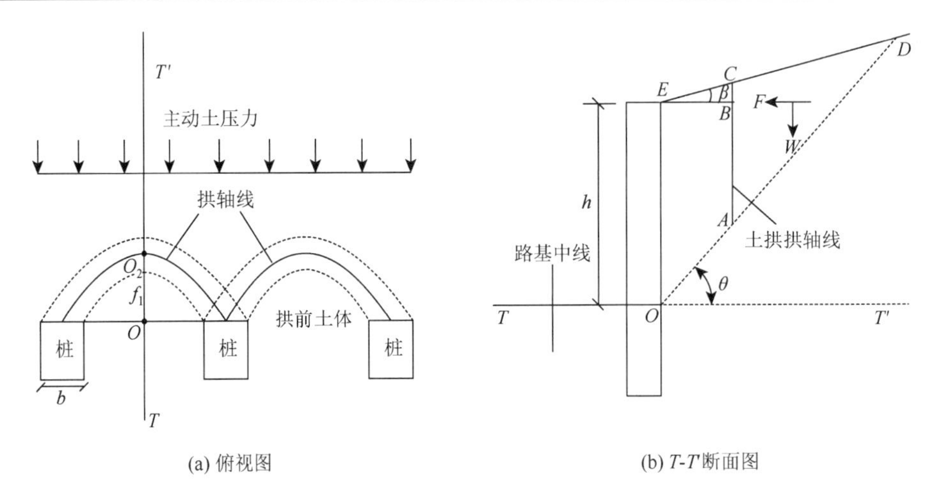

图 4-6　桩后土拱主动土压力计算示意图

（a）图中的起拱线到拱轴线顶点 O_2 的距离为 f_1；（b）图中的线段 AB 为拱轴线在断面图中的投影线，可以反映土拱在断面上的空间位置信息

值得说明的是，图 4-6（b）中土拱在滑动面 OD 以下的岩土体中不会产生主动土压力及其他荷载，故无土体颗粒间的相对位移，因而不会有土拱产生。图 4-6（b）中线段 AB 是拱轴线的投影线，因此整个滑动体 OED 可被线段 AB 简单分成拱前块体 $OECA$ 和拱后块体 ACD 两部分。拱前块体的土压力不会作用在拱上，因此不纳入土拱的受力体系。

库仑土压力理论的假设条件包括墙后填土为砂土。而对于黏性土，进行土压力计算时通常采用等效内摩擦角法，即通过将内摩擦角 φ 增大来考虑岩土体的黏聚力 c。等效内摩擦角记为 φ_d，其换算方法如式（4-16）所示，式中的 h 为抗滑桩悬臂段的长度。

$$\varphi_d = \arctan\left(\tan\varphi + \frac{c}{\gamma h}\right) \tag{4-16}$$

在此规定：桩宽为 b，桩间净距为 d，假定在地震过程中桩后土拱不发生变形和破坏，可以利用第 3 章中的式（3-1）确定土拱高度和桩宽、桩间净距的关系，即

$$f_1 = \left(d + \frac{b}{2}\right)\cdot\tan\left(45° - \frac{\varphi_d}{2}\right) + \frac{b}{4}\tan(\varphi + 45°) \tag{4-17}$$

又由图（4-6）中的几何关系得

$$AC = h + f_1(\tan\beta - \csc\theta) \tag{4-18}$$

假定在地震过程中土的等效内摩擦角 φ_d 和桩背内摩擦角 δ 不变，在确定地震力与自重力合力的大小和方向的前提下，桩后破裂楔体 OED 上的平衡力系如图 4-7（a）所示。如果平衡力系中各力间的相互关系（作用点和方向）保持不变，即不改变图 4-7（c）中的力三角形 $\triangle abc$，则当平衡力系整体转动时 E_a 保持不变。所以为了计算简便，将整个平衡力系转动 η 角度，使 G_1 依旧位于竖直方向，如图 4-7（b）所示，可直接利用库仑土压力计算理论进行计算。

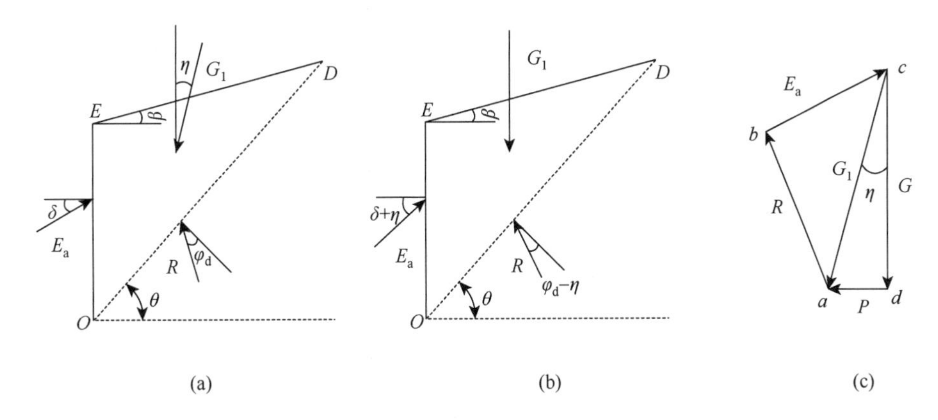

图 4-7　地震动力条件下桩后破裂楔体上的平衡力系

此时的主动土压力为

$$E_{\mathrm{a}}=\frac{1}{2}\cdot\frac{\gamma}{\cos\eta}\cdot h^{2}K_{\mathrm{a}} \tag{4-19}$$

$$K_{\mathrm{a}}=\frac{\cos^{2}(\varphi_{\mathrm{d}}-2\eta)}{\cos(2\eta+\delta)\left[1+\sqrt{\dfrac{\sin(\varphi_{\mathrm{d}}+\delta)\sin(\varphi_{\mathrm{d}}-2\eta-\beta)}{\cos(\varphi_{\mathrm{d}}+\delta)\cos(-\beta)}}\right]^{2}} \tag{4-20}$$

在确定了作用在抗滑桩上的土压力的同时也确定了破裂角 θ，如式（4-21）所示：

$$\theta=90^{\circ}-\arctan\left[\tan\varphi_{\mathrm{d}}+\tan(\delta+\eta)+\cot(\varphi_{\mathrm{d}}-\beta)\right]+\varphi_{\mathrm{d}} \tag{4-21}$$

如前所述，由于在破裂面以下的岩土体中没有土压力，因此不会产生岩土体颗粒间的相对位移，也就不会产生土拱效应，由此就确定了桩后土拱形成范围，由图 4-6（b）可知，土拱下拱线在断面图中的垂向延长线与破裂楔体 OED 的交线为 AC。由于土拱自身也会产生地震荷载，故不宜选取土拱上拱线作为土压力受荷面，同时认为 AC 面上有有效的土拱产生，所以可以将 AC 面假设为一个虚拟的挡墙。如此，作用在该虚拟挡墙上的土压力就是地震动力条件下作用在桩后土拱上的土压力。考虑到 AC 面上承受土压力的破裂楔体 ACD 与桩后破裂楔体 OED 几何相似，因而作用在 AC 面上的土压力 E_{a1} 和抗滑桩承受的土压力 E_{a} 存在以下比例关系：

$$\frac{E_{\mathrm{a1}}}{E_{\mathrm{a}}}=\frac{AC}{h} \tag{4-22}$$

将式（4-22）代入式（4-19）可得

$$E_{\mathrm{a1}}=\frac{1}{2}\cdot\frac{\gamma}{\cos\eta}\cdot h\cdot AC\cdot K_{\mathrm{a}} \tag{4-23}$$

需要强调的是，式（4-19）和式（4-23）得到的土压力并不是垂直作用在桩背和拱背上的，如图 4-8 所示，E_{a} 与桩背的夹角为 δ，E_{a1} 与拱背的夹角为 φ_{d}。

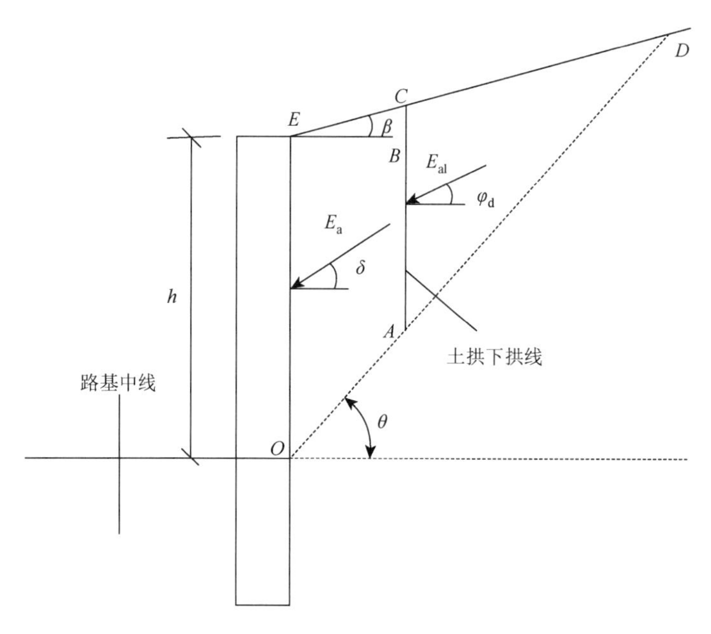

图 4-8　地震作用下主动土压力方向

对于桩后土拱而言，在抗滑桩组合结构设计中往往只考虑水平方向上的土压力，所以作用在土拱上的土压力的水平分力为

$$E_{a1x} = E_{a1} \cdot \cos\varphi_d \tag{4-24}$$

假设土压力在竖向方向上呈矩形分布，而本书所研究的桩后土拱是基于平面问题简化的水平拱，所以为了与第 3 章中土拱的承载力相对应，水平面上的土压力为

$$E'_{a1} = \frac{E_{a1x}}{AC} \cdot (b+d) \tag{4-25}$$

将式（4-18）代入式（4-25）并联立式（4-16）、式（4-20）、式（4-21）和式（4-24），可以得到地震动力条件下桩后土拱上的水平土压力，如式（4-26）所示：

$$\left.\begin{aligned}
&E'_{a1} = \frac{K_a \gamma h\left[h + f_1(\tan\beta - \csc\theta)\right](b+d)\cos\varphi_d}{2f_1(\tan\beta - \csc\theta)\cos\eta} \\
&\theta = 90^\circ - \arctan\left[\tan\varphi_d + \tan(\delta+\eta) + \cot(\varphi_d - \beta)\right] + \varphi_d \\
&K_a = \frac{\cos^2(\varphi_d - 2\eta)}{\cos(2\eta+\delta)\left[1 + \sqrt{\dfrac{\sin(\varphi_d+\delta)\sin(\varphi_d - 2\eta - \beta)}{\cos(\varphi_d+\delta)\cos(-\beta)}}\right]^2} \\
&f_1 = \left(d + \frac{b}{2}\right) \cdot \tan\left(45^\circ - \frac{\varphi_d}{2}\right) + \frac{b}{4}\tan\left(45^\circ + \frac{\varphi}{2}\right) \\
&\varphi_d = \arctan\left(\tan\varphi + \frac{C}{\gamma h}\right)
\end{aligned}\right\} \tag{4-26}$$

式中，E_{a1} 为地震动力条件下作用在土拱上的土压力，kN/m；γ 为桩后岩土体的重度，水下部分采用饱和重度，kN/m^3；η 为地震角，取值范围可参考相关规范，(°)；β 为抗滑桩后坡体坡角，(°)；δ 为抗滑桩与桩后岩土体的摩擦角，(°)；b 为桩宽，m；d 为桩间净距，m；f_1 为拱轴线高度，m；c 为岩土体黏聚力，kPa；φ 为内摩擦角，(°)；φ_d 为等效内摩擦角，(°)。

4.3　地震动力条件下桩体偏转效应数值模拟试验

抗滑桩桩体偏转是指桩体本身的结构未破坏（如桩体未破碎或者折断或弯曲），只是整体与边坡岩土体产生了相对位移，包括向坡外的平移和旋转。抗滑桩的偏转会使抗滑桩失去对岩土体的支撑加固能力，也会使桩后土拱发生变形甚至破坏，最终导致土拱的失效；土拱失效将导致桩间结构物（如装配式绿化挡墙的砌块单元）上的荷载增大，从而引起结构物的破坏，以及桩间岩土体挤出；桩间岩土体的挤出破坏会对其后的岩土体形成牵引作用，引发边坡的整体破坏。抗滑桩的偏转达到一定程度将导致边坡的整体宏观破坏，应引起足够重视。地震动力作用下的抗滑桩偏转（倾斜）破坏机理复杂：地震本身产生的水平地震力会导致抗滑桩向坡外倾斜；抗滑桩锚固段地层逐渐松动使得锚固深度相对不足，进而导致抗滑桩倾斜破坏；地震作用产生附加地震作用力，导致坡体剩余下滑力增大，从而推动抗滑桩向坡外方向偏转；地震作用使岩土体力学性质弱化，导致抗滑桩向坡外偏转。本章所述的桩体偏转效应主要指桩体偏转对桩后土拱的影响。

4.3.1　模型建立

以某边坡改造工程[42]为依托进行数值模拟试验，该边坡岩土体为花岗岩残积土，粗颗粒含量高，内摩擦角较大，为 30°，最厚部位土层达 80 余米，边坡整体特性与强震山区粗粒土堆积体相近。边坡总高度为 41m，共分三级开挖，一级边坡高 10m，二级边坡高 11m，三级边坡高 20m。建模区坡体平面投影长 63m。采用悬臂桩、抗滑桩加固，桩位设在第二级边坡平台处。模型纵断面及约束条件如图 4-9 所示，其中 X、Y、Z 轴方向符合右手法则。

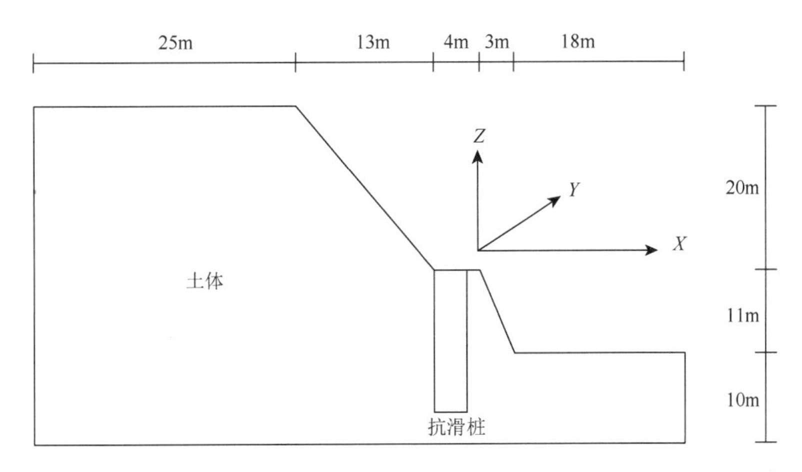

图 4-9　边坡模型纵断面图

抗滑桩及边坡岩土体参数见表 4-3。在进行数值模拟时抗滑桩和岩土体间接触面的力学参数也非常重要，考虑到桩体为灌注桩，按照经验，桩体和岩土体接触面的内摩擦角和黏聚力取岩土体的 0.8 倍。

表 4-3　边坡模型中抗滑桩与岩土体参数

分类	密度/(kg/m^3)	体积模量/Pa	剪切模量/Pa	黏聚力/kPa	内摩擦角/(°)
岩土体	1900	3.33×10^{7}	2.00×10^{7}	30	30
抗滑桩	2500	1.46×10^{10}	1.28×10^{10}	—	—
桩土界面	—	—	—	24	24

抗滑桩截面尺寸为 2m×3m，桩长 20m，悬臂段长 10m，锚固段长 10m。为了充分体现桩后土拱受桩体性质的影响并减少边界效应，让数值建模区域包含 3 根抗滑桩，桩间净距为 3m，采用 FLAC3D 建模，模型如图 4-10 所示。

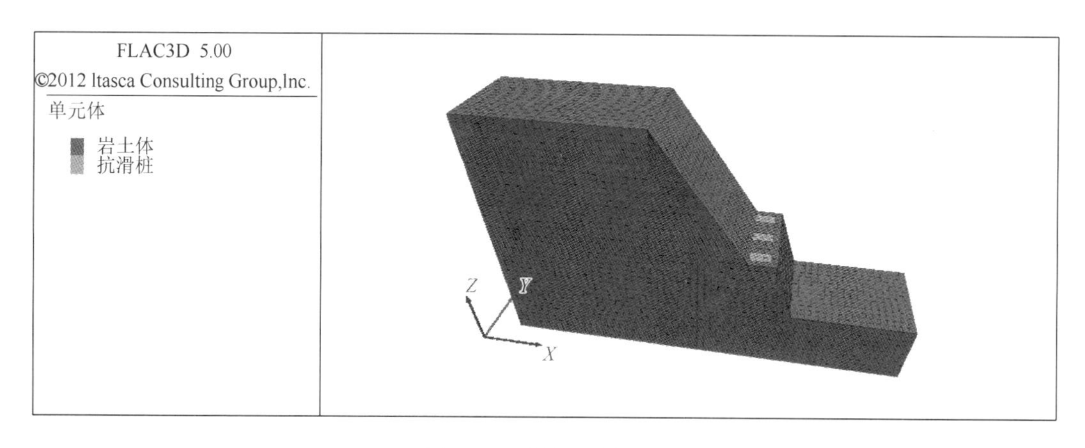

图 4-10　边坡网格模型

4.3.2　边界条件设置

静力计算的边界与动力计算的边界意义有很大不同。静力计算边界的设置主要考虑：离核心计算区域（如设桩处或重点关注的土拱区域）有足够的距离，设边界处的约束不至于影响核心计算区域材料的物理力学行为；边界处可以设置所需的约束，一般为位移约束或应力约束。动力计算边界条件的设置还需充分考虑动力的输入方式，本书中的动力输入为地震波输入，由于地震波在动力计算过程中传递到非动力模型中的固定边界时会发生反射，进而重新进入坡体内，扰乱原有的地震波场，因此，为了模拟无限场地环境中的动力场，需要将边界条件设置为自由场边界。边界条件的设置是动力计算中的一个重要环节，不能将其设置为静力计算常用的边界条件，此次地震动力条件下桩体偏转效应的数值模拟试验模型边界条件如图 4-11 所示。

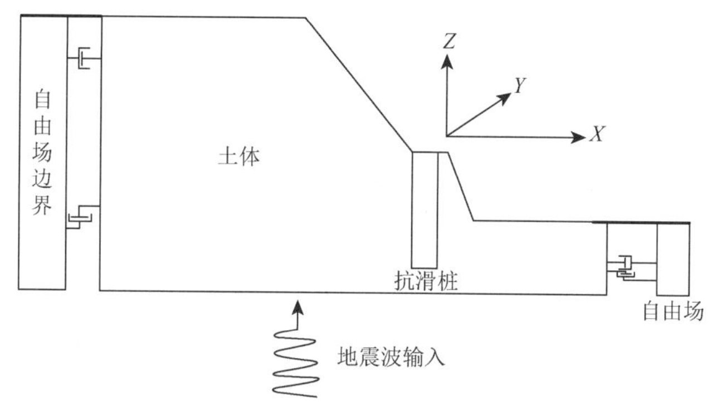

图 4-11　模型边界示意图

4.3.3　地震波的输入

本次试验选用的 FLAC3D 软件可通过读取 table 命令定义的数据表来实现地震波的输入，常用的荷载形式为加速度时程、速度时程、应力时程及集中力时程，输入地震波作用的位置可以是模型边界，也可以是模型内部。需要注意的是，当模型底部为软土等剪切模量和压缩模量均较小的介质时，不能直接施加加速度时程，需要将其转换为应力时程进行输入。而本模型底部为花岗岩残积土，其剪切模量和压缩模量均较大，可以直接输入加速度时程。

由于本次模拟的目的是研究地震荷载下悬臂桩偏转的普遍现象，而非针对特定边坡的稳定性分析，所以在选择地震波资料时可以不限边坡所在地及地震的时段。2008 年发生的汶川地震是一次典型的山区地震，其地震烈度高、破坏性强且具有较完整的地震数据记录，是抗震研究的良好地震源，因此选择汶川地震所记录的水平地震加速度波的一部分作为本次模拟的地震动力输入。在模型底部输入滤波后的汶川水平地震加速度波，其峰值加速度大小约为 0.2g，总时程选取 10.86s，时步为 0.02s，地震波加速度时程曲线如图 4-12 所示。为了研究在不同地震加速度下模型的动力响应，将图 4-12 中的水平地震加速度波放大后得到峰值加速度约为 0.4g、0.6g、0.8g 的水平地震加速度波，其时程曲线图分别如图 4-13～图 4-15 所示。

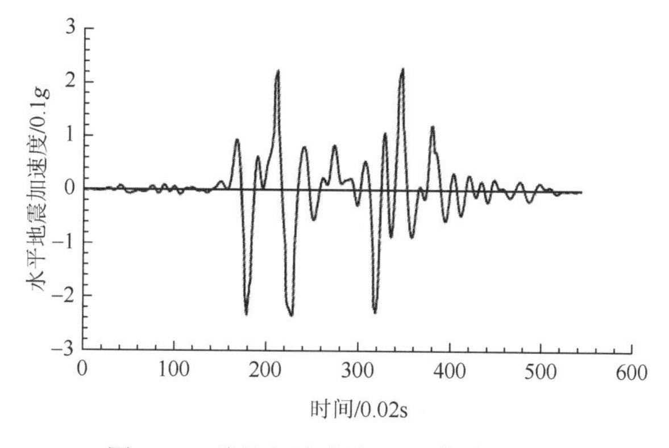

图 4-12　峰值加速度为 0.2g 的时程曲线

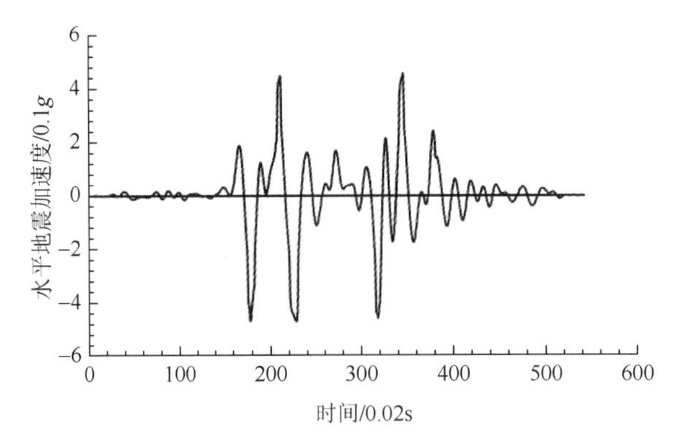

图 4-13　峰值加速度为 0.4g 的时程曲线

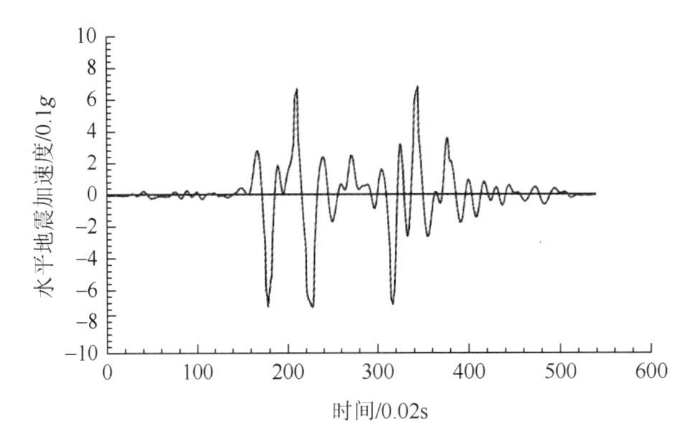

图 4-14　峰值加速度为 0.6g 的时程曲线

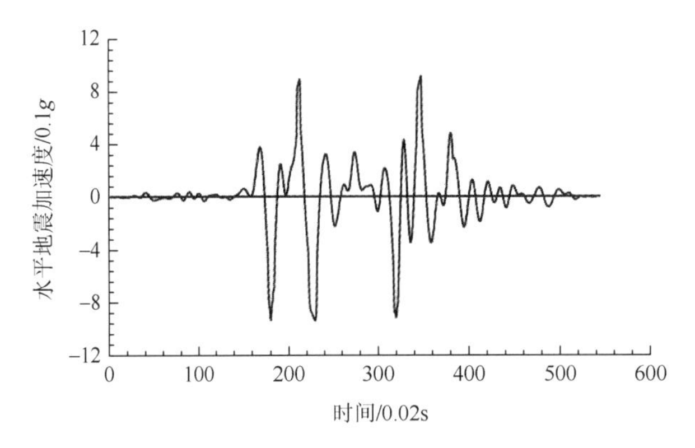

图 4-15　峰值加速度为 0.8g 的时程曲线

4.3.4　模拟结果

1）塑性区

图 4-16 为不同条件下的边坡坡体内塑性区分布。由图 4-16（a）可知，在仅有重力作用下，边坡不加抗滑桩工程时，塑性区面积很大，且主要由下部的剪切破坏区和坡体上部的张拉破坏区组成，可见在不加支挡措施的情况下，该边坡将处于失稳状态。

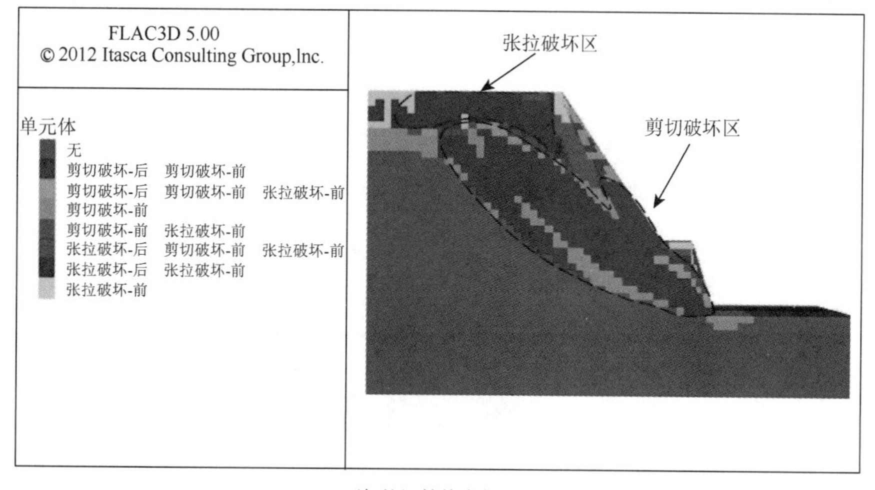

(a) 不加抗滑桩静力条件

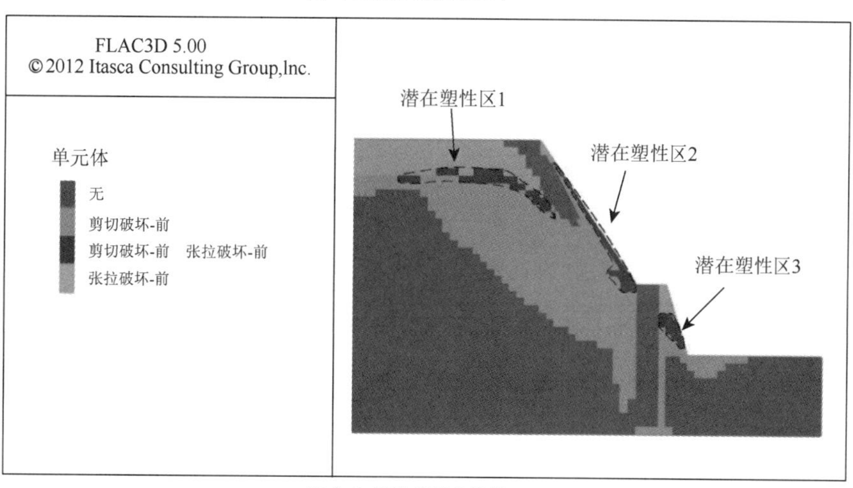

(b) 加入抗滑桩静力条件

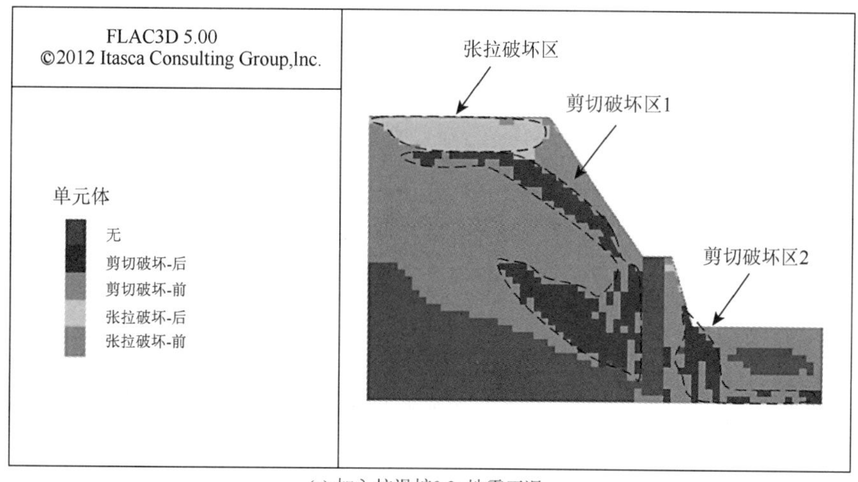

(c) 加入抗滑桩0.2g地震工况

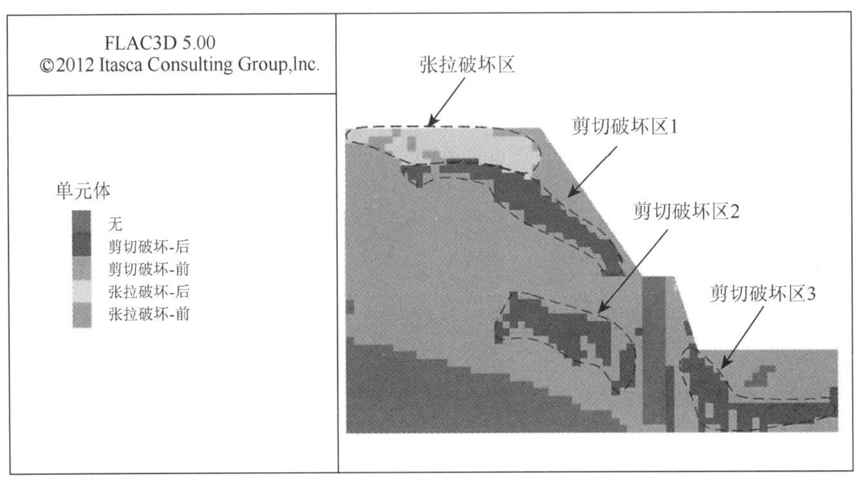

(d) 加入抗滑桩0.4g地震工况

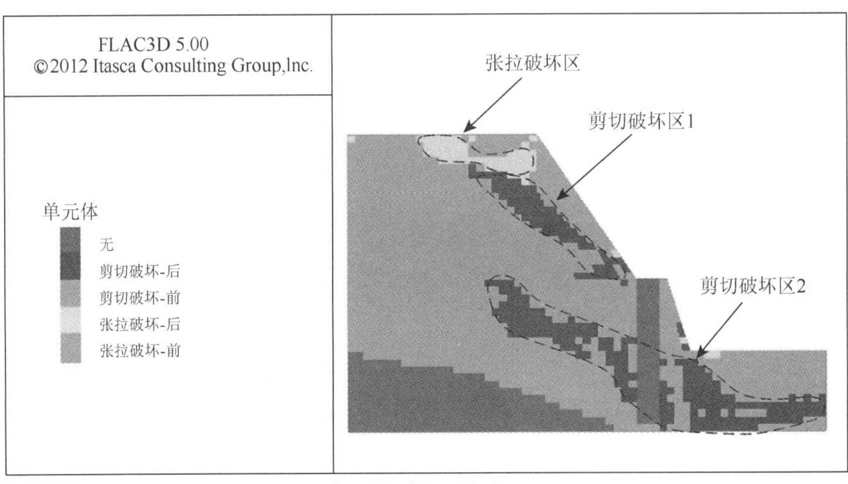

(e) 加入抗滑桩0.6g地震工况

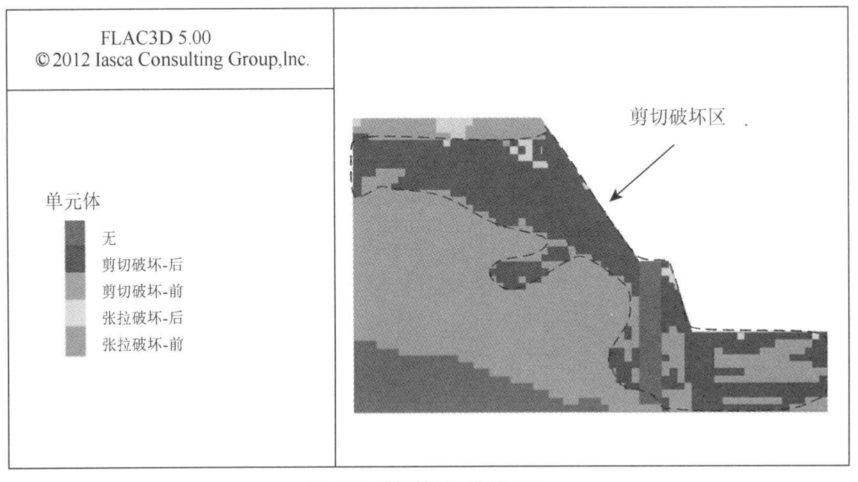

(f) 加入抗滑桩0.8g地震工况

图 4-16 不同条件下模型塑性区分布图

图 4-16（b）为静力条件下采用抗滑桩工程加固后的边坡塑性区分布图。在数值模拟计算中模型塑性破坏的发生主要看计算完成时的塑性区分布及连通情况，也就是图中对应的剪切破坏-后和张拉破坏-后，由于体系还未稳定，计算过程中出现的塑性区（剪切破坏-前和张拉破坏-前）通常不可作为塑性破坏发生的依据，因此将计算过程中同时发生剪切破坏和张拉破坏的区域称为潜在塑性区。如图 4-16（b）所示，在初始地应力下模型有 3 个潜在塑性区，分别位于坡体内部、坡面及抗滑桩前缘，整体而言对坡体稳定性影响不大，不会发生剪切破坏或张拉破坏，即使局部范围出现潜在破坏，也不会引发大范围整体滑动。总之，施加抗滑桩后，边坡处于稳定状态。

在 0.2g 地震工况下，变形体塑性区显著增大，基本覆盖全部变形带，即塑性区普遍连通。从图 4-16（c）中可以明显看出，强变形带和弱变形带均表现为顶部主要呈现张拉破坏、中下部主要呈现剪切破坏的分布特征，并且在变形区与基岩分界面形成贯通曲面，因此边坡在该地震荷载下已经不稳定。

0.4g 地震工况下，塑性区增大得更为明显，未发生破坏的蓝色区域较 0.2g 时明显缩小，可见由地震引起的破坏范围和深度在增加，如图 4-16（d）所示。

图 4-16（e）和图 4-16（f）分别为 0.6g 和 0.8g 水平地震加速度下的塑性区，可以发现地震引起的破坏影响范围已经包含全部抗滑桩，并且塑性区一直在持续增大。整体来看，在水平地震加速度大于或等于 0.6g 时，边坡可能会发生整体破坏，抗滑桩将被剪断或倾覆。

2）水平位移

在地震动力作用下，边坡和抗滑桩将发生沿边坡倾向的摆动（往复振动），这个过程中产生的水平剪切力将对边坡和桩拱联合体造成破坏，同时会造成坡体和桩体的永久位移，因此通过监测地震过程中和震后水平位移情况可以了解抗滑桩、边坡、桩后土拱的受影响程度。本部分对自然静力条件和地震动力条件（0.2g、0.4g、0.6g、0.8g）下的桩身水平位移情况和坡面水平位移情况进行对比分析。

图 4-17 为水平地震加速度引起的抗滑桩及边坡部分点的 X 方向水平永久位移，其中 B、C、D、E、F、G、H、L、M 点位于抗滑桩内部，其位移表示抗滑桩的偏转情况。抗滑桩和岩土体在密度与刚度上有明显差异，导致二者在惯性地震力作用下的水平位移也存在差异，为此本部分增加了一个与桩顶 B 处于同一高度的坡面点 A。由图 4-17 可知，在 0.2g 时，坡面 A 点的位移为 0.213m，而 B 点位移为 0.222m，可见桩顶永久位移要比相邻坡面永久位移大，这种位移差会导致抗滑桩顶部与坡体分离，即沿深度一定范围内抗滑桩将脱离坡体，坡体将失去抗滑桩的支撑。同时由图 4-17 可以看出抗滑桩永久位移自桩顶向下逐渐减小，至 M 点时几乎为 0，这说明抗滑桩的位移不是纯粹的平移，而是以桩体的外倾偏转为主。0.4g、0.6g、0.8g 水平地震加速度引起的抗滑桩及边坡部分点的 X 方向水平永久位移依次增加，但自桩顶向下逐渐减小的规律和 0.2g 时的一致。从 0.2g 到 0.8g 抗滑桩的桩顶位移分别为 0.222m、0.414m、0.702m、1.002m。

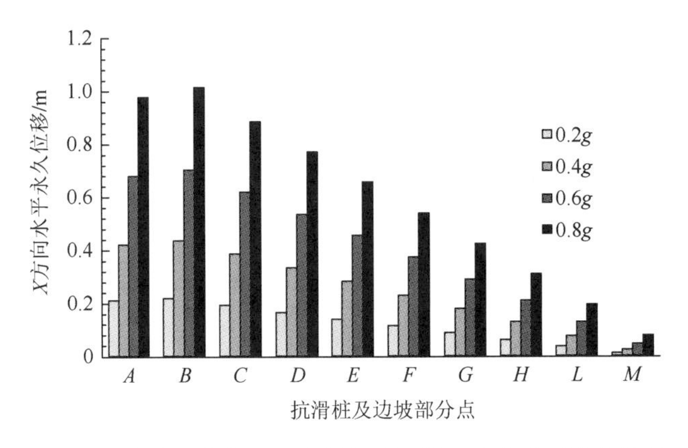

图 4-17　地震动力作用下抗滑桩及边坡 X 方向水平永久位移

A 点位于与桩顶处于同一水平高度的坡面，坐标为（37, 7, 21）；B 点位于桩顶，坐标为（39, 7, 21）；C 点位于桩顶以下 2m，坐标为（39, 7, 19）；D 点位于桩顶以下 4m，坐标为（39, 7, 17）；E 点位于桩顶以下 6m，坐标为（39, 7, 15）；F 点位于桩顶以下 8m，坐标为（39, 7, 13）；G 点位于桩顶以下 10m，坐标为（39, 7, 11）；H 点位于桩顶以下 12m，坐标为（39, 7, 9）；L 点位于桩顶以下 14m，坐标为（39, 7, 7）；M 点位于桩顶以下 16m，坐标为（39, 7, 5）

在进行抗滑桩设计和工后稳定性评价时，桩顶位移是一个重要指标，通常规定其不能大于 10cm，否则认为抗滑桩不能起到预期的加固作用，需实施补强措施，如在桩体上施加预应力锚索等。对于本模型而言，在地震荷载作用下，其桩顶位移（图 4-17 中 B 点的位移）与水平地震加速度的关系接近呈线性正相关，即 X 方向水平永久位移与水平地震加速度成比例增加，如图 4-18 所示。

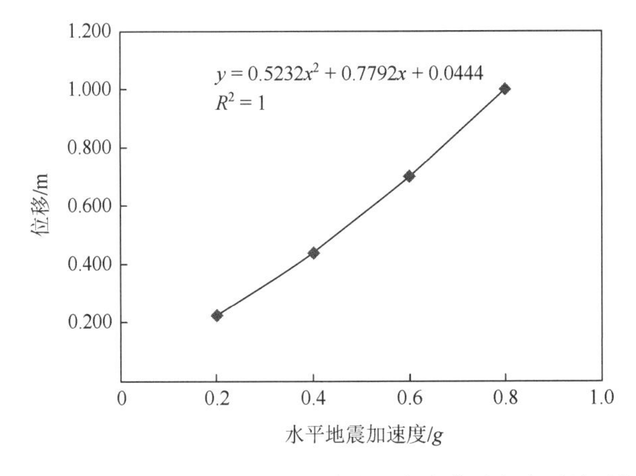

图 4-18　地震动力作用下抗滑桩桩顶 X 方向水平永久位移与水平地震加速度的关系

4.4　桩体偏转土拱失效模式

4.4.1　悬臂桩偏转的基本模式分析

悬臂桩及其组合结构（如桩板墙、桩间墙等）的偏转现象比较常见，尤其是在长期受地震动力作用的川西山区。本书作者曾以国道 G213 汶川—理县段为研究区，沿线调查公路两侧路堑边坡悬臂桩震后工作状态，发现区内多处悬臂桩偏转，且桩体偏转形态、偏转量及偏转后的现象都不太一致。以汶川县威州镇双河村 1 组黄岩组滑坡悬臂桩板墙中的抗滑桩为例，该处设有悬臂桩 23 根，两桩间后挂挡土板，且具有不同程度的偏转，图 4-19 统计了各桩的偏转程度（以桩顶水平永久位移表示）。

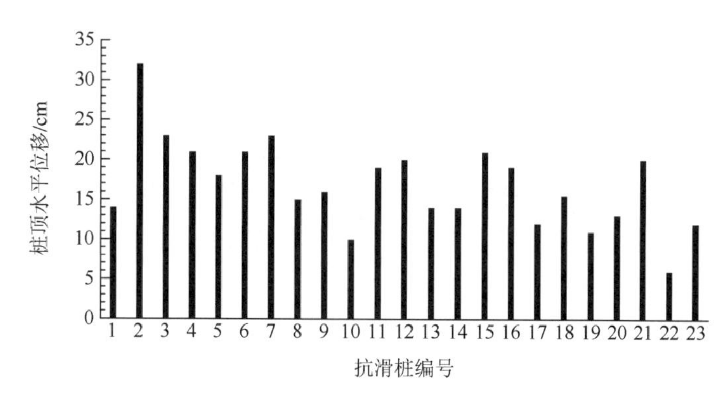

图 4-19　抗滑桩桩顶偏转量（水平位移）

可见，即使是同一边坡，各个抗滑桩的偏转量也具有很大的差异。而且就该工点而言，23 根桩的平均偏转量（指桩顶的偏转位移）达到了 16.9cm，远超设计允许值（该边坡抗滑桩设计全长 14m，悬臂段长 7m，设计允许桩顶位移 7cm）。抗滑桩偏转后有的桩间板发生弯曲外鼓，有的桩与板分离，而有的未见明显破坏迹象。也就是说，实际工程中的抗滑桩偏转并不是多桩同时、同程度地偏转，这就为抗滑桩偏转及其对桩后土拱影响的分析增加了难度。

当然，实际边坡加固工程中抗滑桩通常不是单根布设的，因此本书假设抗滑桩为单排等间距布设，此时除两端的两根桩外，每根桩都是相邻两桩后土拱的共用拱脚，这样各桩通过共用拱脚形成了力学联系。于是，评价抗滑桩偏转的影响时，以 3 根相邻的桩为一个单元进行分析是合理的。而这个分析单元中的抗滑桩偏转可以分为两种基本模式，一种是在某一时间段 t 内，仅有中间一根抗滑桩发生偏转，两边的抗滑桩不发生偏转，即单桩偏转模式；另一种是在时间段 t 内，3 根抗滑桩同步发生偏转，即整体偏转模式。虽然还有更复杂的模式，如 3 根桩发生不同程度的偏转等，但本书仅对上述两种模式进行分析，其他更复杂的模式可被视为这两种简单模式的组合。

这两种模式的划分均对应于抗滑桩在某一确定时间段内的偏转行为，抗滑桩在工作过程中可能发生了多个时间段内的偏转，而每一次的偏转模式都不一定相同。划分出的基本偏转模式仅为了理论研究，实际的抗滑桩偏转都是多个偏转模式复合，但是为了进行理论研究，偏转模式的划分还是很有必要的。

4.4.2　模型试验研究

我国有近 2/3 的国土是山地、丘陵连同崎岖高原组成的山区，山区的广泛分布是我国公路、铁路等基础工程建设的主要特点和难点，特别是西部、西南等地区不仅多山，而且伴有多条地震带分布，频发的地震更是加剧了抗滑桩等支挡结构的施工难度。据统计，“5·12”汶川地震后，大量抗滑桩支护结构遭到了不同程度的破坏，其中不乏桩体偏转变形、倾覆和桩间岩土体的坍塌。抗滑桩的偏转会改变整个桩拱联合体的力学特点，但其具体的力学行为、作用方式及过程尚不清晰，基于此，本书在上述理论分析和数值模拟的基础上，开展桩体偏转情况下的桩后土拱失效机理研究，通过自行研发、设计、试制的模型箱进行抗滑桩偏转过程中关于桩后土拱稳定性的系列试验，并通过平行试验依次分析桩间距、下滑力大小、抗滑桩偏转量、抗滑桩偏转模式等因素对桩后土拱稳定性的影响。

1）试验设备

试验设备按用途和功能的不同分为制样设备、土样参数测定设备、土压力测试设备（含桩体偏转时桩顶压力的辅助测试设备）、模型箱主框架、抗滑桩偏转实现设备、人工滑面等。

制样设备包括以下几方面。

（1）不锈钢分样筛和振动筛：孔径分别为0.075mm、0.1mm、0.2mm、0.5mm、1mm、2mm、5mm，并符合《普通混凝土用砂、石质量及检验方法标准》（JGJ52—2006）的规定。

（2）台秤和天平：称量10kg，最小分度值5g；称量5000g，最小分度值1g；称量1000g，最小分度值0.5g；称量500g，最小分度值0.1g；称量200g，最小分度值0.01g。

（3）环刀：不锈钢材料制成，内径分别为61.8mm和79.8mm，高20mm；内径61.8mm，高40mm。

（4）削土刀、击实器、取样工具。

（5）其他：包括碎土工具、烘箱、电钻、开孔器、淋水装置等。

土样参数测定设备包括电子天平、环刀、直剪仪、恒温干燥箱等，主要测试内容为土的含水率、天然密度、黏聚力、内摩擦角等。

土压力测试设备为丹阳市龙宇土木工程仪器厂生产的LY-350型应变式微型土压力盒（图4-20），其相关参数见表4-4。相较于传统土压力盒，本试验采用的微型土压力盒具有体积小、量程小的特点，其由于体积较小而不至于导致岩土体及结构物变形并影响受力，特别适用于各类小比例模型试验。值得说明的是，在小比例模型试验中，微型土压力盒的比例系数 K 非常关键。K 值会由生产厂家随土压力盒的供货一起提供，但由于厂家在试验前对土压力盒采用的是油压标定或液压标定，而试验中对土压力盒产生压力的介质

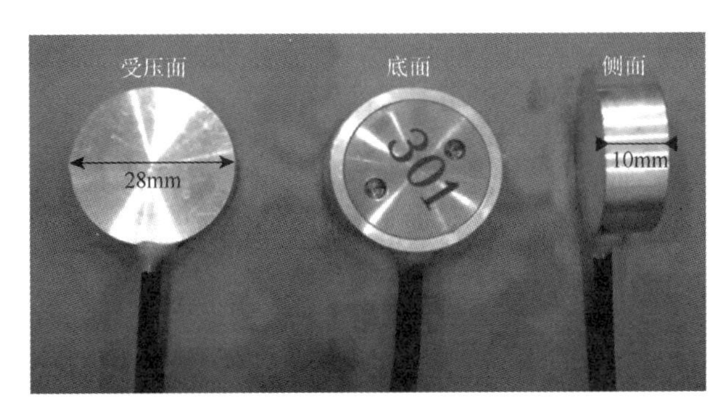

图4-20　试验用微型土压力盒照片

并不是水和油，因此在试验前需根据压力传递介质的不同进行标定，标定方法见参考文献[43]。所有的 LY-350 型应变式微型土压力盒均通过全桥方式连接至 1 台便携式 TST3826F-L 超级应变仪的接口上，该应变仪配合 TSTDAS 静态应变测试分析软件可实现数据的自动采集和保存。试验前平衡初始应变值，并对各通道清零。

表 4-4　LY-350 型应变式微型土压力盒参数

测量范围	分辨率	接线方式	阻抗/Ω	绝缘电阻/MΩ
30kPa	≤15Pa	全桥	350	≥200

除此之外，本试验还设计了导致桩体偏转的作用力的辅助测试设备，用来测试桩体偏转时桩顶所受的压力，其原理是采用拉力计测试与桩顶相连的拉线的拉力，反映桩顶承受的挤压力。拉力计有两种（图 4-21）：一种是弹簧拉力计，其可以在设计范围内进行拉伸，用于单桩偏转和整体偏转两种模式的试验；另一种是电子拉力计，其特点是精度高（≤0.028N）、不可拉伸，仅用于单桩偏转模式的试验，即用于两侧不发生偏转的两根抗滑桩的受力测试。

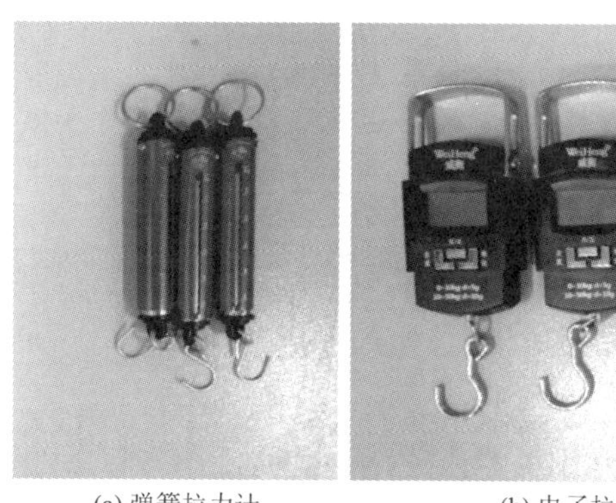

(a) 弹簧拉力计　　(b) 电子拉力计

图 4-21　试验所用拉力计

本次试验采用自行设计的装配式刚性模型箱，如图 4-22 所示。模型箱由框架和衬板两部分组成，框架为等边单角钢 L70mm×5mm（截面为“L”形，单边长度为 70mm，厚度为 5mm）材质，采用螺栓连接，通过调节固定螺栓的位置可以实现模型箱的大小调节。模型箱底部和侧壁采用透明高强度聚碳酸酯（polycarbonate，PC）耐力板，以保证刚度和强度要求，并可观测侧部岩土体的变形。与该模型箱相关的其他设备如图 4-23 所示。

图 4-23 为模型箱剖面图，该图展示了试验过程中模型箱内的全部设备。图中标号 1 代表模型箱框架，通过在框架上开孔可以方便地添加其他装置。图中的锚固层为粗砂和碎石，抗滑桩下部的锚固段埋设在该层中。为了模拟滑面，模型中设计了人工滑面（以下简称滑面），由图中的人工坡面 2 和滑动底板 3 组成。人工坡面 2 为两块经过防水处理的木板，中间通过铰链连接，配合固定杆可以实现不同的滑面倾角设置，本次试验中滑面倾角设定为 45°。

图 4-22　模型箱框架

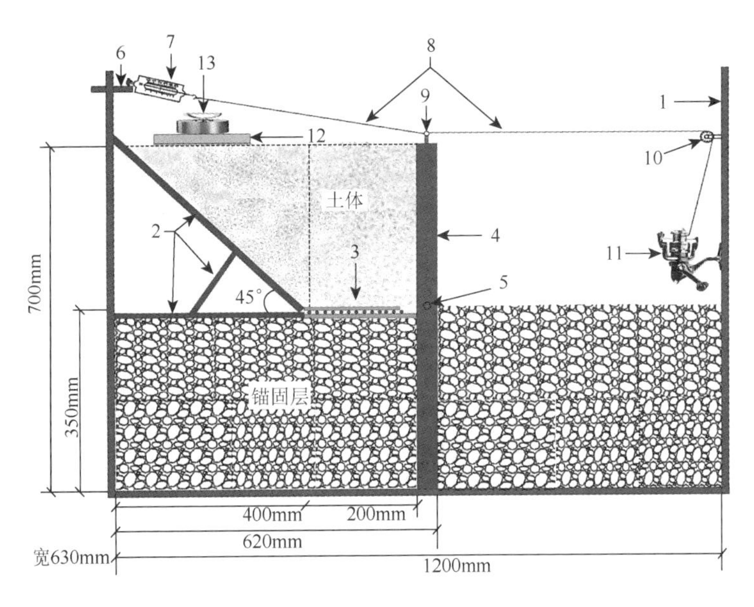

图 4-23　模型箱剖面图

1-框架：模型外侧钢结构刚性框架；2-人工坡面：木质防水板，上下两块，铰链连接，后侧挡板支撑；3-滑动底板：分为上、中、下三层，中间层为微型滑轮并固定在下层，上层可在中间层左右滑动；4-抗滑桩：等分为上下两段，由 5 铰接，材料为木质；5-桩身连接铰点：螺丝铰接，桩可以沿铰点转动；6-载物板：木质板，用于悬挂、固定 7；7-拉力计：可显示拉力，前端有固定环，与载物板相连，尾端有挂钩，与 8 相连，有可伸缩的弹簧拉力计和不可伸缩的电子拉力计两种；8-高强度拉绳：材料为包塑超细钢丝绳，连接拉力计和 9；9-桩顶牵引端：与桩顶连接的伸出端，用于拉绳连接桩顶；10-定滑轮：固定在框架面板上，用于改变高强度拉绳上拉力的方向；11-渔轮：脚托固定在框架面板上，可通过手柄转动收紧拉绳，具有止退功能；12-加载板：木质板，宽 18cm，可将上面放置的重物的荷载均匀传递给下面的岩土体；13-砝码：放置于加载板上，用于调节滑坡推力。锚固层为粗砂和碎石；岩土体为砂和黏土的混合物，可由图中红色虚线分为两部分，一部分在人工坡面上，产生推力，另一部分在滑动底板上，将推力变成水平力需要说明的是，为了增加坡面上岩土体的下滑力，岩土体并不是直接置于人工坡面，而是在人工坡面上铺设一层抗拉强度高且又柔软的尼龙（polyamide，PA）薄膜，人工坡面与尼龙薄膜间涂抹润滑油，岩土体通过尼龙薄膜与人工坡面接触。由于尼龙薄膜和人工坡面间存在一层润滑油膜，滑面可以将岩土体自重产生的下滑力中的大部分传递给滑动底板 3 上方的岩土体。这也是为了最大限度地减小滑面处的摩擦力，使滑面上部岩土体形成的剩余下滑力为其重力沿滑面的分力。滑动底板 3 由上下两层组成，其中上板为一透明 PC 耐力板，板规格为 15cm×62.5cm；下板为一个安装了很多微型滑轮的木板（图 4-24），规格为 20cm×62.5cm。如图 4-23 中的 3 所示，上板置于下板之上，且一端紧靠滑面底端，与滑面顺接，另一端与桩稍留空隙，以避免直接接触后产生应力集中。这样，桩后岩土体就可以分为两部分，一部分位于滑面以上，另一部分位于滑动底板以上。位于滑面以上的那部分岩土体产生的剩余下滑力作用在滑动底板以上的那部分岩土体上，滑动底板上面的那部分岩土体与抗滑桩直接接触，并将滑体传递到桩上。这样，通过该试验装置，最终作用在抗滑桩上的剩余下滑力（土压力）为水平方向。

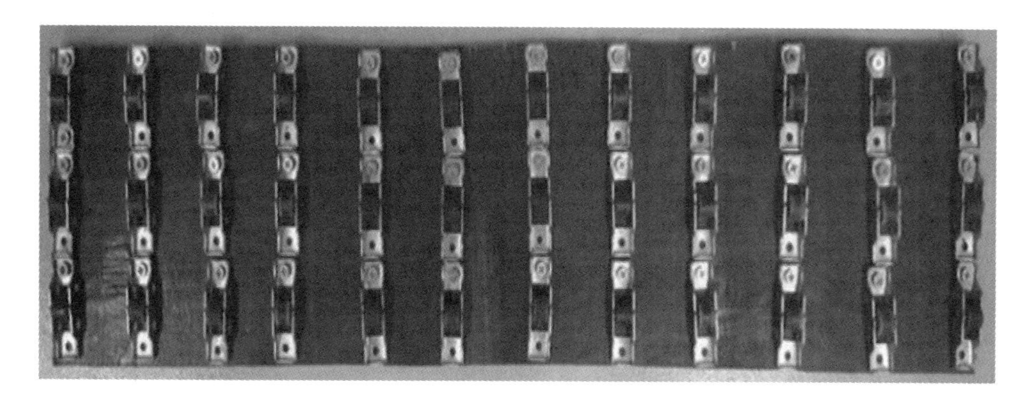

图 4-24　滑动底板下板

本试验主要研究在抗滑桩桩身不发生破坏的前提下，桩后土拱在桩体偏转过程中的变化及稳定特性，因此为保证抗滑桩在试验过程中不发生破坏，抗滑桩完全采用刚性材料。同时为了实现抗滑桩的偏转，在抗滑桩桩身中部设置一铰接点，该铰接点所在的位置为抗滑桩悬臂段和锚固段的分界处。从设计理念上讲，抗滑桩为抗弯结构，在实际工程中，抗滑桩的失效方式也多为向坡外倾覆，包括剪断倾覆和旋转倾覆。剪断倾覆中的剪断点多位于悬臂段和锚固段的分界处，但旋转倾覆中的旋转点多不位于悬臂段与锚固段的分界处，而是更靠下（远离悬臂段）。该模型试验为小比例模型试验，完全实现旋转倾覆有较大难度，故试验中将旋转点上移，设置为位于悬臂段和锚固段的分界处，这样也可模拟剪断倾覆，但不能模拟剪断过程中的力学效应（即不考虑桩体本身的破坏）。

同时由于抗滑桩中间为铰接，在滑体推力作用下便不能保持直立，所以需要在桩顶部提供一个额外的拉力。这个拉力由一根不可伸缩的拉绳提供，拉绳的一端固定在桩顶上，另一端通过拉力计固定在与框架连接的载物板上。如图 4-21 所示，本试验所用到的拉力计有弹簧拉力计和电子拉力计两种，弹簧拉力计主体为一条弹簧，在拉力作用时会发生拉伸变长，而电子拉力计是通过传感器来测量拉力的大小，在工作状态下并不会被拉长。所以，与电子拉力计连接的桩就不会发生桩悬臂段的偏转，这与没有铰接点的桩是一样的，而与弹簧拉力计相连接的桩会在悬臂段受力时拉紧拉力计的弹簧，通过弹簧提供的拉力来平衡桩背的受力，其悬臂段可以偏转。通过在抗滑桩上增加铰接点并采用拉绳与拉力计组合固定桩顶的方式，本试验不仅可以获得桩顶在偏转时的受力，同时也实现了可控的抗滑桩偏转。

本试验的目的是了解抗滑桩偏转对桩后土拱形状及稳定性的影响，尤其是桩后土拱失效时的临界桩体偏转位移，从而为抗滑桩在设计时的临界桩顶位移提供依据，故在试验过程中，实现桩体的连续偏转是一个关键环节。为了实现抗滑桩的连续偏转，需要在桩顶施加一个与滑坡推力同向的牵引力，这个牵引力同样是通过拉绳来施加的，不过拉绳远离桩顶的一端需与图 4-23 中的渔轮 11 连接。通过旋转渔轮上的旋柄，并收紧拉绳，抗滑桩就可实现偏转，而且渔轮有止退功能，松开旋柄后拉绳不会出现回转现象。

滑体推力也是试验中的一个重要环节，因为其决定了作用在桩后土拱上的荷载，从而影响桩后土拱的稳定性。为了对滑坡推力进行调节，在人工坡面上部的岩土体表面放置一块木板，然后在木板上放置砝码作为加载体。需要注意的是，木板放置的位置不应位于滑动底板 3 的上部岩土体表面，否则会改变抗滑桩受力的方向，另外也能避免在增加桩的水平推力的同时对桩体邻近岩土体的密实度造成影响。

2）试验材料

本次试验用土取自四川省汶川县威州镇国道 G318 某公路边坡堆积体，鉴于该试验为小比例模型试验，对土样进行颗粒筛分并去除粒径大于 2mm 的组分，这样可以避免对土压力盒的损坏。结果显示除去粒径大于 2mm 的组分后，粒径在 0.075mm 以下的组分所占质量百分比为 7.63%，粒径介于 0.075～0.5mm 的组分所占质量百分比为 36.50%，粒径介于 0.5～2mm 的组分所占质量百分比为 55.87%。以此为标准，本试验采用黏土（粒径小于 0.075mm）、细砂（粒径介于 0.075～0.5mm）、粗砂（粒径介于 0.5～2mm）为主要原料进行配置，如图 4-25 所示。

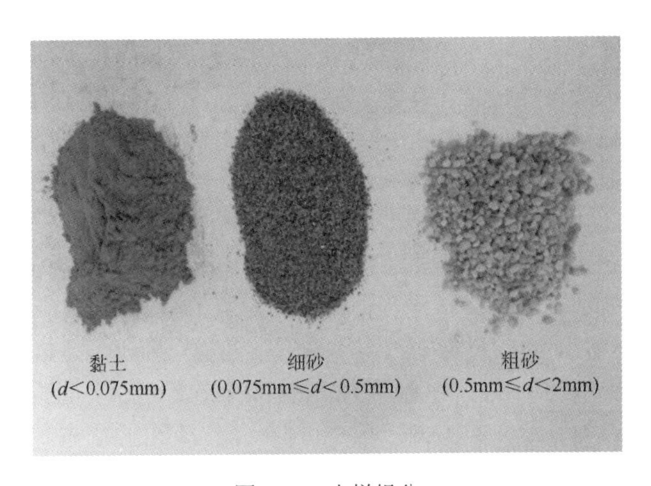

图 4-25　土样组分

在试验用土配置上除了要体现粗粒土堆积体的级配特征外，还要满足粒径效应对模型试验的限制，避免土体颗粒因过大（相对于模型桩）而不具备连续介质的宏观特性，因此试验土样的最大粒径和桩的宽度应该有一个比例界限。徐光明和章为民[44]在对前人的理论进行分析的基础上结合模型试验推荐 $B_{min}/d_{max}>22.5$，其中 B_{min} 为模型最小尺寸，d_{max} 为最大粒径。在本试验中 $B_{min}=65mm$，$d_{max}=2mm$，满足上述要求。为了避免试验过程中重新配置试验用土导致出现岩土体级配操作误差，一次性称取 7.63kg 的干燥黏土、36.50kg 的干燥细砂、55.87kg 的干燥粗砂统一进行混合搅拌，如图 4-26 所示，混合均匀后保存备用。

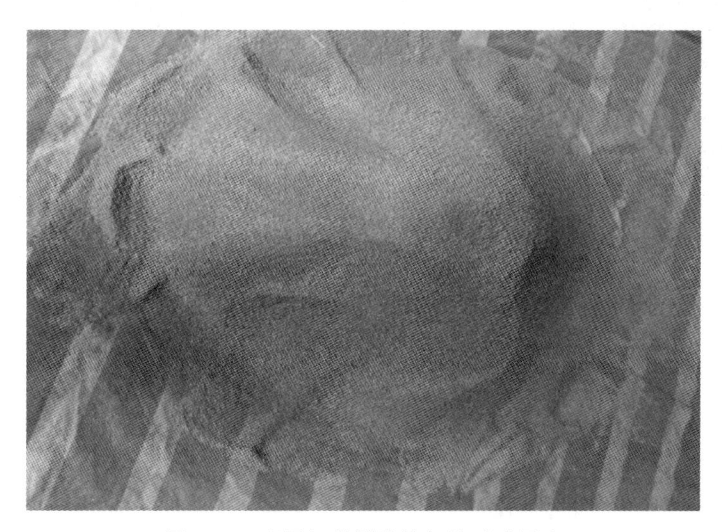

图 4-26　配置好并搅拌均匀的试验用土

含水率对岩土体的物理力学性质尤其是抗剪强度有较大影响，为了避免含水率变化对试验结果造成干扰，本次试验严格控制含水岩土体含水率为 5%，试验前将混合的干燥岩土体与水按照计算比例混合搅拌充分，同时在表面喷淋少量水以弥补蒸发水量，静置 2h 后得到试验用土。由于本次试验用土量较大，因此试验用土需要重复使用，在每次使用前都需要进行彻底的烘干并按要求的含水量进行配置、静置。经直接快剪试验获得其内摩擦角 $\varphi=29°$，黏聚力 $c=3.21kPa$，重度 $\gamma=22.1kN/m^2$。

本试验中，悬臂桩是核心部分之一，是边坡的位移加固结构，抗滑桩模型和桩背细节如图 4-27 所示。由于本试验不考虑桩体自身破坏的情况，因而材料需具备足够的强度。在现有的关于抗滑桩土拱效应研究的模型试验中抗滑桩选用的材料有木材与金属方管两种，这两种材料都具有强度高、易于加工的优点，但是在实际工程中悬臂桩多采用人工挖孔、现场浇灌混凝土成桩的工艺，所以桩的边缘并不是光滑面，而是与桩周岩土体紧密结合。虽然本试验不研究桩间土拱（摩擦拱）效应，但桩后土拱效应仍与桩土接触面上的挤压、摩擦等关系密切，因此不适宜用表面太过光滑的材料（如金属方管），故本次试验选用木质模型材料，而且试验所选用的木材[图 4-27（b）]自身具有天然的纹理，加上采用拼接工艺产生的接缝及接缝处溢出的黏合剂硬化物，能较好地还原人工挖孔桩的表面情况。

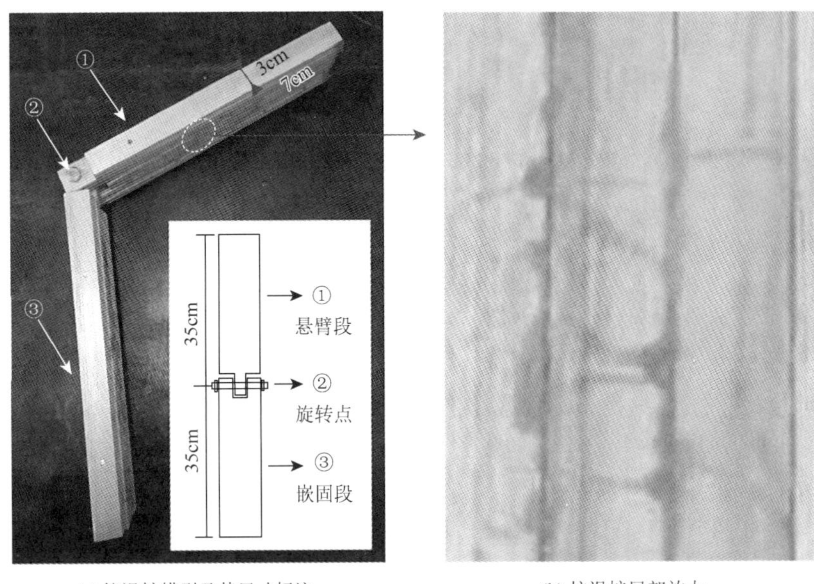

(a) 抗滑桩模型及其尺寸标注　　(b) 抗滑桩局部放大

图 4-27　抗滑桩模型和桩背细节

为了发挥抗滑桩的抗弯性能，桩身截面通常会做成矩形，且较短的一边为受荷边。由前期试验结果可知，桩截面高度为 3cm 便可满足抗弯需求，即在试验中不会发生模型桩的弯曲和折断，故虽然本试验中模型桩的截面宽度为 7cm，但截面高度仍取 3cm，这样可节省材料，便于模型桩的制作。

为了满足关于抗滑桩桩身偏转的要求，本试验假定抗滑桩发生偏转的模式是从锚固点处偏转，因而在锚固点处设置铰点。通过铰点的设置，桩的悬臂段就可以偏转了，虽然这一偏转模式可能同现实中的情况不完全相符，但是考虑到本试验的研究内容主要是获得桩体偏转过程中桩后土拱的力学行为，因而可以不关注锚固段的情况，此外，这样做还便于降低模型桩的制作难度。

3）试验方案

本试验主要是进行抗滑桩偏转模式下桩后土拱的稳定性研究，悬臂桩偏转的基本模式分为单桩偏转和整体偏转（多桩同步偏转）两种，本试验选取一个研究单元，即 3 根抗滑桩作为研究对象，桩间净距为桩宽 b 的 2 倍。

根据试验目的，试验分为单桩偏转试验和整体偏转（多桩同步偏转）试验两部分，其中每一部分的试验都要经过岩土体填筑、堆载、桩前及桩间岩土体挖除、偏转桩等几个步骤。通过测量桩上的土压力及桩顶的拉力来观测试验过程中抗滑桩的受力情况，再通过观测桩后岩土体的形态评估桩后土拱的形状变化及稳定性，从而评价桩体偏转对桩后土拱的影响。

4）试验准备

岩土体填筑分为两部分，下部分为嵌固段土层，由于桩体设置了铰接，对嵌固段的力学特性要求并不严格，故该部分的填筑不作特别严格的限制，但是在填筑过程中需要将抗滑桩预埋在设计好的位置，其中抗滑桩的桩间净距为 14cm，抗滑桩布设位置如图 4-23 所示。当第一层填筑到 35cm 高度时即完成，如图 4-28 所示。

图 4-28　填筑嵌固段岩土体后的模型

在完成嵌固段土层的填筑后开始进行上层岩土体的填筑，该部分岩土体将对抗滑桩及桩后土拱形成作用力，该层岩土体采用先前按含水量、密度等严格配置好的试验用土。先将人工坡面置于锚固层表面，固定牢固；然后按图 4-23 所示的，将滑动底板等放置在相应部位，即可进行试验岩土体的填筑，需要注意的是，人工坡面应与滑动底面紧密连接，中间不可有空隙。岩土体填筑采用水平分层填筑，每层厚度严格控制为 5cm，均匀铺平。为保证每层填土的密实度一致，需准确按体积和密度计算填土重量，并进行统一的压实处理，用图 4-29 所示的填土击实工具进行击实，同时严格控制每层填筑完成后的模型高度。每层在填筑时要注意在桩间放入挡土板，挡土板如图 4-30 所示，在填土完成后静置 2h，然后再进行后续试验。

图 4-29　填土击实工具

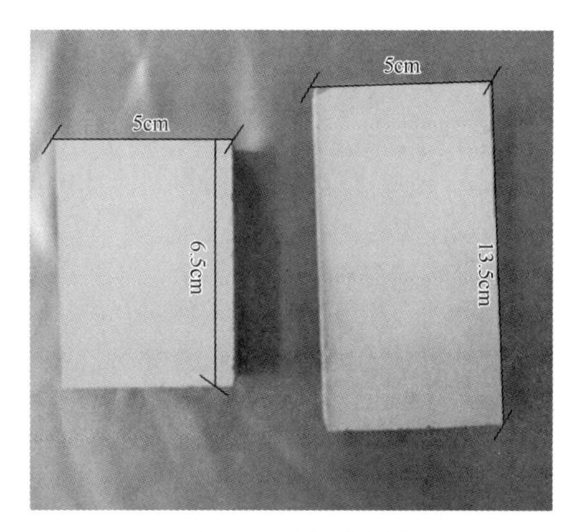

图 4-30　桩间挡土板

为了顺利放入两桩间，自制挡土板长度稍微短于两桩间的距离（0.5cm）

本书采用土压力盒来测量桩上的土压力，土压力盒的布置及安装细节如图 4-31 所示。由图 4-27 可知抗滑桩的悬臂段长度为 35cm，在桩顶以下 12cm 和 24cm 处安装土压力盒，为方便讨论此处标记中间的抗滑桩为 *B* 桩，两侧桩分别为 *A* 桩和 *C* 桩。由此将 *A*、*B*、*C* 桩上的土压力盒分别命名为 *A*1、*A*2、*B*1、*B*2、*C*1、*C*2，其位置如图 4-31（a）所示。

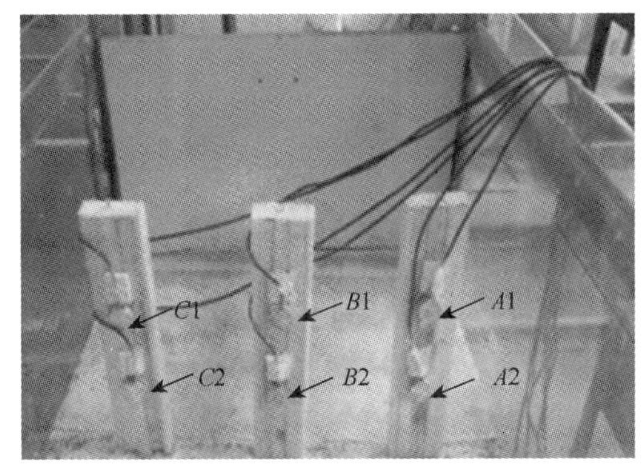

(a) 抗滑桩上粘贴的土压力盒及其标示

(b) 土压力盒粘贴细节图

(c) 连接了土压力盒的全桥应变仪

图 4-31　土压力盒的布置及安装细节

根据使用条件不同，土压力盒通常分为界面式土压力盒和土中土式土压力盒。界面式土压力盒主要用于测量不同介质接触面（界面）的垂直压力，土中土式土压力盒主要用于测量岩土体内部压力变化。不同类型的土压力盒安装方式不同，如果安装埋设方法不正确，将导致土压力盒发生虚空卸压现象，从而影响观测结果的准确性，因此，土压力盒的正确安装埋设尤为重要。对于本试验使用的界面式土压力盒而言，安装过程中最主要的就是保证土压力盒的背面和桩背紧密接触，受力面朝向岩土体一侧，并且土压力盒的连接线不悬空，即土压力盒不在土压力的作用下发生转动，故需要在引线下部增加刚性受力垫层，并用硅酮密封胶将土压力盒与桩背和引出线牢固黏合，如图 4-31（b）所示。土压力盒粘贴牢固后，需要将引线接入全桥应变仪，并进行初步测试，初步测试后没有异常即可进行下一步试验。应变仪和引线及其标记如图 4-31（c）所示。

4.4.3　单桩偏转试验

1）试验过程

在安装好抗滑桩和土压力盒之后，按 4.4.2 节所述方法水平分层填入试验岩土体，并用拉绳和拉力计将抗滑桩桩顶的牵引柱与载物板上的牵引柱相连，然后将 20kg 的重物置于载物板上实施加载，并静置 2h。2h 之后开始挖除桩前岩土体并卸除桩间的挡土板，使得土拱效应在挖方卸荷作用下逐渐显现，并使得整个试验系统达到悬臂桩工作状态。图 4-32 为第一层挡土板的拆除过程。

图 4-32　拆除第一层挡土板

在试验系统达到悬臂桩工作状态之后，通过本试验设计的抗滑桩偏转装置进行 B 桩（中间的抗滑桩）的偏转，每次偏转的量（桩顶向坡外方向的水平位移）为 2mm。每次实施偏转位移后使系统稳定 2min，然后再进行下一级偏转，直至总偏转量达到 20mm。在此过程中记录各土压力盒土压力的变化情况，以及桩顶拉力的大小，并观察桩后岩土体的形态变化。

2）试验结果及分析

图 4-33～图 4-35 分别为 A、B、C 桩桩背土压力盒所测土压力值的变化曲线图，图 4-36 为 3 根桩桩背土压力对比图。由图可知在整个模型填土完成之后，在 A、B、C 桩各桩上随着挡土板的拆除均可见土压力的增加，这与实际及理论情况相符。在拆除第 1 层挡土板后，各土压力盒显示的 X 轴方向土压力均增加，但是增加量不大。而在拆除第 2 层挡土板后，可以发现土压力盒 $A1$、$B1$、$C1$ 数值均有较大的增长，土压力盒 $A2$、$B2$、$C2$ 数值虽有所增加但是增长幅度并不大。这主要是由于 3 个土压力盒 $A2$、$B2$、$C2$ 在第 5 层挡土板后面，上层挡土板的拆除对其土压力的影响并不是很大。拆除第 3 层挡土板后土

压力盒 $A1$、$B1$、$C1$ 数值增加量较大，而在拆除第 4、5 层挡土板后土压力盒 $A2$、$B2$、$C2$ 显示的 X 轴方向土压力开始快速增加，此时土压力盒 $A1$、$B1$、$C1$ 的 X 轴方向土压力几乎不再改变，拆除第 6、7 层挡土板之后各土压力盒所测 X 轴方向土压力都达到最大值。

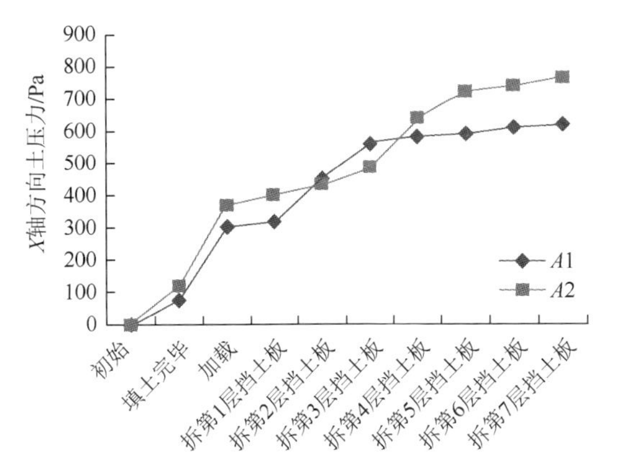

图 4-33　A 桩土压力盒所测土压力值变化曲线

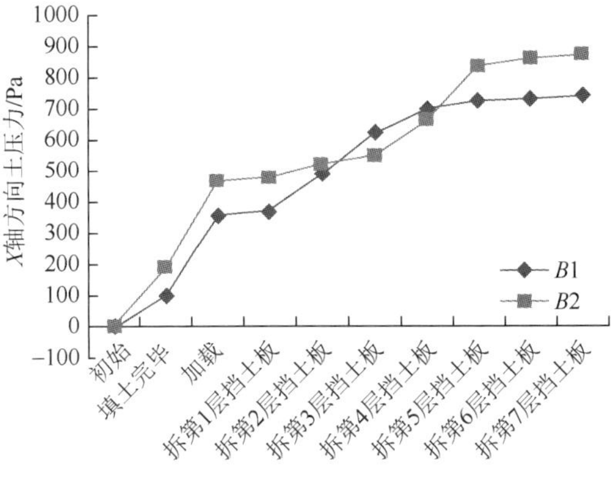

图 4-34　B 桩土压力盒所测土压力值变化曲线

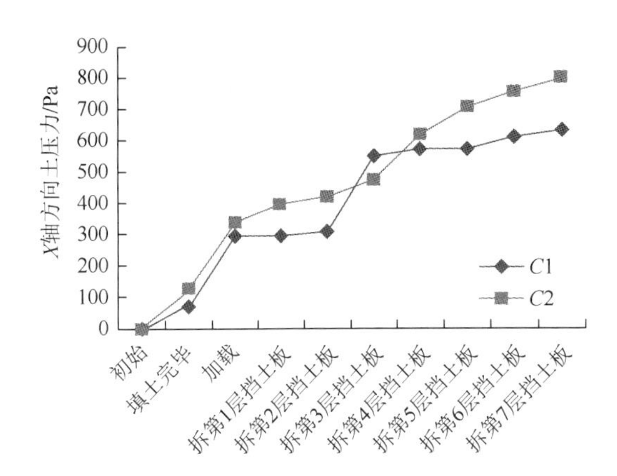

图 4-35　C 桩土压力盒所测土压力值变化曲线

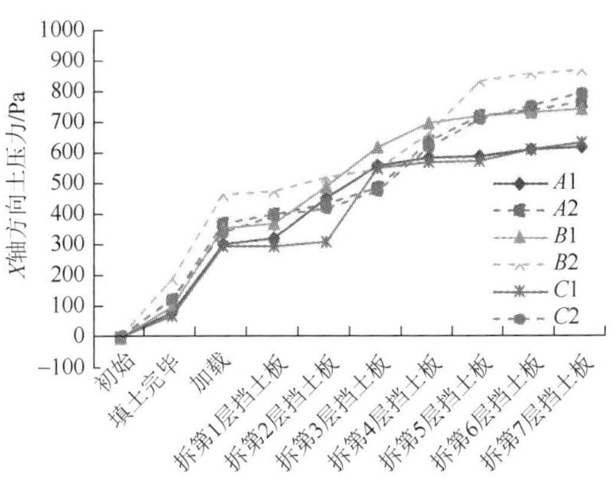

图 4-36　各桩各阶段土压力值

从挡土板拆除前到挡土板全部拆除，各土压力盒测得的 X 轴方向土压力都出现了较大幅度的增加，增加幅度为原 X 轴方向土压力（第 1 层挡土板拆除前）的 1 倍左右，与现有的试验结果相一致[45]。而且在挡土板拆除过程中桩体悬臂段上部的 X 轴方向土压力先出现快速增长，而后下部 X 轴方向土压力出现快速增长，并且总体而言，下部的 X 轴方向土压力要大于上部的 X 轴方向土压力。出现这一现象的原因是随着桩前和桩间土体的挖除，桩后岩土体失去的挖除岩土体提供的支撑力由桩后土拱承担并积聚到桩后拱脚，最终传递到抗滑桩上，体现为桩背土压力的快速增加。桩背土压力的逐渐增大表明了岩土体作用力逐步向桩体集中的过程，这与桩后土拱效应的理论分析结果一致，即随着桩前及桩间岩土体的逐渐开挖，桩后土拱形成，拱后滑坡剩余下滑力逐渐通过拱体集中到抗滑桩上。

当进行单桩偏转试验时，可以观测到抗滑桩桩后一定范围内因岩土体塌落而形成的拱形边界，这一边界可以近似被认为是土拱的内侧边界，可以反映土拱的形态特征及土拱高度（图 4-37）。将两桩间的连线作为起拱线，其与土拱内侧边界轮廓线间的最大垂直距离计为内侧拱线的拱高。当中间的抗滑桩发生偏转后，土拱会发生一系列的变化，在本试验中单桩偏转及其过程如图 4-37 所示。

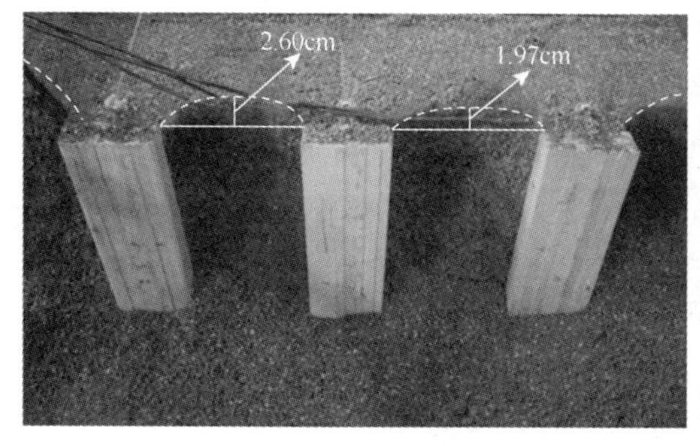

(a) 抗滑桩未偏转前

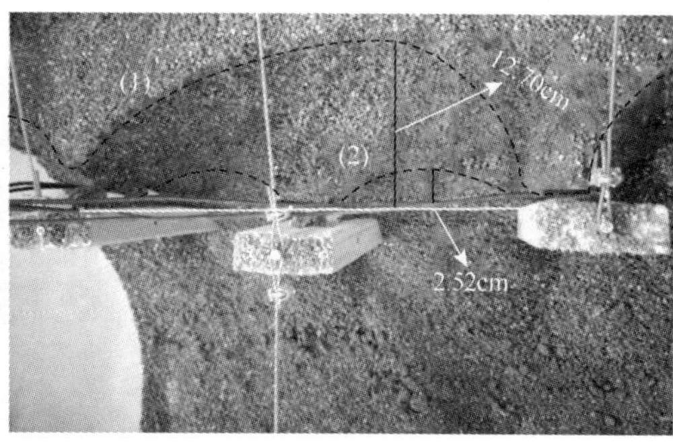

(b) *B*桩偏转10mm

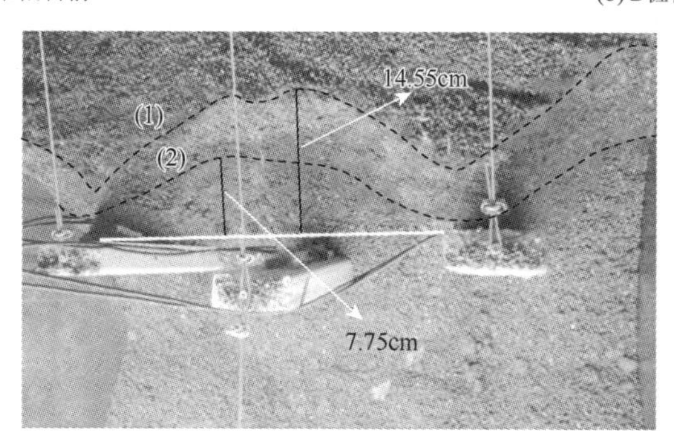

(c) *B*桩偏转20mm

图 4-37　单桩偏转及其过程

由图 4-37 可知，在抗滑桩未发生偏转前，3 根抗滑桩间形成的土拱内侧边界平滑对称[图 4-37（a）]，而且下拱线拱高分别为 2.60cm 和 1.97cm，二者有一定差异，应为填土性质差异所致。可见，此时形成的土拱比较扁平，矢跨比较小。当 *B* 桩偏转过后，桩后岩土体开始开裂、坍塌、掉落，之前形成的土拱逐渐发生破坏。但是这时的土拱破坏是从桩顶依次向下进行的，如图 4-37（b）所示，桩的上部由于拱脚的丧失而破坏，逐渐退化成一个跨越偏转桩 *B* 的新拱（1），其拱脚为 *A* 桩和 *C* 桩。同时在靠下的地方原有的土拱尚能够维持之前的形态，如图 4-37 中的拱（2）所示，拱脚分别为之前的 *A* 桩、*B* 桩和 *B* 桩、*C* 桩。拱（1）的下拱线高 12.70cm，拱（2）的下拱线高 2.52cm。当 *B* 桩继续偏转，拱（2）所在平面位置再度下降到桩顶以下 17cm，其下拱线高 7.75cm，相比偏转量为 10mm（占悬臂段长度的 28.6%）时再次增加，而且拱（1）的下拱线拱高也增加到了 14.55cm。此时由于桩间塌落，大量土体堆积在桩间，对未塌落岩土体形成了支撑，继续偏转的抗滑桩对桩间土体的扰动已经变得较小，一直到偏转量达到 20mm 时仍旧如此。由上述分析可知，单桩偏转将导致桩后土拱的逐渐失效，并使拱脚为两侧抗滑桩的桩后土拱逐渐形成。可想而知，如果两侧抗滑桩的桩间净距过大，不能够形成支撑拱脚，则会导致土拱效应的完全丧失。

在 *B* 桩偏转过程中 *A* 桩、*C* 桩桩顶拉力的变化如图 4-38 所示，由图可知，*A* 桩、*C* 桩的桩顶拉力先是小幅度增加（主要是由于 *B* 桩拱脚分担的土压力部分传递到 *A* 桩、*C* 桩拱脚上），然后快速降低后基本保持不变，这与观测到的破坏现象相吻合。

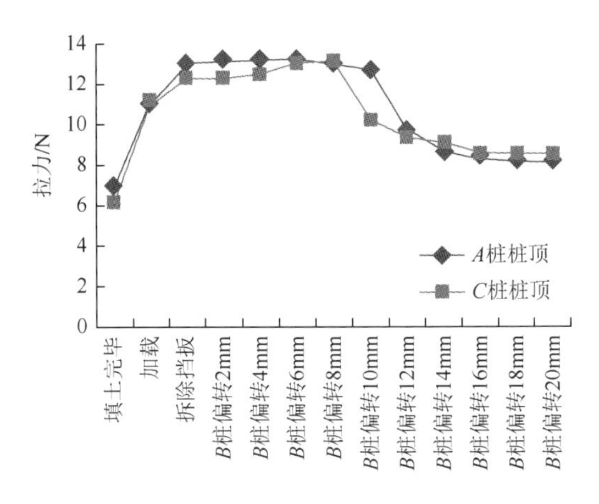

图 4-38　*B* 桩偏转过程中 *A* 桩、*C* 桩的桩顶拉力

在 *B* 桩偏转过程中，记录各土压力盒的读数，其结果如图 4-39 所示。随着 *B* 桩的偏转，*B* 桩上的土压力盒测得的土压力均快速下降，其中上端的土压力盒测得的土压力在偏转量达到 10mm（占悬臂段长度的 28.6%）以后其值开始变成负数并保持稳定（表明此时该土压力盒上已经没有有效土压力）。由图 4-37（b）可知，此时拱（2）所在平面已处在土压力盒 *B*1 之下，因而不再有压力作用在该土压力盒上。对于土压力盒 *B*2 而言，其土压力值最后稳定在 320Pa 左右。对于 *A* 桩、*C* 桩而言，其土压力盒测得的土压力由于 *B* 桩后的拱脚破坏且逐渐失去荷载承载力而逐渐增加，上部土压力先出现增长峰，下部土压力后出现增长峰。在出现增长峰后上部土压力快速下降，这是由于拱（1）达到了承载力极限而破坏，下部的土压力虽然也经历了快速下降，但是下降幅度并不是很大，表明此时拱（2）仍旧发挥作用。

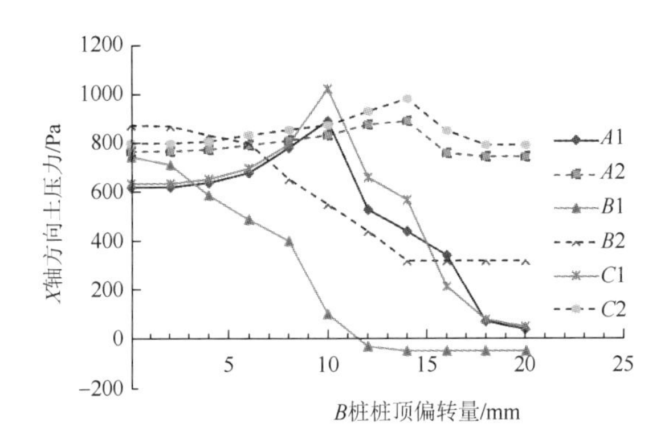

图 4-39　*B* 桩偏转时各土压力盒测得的土压力

4.4.4　多桩整体偏转试验

1）试验过程

试验准备和前述单桩偏转一样，首先将土压力盒固定在抗滑桩上，通过预埋方式将抗滑桩固定于锚固土层的相应位置，并保证锚固段的长度，在此基础上按设计与计算得出的密实度、含水量、单层厚度及岩土体用量、压实方法填筑滑面及滑动底板以上的岩土体。然后用拉绳和拉力计将 3 根抗滑桩桩顶的牵引柱与载物板上的牵引柱相连，因为是 3 根桩的整体偏转，故该过程中要协调各桩的弹簧拉力计，并使渔轮能够实现 3 根桩的同步偏转。为了与单桩偏转的试验结果进行对比，仍施加 20kg 的重物于载物板上以实施加载并同样静置 2h。2h 之后的桩前岩土体挖除、桩间挡土板拆除等步骤（包括挖拆方法、挖拆速度、挖拆部位及流程等）与单桩偏转一致。

通过土压力盒及弹簧拉力计的读数，在确定试验系统达到悬臂桩工作状态之后，通过本试验设计的抗滑桩偏转装置（渔轮）进行 A 桩、B 桩、C 桩的同步偏转，每次偏转的量为 2mm，期间应通过控制偏转过程中渔轮的稳定性使 3 根桩的偏转方向一致，而不发生横向偏转。与单桩偏转试验一样，每次完成偏转操作后使整个试验系统稳定 2min，然后再进行下一步偏转操作，仍控制总偏转量为 20mm。在此过程中记录各土压力盒及弹簧拉力计的变化情况，观测桩背土压力及桩顶拉力的变化，并观察桩后岩土体的位移及变形。

2）试验结果及其分析

桩前及桩间岩土体开挖、桩间板拆除后呈现的桩后土拱如图 4-40（a）所示，3 根桩的 2 个桩后土拱呈现良好的形状和对称性，内侧土拱高度分别为 3.64cm 和 3.31cm，这与单桩偏转试验中的土拱高度有一定差异，应由填土性质差异所致，但这不影响抗滑桩偏转对桩后土拱影响试验的开展。3 根抗滑桩同步偏转后，2 个桩后土拱均迅速破坏，由图 4-40（b）可知，抗滑桩仅仅偏转了 4mm（占悬臂段长度的 11.4%）桩后土拱就完全破坏，岩土体大量溜滑，形成一个堆积斜坡，而此时滑塌斜坡的上边界与桩背的直线距离为 14.73cm。与单桩偏转试验结果类似的是，在桩的下部依旧有土拱存在，但是相对于整个桩后土拱而言，其此时已经不具备工程意义了。当抗滑桩继续偏转时，由于塌落体形成了新的支撑，此时桩后土拱并不是维持坡体稳定的主要因素，因此坡体不再变化。

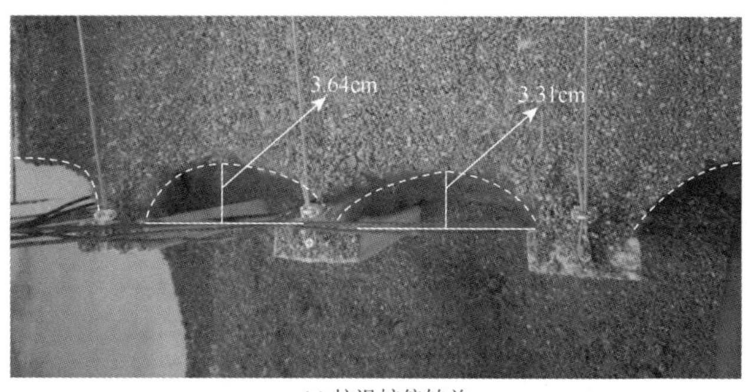

(a) 抗滑桩偏转前

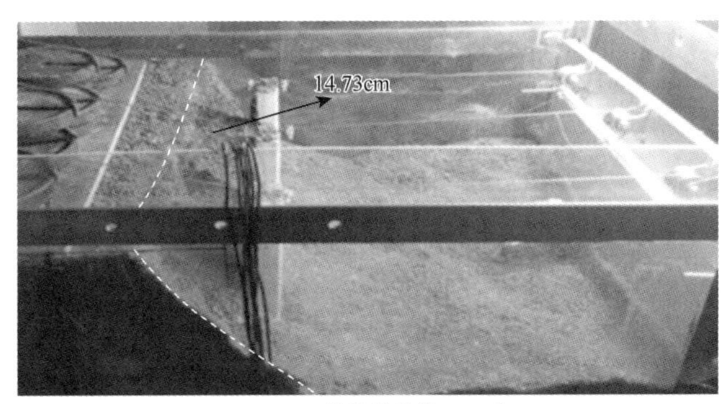

(b) 抗滑桩偏转4mm后

图 4-40 多桩整体偏转对桩后土拱影响的试验

各桩桩背土压力如图 4-41 所示，由图可知，在抗滑桩开始偏转后，位于桩顶以下 12cm 处的 3 个土压力盒 $A1$、$B1$、$C1$ 读数开始快速下降，到了桩顶偏转量为 6mm 时土压力几乎为零，之后随着抗滑桩继续偏转土压力值变为负数，表明此时这 3 根桩后的土压力盒已经与岩土体分离[图 4-40（b）]并退出工作状态。同时土压力盒 $A2$、$B2$、$C2$ 的读数也在减小，但最后稳定在 160Pa 左右，说明此时坍塌后的坡体已达到稳定状态，抗滑桩对下部岩土体仍具有部分加固功能，这与前述分析结果一致。

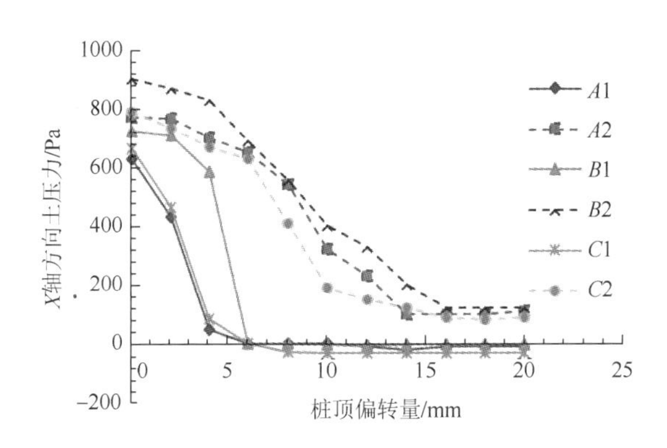

图 4-41 抗滑桩同步偏转过程中各土压力盒读数

4.4.5 试验结论

通过单桩偏转和多桩整体偏转试验现象及对试验数据的分析可以得到以下结论。

（1）试验现象良好地呈现了悬臂桩桩后土拱荷载传递功能的发挥，表明边坡岩土体剩余下滑力通过桩后土拱传递到抗滑桩上。

（2）在抗滑桩偏转过程中由于桩后岩土体逐渐失去支撑，拱脚功能逐渐弱化，原有的土拱效应逐渐减弱并最终消失，塌落区向后扩展。

（3）在单桩偏转过程中原有的土拱破坏，桩后自发进行调节，形成了新的土拱。新产生的土拱分两种，一种是向后发展的土拱，其跨越偏转桩并由相邻的桩提供新的拱脚支撑；另一种是向下发展的土拱，其拱脚仍在偏转桩上，此时该土拱所在平面以下的土拱未被破坏，以上的土拱破坏消失，因此可将平面所在位置与桩顶之间的距离称为土拱破坏深度。

（4）单桩偏转在桩顶偏转量超过10mm（占悬臂段长度的28.6%）后其上部岩土体大量垮塌，土拱破坏深度达到悬臂段长度的一半，土拱完全失效，此值可为工程建设提供参考。也就是说，实际工程中如果个别抗滑桩发生偏转，则在相邻抗滑桩未发生明显偏转的情况下，桩后岩土体仍能保持稳定，但应及时对偏转桩体进行补强纠偏，如可以采用锚杆或预应力锚索等措施防止抗滑桩的进一步偏转，从而维持边坡的稳定。

（5）多根抗滑桩整体偏转相较于单桩偏转对桩后土拱的破坏更加严重，当偏转量仅为4mm（占悬臂段长度的11.4%）时桩后土拱破坏深度可达悬臂段长度的一半，土拱完全失效。这是因为单桩偏转模式下，中间的单桩失去了支撑拱脚功能，岩土体剪应力向两侧传递并逐渐传递至两侧的抗滑桩上，此时两侧的抗滑桩形成了新的支撑拱脚，从而形成了新的土拱；而多桩整体偏转模式下，不存在新的支撑拱脚，无法形成新的土拱，故桩后岩土体迅速破坏失稳。

（6）无论何种偏转模式，主要破坏的都是上部土拱，由于上部土拱破坏后破坏体处于高位，危险极大，因此可认为土拱破坏深度达到悬臂段长度的一半时桩后土拱完全失效。在本试验中，单桩偏转时偏转量达到10mm则土拱完全破坏，多桩整体偏转时偏转量达到4mm时完全破坏，可见仅就考虑桩后土拱的稳定性而言，在抗滑桩设计中桩顶偏转量不宜大于悬臂段长度的11%，如悬臂段长度为10m时，桩顶位移应控制在11cm以内。

（7）装配式绿化挡墙由于桩（柱）间为砌块拼装，虽然位移容错能力较挡土板、现浇挡墙等更强，但其发生位错后可能导致快速失稳破坏，也就是说其承载能力反而较挡土板、现浇挡墙差，故应避免桩（柱）后土拱的失效。为此，在设计时应加强对桩（柱）顶位移的控制，将其作为一项必需的设计指标并严格控制在悬臂段长度的10%以内，必要时可采用预应力锚索形成桩锚式装配绿化挡墙；另外可通过锚杆等措施的应用加强装配式绿化挡墙的承载能力，形成锚固式装配绿化挡墙。

4.5　降雨拱体弱化模式

引起边坡失稳的最主要因素为地震和降雨，而且降雨更为常见。工程实践中，常见到地震和降雨时经抗滑桩加固后的边坡岩土体自桩间溜出破坏的现象，说明地震和降雨均会导致桩后土拱的破坏失效。如4.4节所述，地震引起土拱失效的模式主要为抗滑桩偏转导致土拱失去支撑拱脚，这也是地震边坡失稳多伴随抗滑桩倾覆的原因。降雨导致桩后土拱失效的机理与地震不同，虽然降雨也会导致抗滑桩的倾覆失效，但其机理为岩土体遇水弱化导致的剩余下滑力增大。本书不研究剩余下滑力骤然增大导致的抗滑桩工程失败，而将研究重点放在桩后土拱失效上。降雨可能导致岩土体弱化，但尚未达到使抗滑桩倾覆的程度，此条件下仍有可能导致桩后土拱的失效。本试验旨在对不同降雨工况下土拱体及边坡的状态进行观测，并通过对降雨量、桩背土压力等数据的分析，研究降雨过程中坡体和桩后土拱变形的特征，同时通过对不同含水量试验岩土体的抗剪强度指标进行测量来分析随着含水量的变化岩土体的弱化规律，从而分析降雨强度或降雨量与桩后土拱失效间的联系。

4.5.1 试验设备

为保持试验研究的统一性并将获得的结果与地震条件对比，本次试验基本沿用 4.4 节中的基础装置和设备。其中制样设备、土样参数测定设备、土压力测试设备和桩体偏转试验一致。只不过由于本试验主要考虑的因素是降雨，因而没有使用与抗滑桩偏转相关的装置，拉力计也采用的是电子拉力计，视抗滑桩为刚性桩。同时，在原有的模型箱的基础上增加了降雨模拟装置[37]。

在 4.4 节所用装置基础上添加的降雨模拟系统如图 4-42 所示，该装置结构简单、操作方便，主要包括储水器和雨滴发生器。降雨模拟装置的设计通常涉及一定的技术参数，主要有降雨强度相关指标、雨滴动能指标及雨滴均匀性指标等。由于本试验研究的是降雨强度对桩后土拱形状的影响，因此降雨模拟装置设计时主要关注降雨强度控制性能。

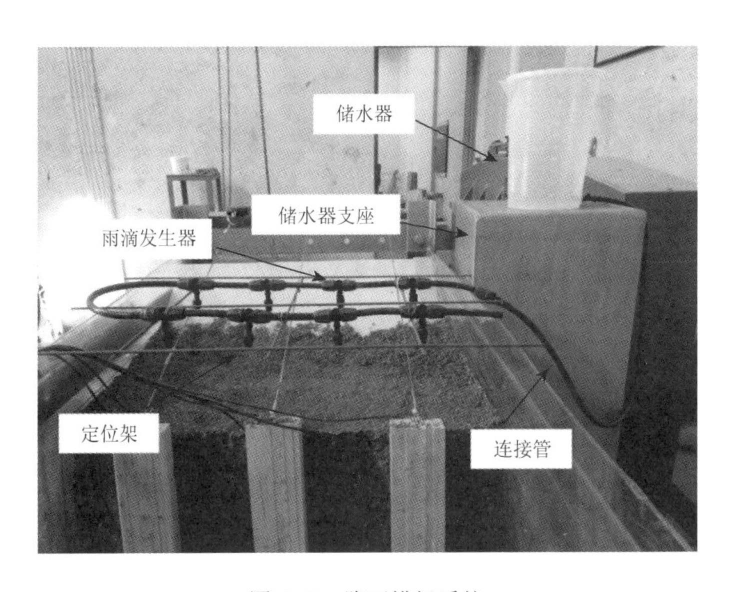

图 4-42　降雨模拟系统

该降雨模拟系统的详细组成包括储水器、储水器支座、连接管、雨滴发生器、定位架[37]。其中，储水器用于储放待用降雨，储水器支座用于放置储水器并且其高度可以调节，通过调节储水器高度，储水器可以获得不同的势能。连接管为连接储水器和雨滴发生器的软管，雨滴发生器是降雨模拟系统的主要构件，其功能为将储水器中的水以适当的形式释放。定位架是用来固定雨滴发生器的，为了获得理想的降雨效果，需要对雨滴发生器的位置进行调节，调节的方式就是调整其在定位架上的位置。

降雨强度以每小时降雨量计算，主要由雨滴发生器自身的喷水能力和布设方式决定。本节设计的降雨强度控制功能主要由雨滴发生器和储水器两部分实现。雨滴发生器为喷头式，每个喷头在工作过程中可覆盖的半径为 12.6cm，采用 2 行 4 列布置，有效降雨面积为 $43\text{cm}\times 63\text{cm} = 2709\text{cm}^2$，如图 4-43 所示。为了避免加载体遮挡雨滴发生器，本试验不再进行加载操作，在岩土体自重荷载能导致桩后土拱形成的前提下，这对桩后土拱的大小不产生影响。雨滴发生器经由连接管与储水器相连，储水器为带刻度的透明塑料桶，容积为 5000mL。经测试，在满水状态下，该装置将 5000mL 水喷洒完毕耗时 30min，可换算出平均降雨量为 4.38mm/h。

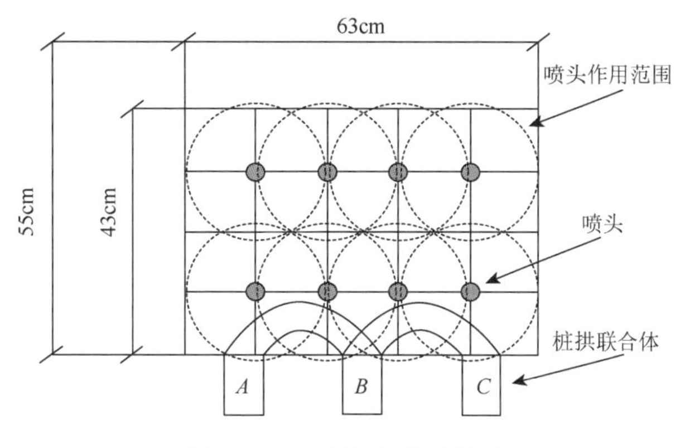

图 4-43　雨滴发生器原理图

4.5.2　降雨模型试验的相似准则和降雨量等级

降雨模型试验和其他模型试验一样，是一种缩尺试验，即模型的几何尺寸小于原型的几何尺寸。但降雨模型试验与一般的常规重力模型试验相比更复杂，因为试验过程涉及了流体的性质，而流体的流量、流动方式等都是模型试验中的难点。边坡在降雨作用下的行为如何反映到原型上，也是模型试验设计时应该考虑的问题。模型试验中的模拟降雨过程和实际边坡经历的天然降雨过程是两个不同的水力过程，只有在满足动力相似、运动相似和几何相似时两个水力过程才能被认为是相似的，相关的结果才能被认为是可以转换的。具体到单个模型时可根据主要作用条件及研究侧重点的不同，重点选用某一相似准则，而忽略其他准则。相似准则的选取应重点考虑水体在模型试验中的主要作用对象及主要作用方式。

自然状态下，降雨对坡体（原型）的破坏主要体现在以下几个方面：雨滴撞击坡面岩土体，从而引起岩土体颗粒溅失并在坡面形成溅失坑；雨滴入渗坡面岩土体内部，软化岩土体、降低岩土体强度，从而导致岩土体溜塌甚至滑坡；雨滴聚集在坡体表面，形成局部径流，从而引起坡面冲刷。对于不同的边（滑）坡而言，不同的降雨条件所带来的破坏在上述 3 个破坏方式中的比重也是不同的，故所对应的相似准则应有所区别。

对于本试验所模拟的边坡——粗粒土边坡（坡体内含大量砂粒组分），由于本试验研究的是抗滑桩和整个坡体的稳定性，因而降雨过程中雨滴对坡体表面的撞击并不会对坡体和桩后土拱造成影响，在本次试验中可以忽略。此外由于边坡岩土体材料（砂性土）的透水性较好，在降雨过程中很难产生地表径流，所以坡面冲刷破坏也不是本试验所要研究的内容。由此可知，在本试验中降雨对坡体及桩后土拱的影响主要是雨滴入渗导致的岩土体力学性质弱化引起的，因而最主要的控制条件就应该是降雨量（入渗量）。故本试验主要考虑的相似准则为几何相似。

由 4.4 节可知，该试验模型桩的桩宽为 7cm[虽然桩高为 3cm，但正如在桩体偏转试验中所述的，这是为了节省材料和使模型制作方便，在不影响桩体行为与试验结果的条件下采用的尺寸，不能将其用于相似比尺的计算。而桩宽是直接影响土拱性质的因素（如影响拱体厚度，进而影响拱体承载力），也是该试验中的一个重要物理量，故采用桩宽计算相似比尺]，本次试验以该尺寸代表 2m 桩宽为标准，得出几何相似比尺为 0.035。在降雨强度上也应该以同一相似比尺进行调节，本试验中依据现行规范对降雨强度的规定，经过相似比尺换算得出的降雨标准见表 4-5。

表 4-5　相似模型降雨量等级

等级	12h 降雨量/mm	24h 降雨量/mm
微量降雨（零星小雨）	＜0.0035	＜0.0035
小雨	0.0035～0.1715	0.0035～0.3465
中雨	0.1750～0.5215	0.3500～0.8365
大雨	0.5250～1.0465	0.8750～1.7465
暴雨	1.0500～2.4465	1.7500～3.4965
大暴雨	2.4500～4.8965	3.5000～8.7465
特大暴雨	≥4.90	≥8.75

注：以《降水量等级》（GB/T 28592—2012）换算。

4.5.3　试验方案

本书以 12h 降雨量等级表来表示降雨强度（表 4-5）。由 4.5.1 节可知，本试验所用的降雨模拟系统降雨量为 4.38mm/h。由于本试验所用的降雨装置靠的是储水器的势能作为动力，当储水器内水量不同时降雨强度也不同，所以 4.38mm/h 代表的是平均降雨量。在做试验时应尽量一次性用完一桶水，也就是持续降雨 30min，然后停雨观察 30min，之后再降雨 30min，依次进行，直到桩间岩土体出现大规模破坏，期间观察边坡岩土体的变形过程及桩体受力的变化。如果未能出现边坡的破坏，那么当坡体下部有内部水体渗出（即表明整体边坡进入饱和状态）时，也停止试验[37]。

4.5.4　试验结果及分析

1）降雨条件下的土拱破坏模式

和桩体偏转试验一样，在开挖桩前岩土体、拆除桩间挡土板后，桩后土拱形成并呈现良好拱形，如图 4-44（a）所示。此时，桩后土拱比较稳定，仅有少量桩间岩土体掉落。

当降雨模拟系统降雨 15min 后，桩后岩土体出现裂纹，如图 4-44（b）所示，且该裂纹前的岩土体（以临空方向为前方）呈现明显的下沉特征，同时桩后塌落体深度越来越深。在连续降雨 30min 后，桩后塌落体范围逐渐增大，同时裂纹出现扩展，出现了后一级的裂纹，如图 4-44（c）所示，该现象表明此时裂纹前部的岩土体中土拱效应消失，桩后土拱在自身岩土体力学性质弱化及后部岩土体作用力增大的情况下已发生严重变形，这也致使拱后岩土体的变形逐步加大。

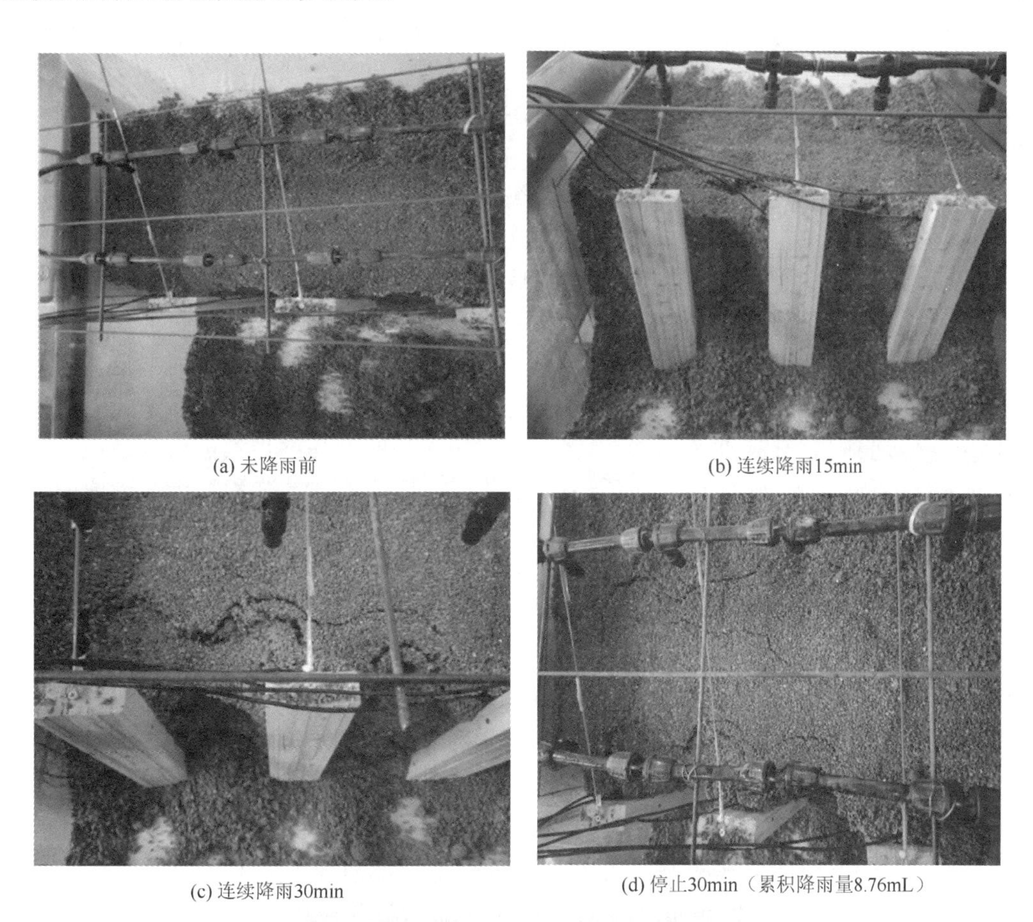

(a) 未降雨前　(b) 连续降雨15min

(c) 连续降雨30min　(d) 停止30min（累积降雨量8.76mL）

(e) 继续降雨30min

图 4-44　不同降雨历时的桩后土拱形状

降雨 30min 后，停止降雨。此时虽然没有继续向边坡岩土体降雨，但是桩后岩土体的裂纹出现了更为严重的扩展，尤其是更靠近坡体内部的地方出现了成组的横向裂纹，这些裂纹几乎贯通，如图 4-44（d）所示，表明边坡岩土体的破坏范围在逐渐增大，破坏面在逐步贯通。在停止降雨 30min 后，继续向坡体施加降雨，此时坡体包括桩后岩土体的变化已不如前一阶段明显，在降雨 30min 后，只是原有的裂纹深度增大了，同时坡体出现整体下塌，如图 4-44（e）所示，说明此即为边坡垮塌的最大范围，此时桩后土拱已全部破坏，因此停止试验。整个试验共计降雨 60min，分为两个时段，每个时段降雨 30min，期间间隔 30min。

分析降雨过程中边坡岩土体及桩后土拱逐渐破坏的现象可以发现，在降雨过程中最先发生的就是桩间岩土体的大面积垮塌，按表 4-5，如果抗滑桩间不设挡土板，一天的暴雨就可导致桩间出现大范围岩土体垮塌，随着降雨的持续增加，桩后坡体开始出现明显的环形裂缝，并逐渐向外扩展。同样在没有挡土板的情况下，两天的暴雨就可引起桩后岩土体出现严重的裂缝，此时桩后坡体将处于临界或不稳定状态。在停止降雨后桩后岩土体的裂缝出现了显著的增长，这说明降雨对滑坡，以及对桩后土拱的影响有明显的滞后性，这也解释了为什么很多抗滑桩工程是在降雨过后而不是降雨过程中破坏的。广泛发育的裂缝表明原有的土拱已被破坏，丧失承载能力，不能将岩土体的作用力传递到抗滑桩上，抗滑桩也就失去了加固功能，最终导致桩后岩土体向下垮塌，虽然抗滑桩未倾倒或剪断，但岩土体绕其挤出或流出。当失稳岩土体形成的牵引作用致使大规模坡体失稳时，抗滑桩也将出现弯折、剪断等破坏，这样的破坏形式及渐进过程在大雨及以上强度的降雨中时常发生，是雨季山区抗滑桩加固边坡典型的失稳模式。

2）土压力变化分析

模型试验记录的土压力及其变化如图 4-45 所示，监测点的布设与桩体偏转试验相同。由图 4-45 可知，在降雨的初期，大概是 5min 内这一段时间，各个监测点的土压力基本无变化；到了 10min 左右，土压力开始减小；15min 开始快速减小，然后到 30min 基本减小了 30%～50%，而且位于上部的土压力减小得要比位于下部的幅度更大；在 30～60min 时间段，土压力变化较小，下部的土压力小幅度增加，这可能是由于在该时间段内虽然未降雨，但是降雨开始从坡体表面大量下移，导致整个坡体重心下降，从而下部的土压力盒受荷出现读数的小幅度增加。同时由图 4-44 可知，在 30～60min 时间段内坡体的裂缝逐渐扩展，说明抗滑桩处坡体开始出现较大的主动土压力，这与本阶段上部土压力和下部土压力小幅度增加相一致。在 60min 后随着降雨的重新开始，各土压力的变化在第一个 30min，也就是 30～60min 小幅度降低后开始保持稳定，说明此时不论是坡体的荷载还是边坡稳定程度都达到了一个稳定的阶段。

3）试验岩土体含水量与强度关系分析

在降雨过程中试验边坡岩土体最主要的变化就是含水量的变化，在不同的含水情况下试验岩土体的强度不一样。因此为了探究含水情况和岩土体强度的关系，本节还进行了关于含水量和岩土体抗剪强度关系的试验。

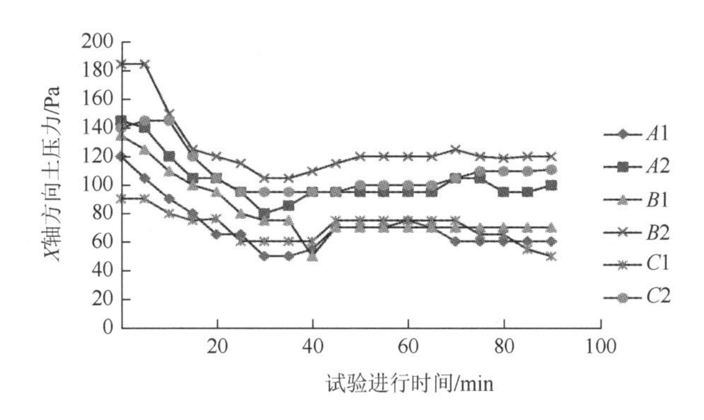

图4-45　降雨过程中土压力变化

目前，直剪仪与非饱和三轴仪是国内外岩土体抗剪强度指标测定方面的常用设备。相较于采用直剪仪进行的直接剪切试验，采用非饱和三轴仪进行的三轴压缩试验虽然可以更好地还原岩土体的初始状态，但是试验过程中岩土体的排水过程更复杂，涉及的影响因素也更多，因此增加了制样难度，同时也增加了试验所耗费的时间。而直接剪切试验则操作相对简单，影响因素较少，因此本试验选用电动四联等应变直剪仪进行抗剪强度指标的测量，试验仪器如图4-46所示。

图4-46　电动四联等应变直剪仪

取烘干的土样，严格按规范进行不同含水量土样的配置，保证土样的含水均匀性，得到含水量分别为0%、2%、4%、6%、8%、10%、12%、14%的土样，然后采用每个土样制作4个剪切环刀试样。直接剪切试验中，法向荷载分别为50kPa、100kPa、200kPa和400kPa，按试验标准施加水平剪切力，然后根据库仑定律计算试样的抗剪强度指标。制样时为了保证各个含水量下土样的压实度，将标号分别为1、2、3、4的环刀相互间隔5cm摆放在一个平底容器中，然后将搅拌好的某一含水量下的土样填入该容器中，填入高度为5cm，再用4.4节介绍的在模型箱中填土时用的击实工具进行统一的击实，等待

10min 后将环刀取出，完成一次制样。在本试验的制样过程中只有当含水量不会影响击实工具的击实效果时才能保证各样品的压实度一致，由于含水量的变化会对击实效果产生影响，因而压实度并未严格一致。准备工作完毕后进行直接剪切试验，试验结果见表 4-6。

表 4-6　不同含水量下试验岩土体的直接剪切试验结果

含水量/%	水平剪切力/kPa				黏聚力/kPa	内摩擦角/(°)
	50	100	200	400		
0	14.05	88.70	102.80	237.60	1.01	30.36
2	31.91	64.64	110.88	238.47	1.86	30.33
4	32.69	63.91	119.57	243.96	2.95	31.08
6	35.69	63.99	116.07	230.67	8.12	29.12
8	35.48	63.87	99.50	222.79	9.56	28.09
10	32.12	58.97	103.84	214.15	4.21	27.36
12	26.89	52.01	158.20	205.43	1.29	27.07
14	25.97	51.43	101.23	204.20	0.51	27.00

根据表 4-6 绘制出的含水量同内摩擦角的关系曲线如图 4-47 所示，由图可知，随着含水量的增大，内摩擦角逐渐减小。值得说明的是，当含水量为 0%～4%时，曲线显示随着含水量的增大内摩擦角有轻微增加现象，这可能是由于含水量过低时，岩土体不易压实，当归为试验误差。当含水量为 4%～12%时，随着含水量的增大，内摩擦角快速减小，即自 31.08°快速减小至 27°。当含水量超过 12%以后，随着含水量的增大，内摩擦角的减小不再显著，即趋于稳定，这是砂性土的典型性质，即含水量达到一定程度后，岩土体颗粒间的摩擦、咬合作用力趋于定值。

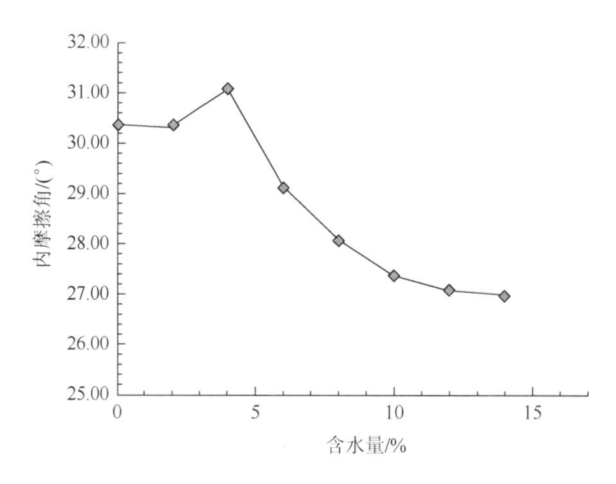

图 4-47　试验岩土体含水量与内摩擦角的关系曲线

根据表 4-6 绘制出的黏聚力随含水量变化的曲线如图 4-48 所示。由图可知，在含水量较低（0%～8%）时，黏聚力随含水量的增大快速增加，这主要是因为较少的水体形成了岩土体颗粒的水膜，使岩土体颗粒相互吸引黏结在一起。当含水量超过 8%之后，黏聚力快速降低，这主要是因为水膜厚度达到一定程度后反而会降低黏土颗粒间的黏结力。当含水量超过 14%之后，岩土体中的黏聚力变得很小，甚至只有 1kPa 左右，这也是砂性土的典型特征。由此可见，无论是岩土体的内摩擦角还是黏聚力，与含水量的关系最终都是随含水量的增大而减小，这也正是长时间降雨或暴雨会导致边坡失稳的原因。

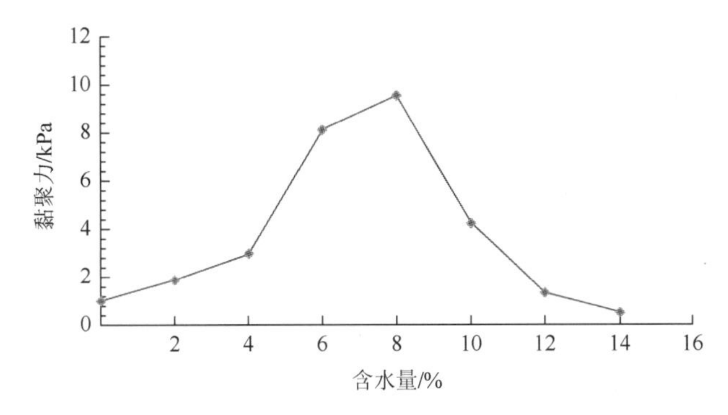

图 4-48　试验岩土体含水量与黏聚力的关系曲线

究其原因，在降雨过程中，岩土体会由非饱和状态逐渐变成饱和状态，其力学性质表现为黏聚力和内摩擦角等抗剪强度指标的变化。岩土体在非饱和状态下会呈现一些独特的力学性质，因此为了解释上述现象，建立如图 4-49 所示的非饱和-饱和全过程理论分析模型。

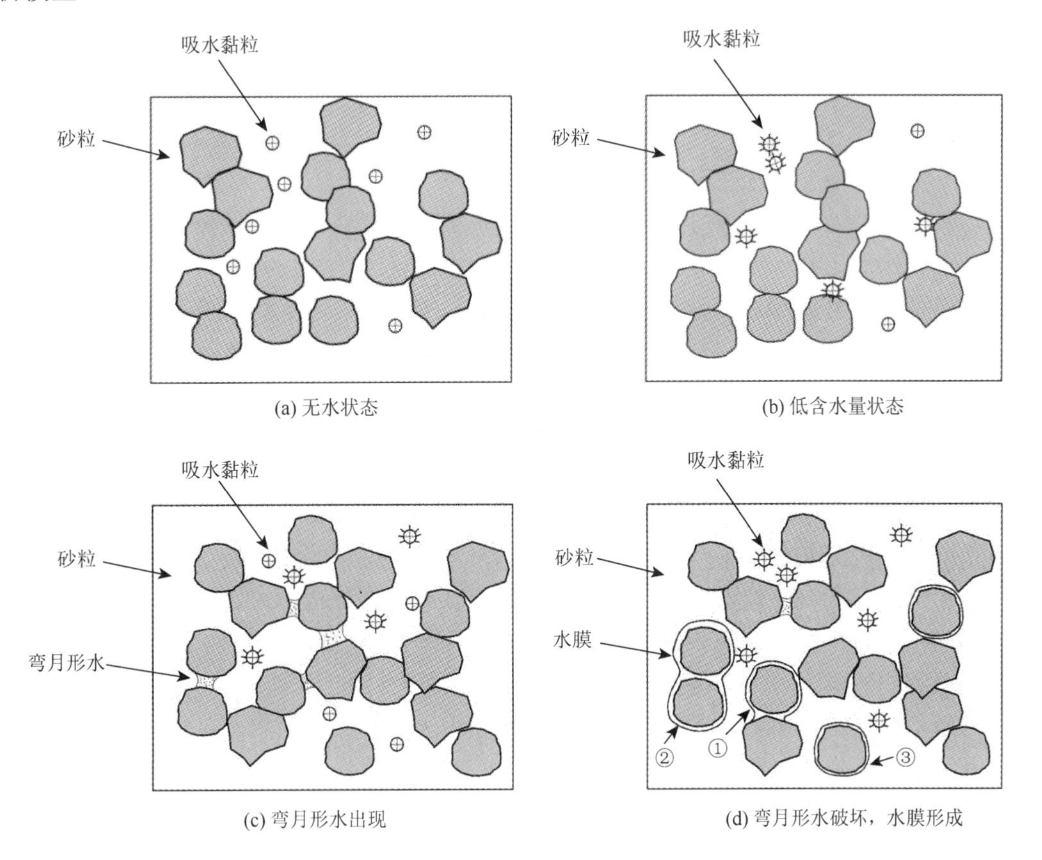

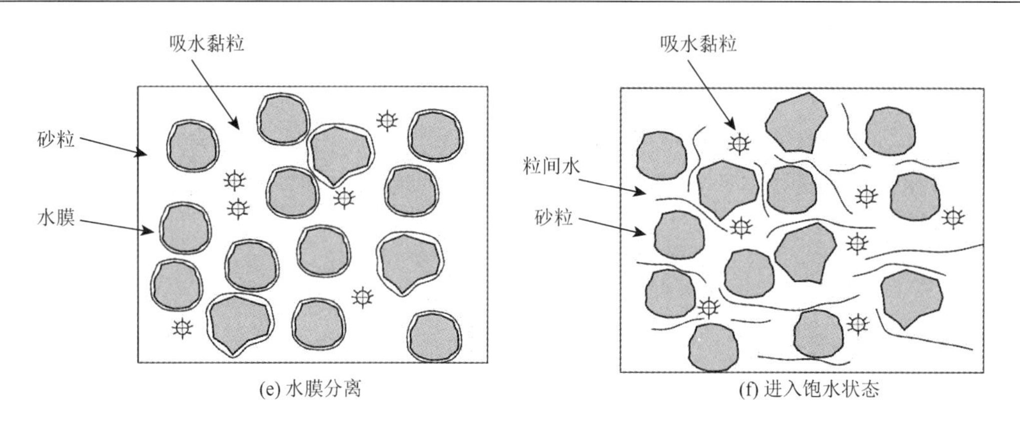

(e) 水膜分离　　(f) 进入饱水状态

图 4-49　岩土体非饱和-饱和全过程理论分析模型

如图 4-49（a）所示，在无水状态时岩土体颗粒之间直接接触，岩土体的抗剪强度主要由颗粒间的咬合作用提供，因此黏聚力很小。而当水缓慢进入岩土体内部之后，最先获得水分的是具有亲水性的黏粒，这些黏粒在水的作用下膨胀并结合水膜迅速与其他的黏粒及砂粒相黏结，因此岩土体整体的黏聚力开始增大，而岩土体内摩擦角并不发生改变，这一过程如图 4-49（b）所示。

当进入岩土体的水继续增多时，一些水就开始进入部分颗粒间，形成弯月形水，所谓弯月形水就是由于两颗粒距离较近，颗粒间的少量水便会像胶水一样黏在两颗粒之间，同时水与空气的接触面因受大气压的作用而向内形成凹腔，在形态上就像弯月一样。为了方便描述弯月形水的作用，引入基质吸力的概念，基质吸力指的是岩土体颗粒对弯月形水的吸力，由于这种力被弯月形水约束在两颗粒之间，弯月形水就像胶水一样将颗粒相互黏结，因此要想分开这些颗粒就需要更大的力，这在宏观上的体现就是岩土体黏聚力和内摩擦角的增大，此过程如图 4-49（c）所示。

当水继续进入岩土体，弯月形水面积逐渐扩大，并最终形成一层覆盖在砂粒外层的水膜。一开始形成的水膜从弯月形水逐渐发展，并会经历 3 个阶段。第一个阶段水膜虽然发展但是还没有完全包裹砂粒，如图 4-49（d）所示的①型水膜；第二个阶段水膜包裹了两个砂粒，两颗粒通过水膜连接，如图 4-49（d）所示的②型水膜；第三个阶段水膜逐渐增厚，两颗粒间的基质吸力难以约束中间的水膜，最终两颗粒共用的②型水膜分解成一个颗粒独有的③型水膜，如图 4-49（d）所示的水膜③。需要说明的是，①型水膜和②型水膜仍能体现一定的基质吸力，即该过程中岩土体的黏聚力仍保持增加，但是对于②型水膜，由于其为两个砂粒所共用，而水膜中间的连接处仅具有抗拉能力而不具有抗剪能力，因此水膜对于两个砂粒而言相当于增加了一个光滑的铰链，两砂粒可以围绕水膜转动，这利于颗粒间的相对滑动，而到了③型水膜形成阶段，颗粒间几乎失去了相互间的黏聚力，颗粒间的相互滑动变得更容易。但是由于在该阶段水膜仍以①型水膜和②型水膜的形成为主，所以在该阶段岩土体的黏聚力将继续增加。

随着水继续进入水膜，①型水膜和②型水膜将大量变为③型水膜，所以岩土体的黏聚力开始快速下降，内摩擦角也继续减小，这一过程如图 4-49（e）所示。当水膜全部变成③型水膜后，颗粒间的相互滑动将以水膜滑动为主，继续增加水量将不再减小岩土体的内摩擦角。此时岩土体接近饱和状态，黏聚力几乎完全丧失。当水量继续增大，水膜间也被自由水充填，岩土体进入饱和状态，此过程对应于图 4-49（f）。

4.5.5　试验结论

由降雨拱体弱化模型试验可以得出以下结论。

（1）降雨最终减小了两部分岩土体的内摩擦角和黏聚力，即桩后土拱拱体和拱后岩土体。拱体的抗剪强度指标降低导致拱体承载力的降低，拱后岩土体抗剪强度的降低导致作用在拱体上的剩余下滑力或土压力显著增加，二者共同作用最终致使土拱破坏、土拱效应丧失。

（2）对于试验用砂性土，一天的暴雨便可致使桩后土拱发生明显变形、土拱效应降低，两天的暴雨将导致桩后土拱的完全破坏，桩后岩土体将自桩间挤出或绕桩流出，最终可能导致边坡的整体破坏。

（3）与单桩偏转导致的桩后土拱破坏过程不同，降雨导致的土拱破坏很难形成新的土拱，故这样的破坏往往是骤然破坏。

（4）与桩体偏转导致的边坡失稳不同，降雨导致的边坡失稳中岩土体往往以流动方式远离抗滑桩一定距离，而不是堆积在抗滑桩悬臂段的底部，故抗滑桩偏转引起的边坡失稳往往在抗滑桩悬臂段下部仍保留一定程度的土拱效应，而降雨导致的边坡失稳较少出现这种现象。

（5）装配式绿化挡墙是由砌块单元现场拼装而成的，故暴雨期间水体是可以从拼装缝中流出的。这种流出会带来两种效应：①水体的流出会导致岩土体颗粒的流失，从而不利于砌块单元后部的岩土体稳定；②水体的流出有利于水压的消散，这对于砌块单元的稳定是有利的。所以在进行装配设计和施工时，应综合考虑这两种效应，实现墙后缝隙的良好封填和墙后地下水的顺利流出。

4.6　小　　结

桩后土拱失效甚至破坏的主要原因有两个：支撑拱脚的丧失和拱后岩土体作用于拱体的力超过其极限承载力。支撑拱脚丧失的常见方式即抗滑桩的倾覆（本书称为偏转），包括单桩偏转和多桩整体偏转。

单桩偏转是指发生偏转的抗滑桩其两侧的桩体不发生偏转，此情况下，中间抗滑桩的偏转会使支撑拱脚转移，形成以两侧抗滑桩为拱脚的更大土拱，拱体矢跨比减小而使承载力降低，最终导致土拱失效。单桩桩顶偏转量超过 10mm 或约悬臂段长度的 30%时，土拱将完全失效，工程实践中应及时对偏转桩体进行补强纠偏，以防土拱破坏失效。

多桩整体偏转是指相邻的多根抗滑桩均发生偏转，此时无法形成新的支撑拱脚，土拱将迅速失效。当桩顶偏转量达到 4mm 或悬臂段长度的 10%左右时，桩后土拱即完全失效。相比单桩桩顶偏转量的 10mm，多桩整体偏转的临界位移显著减小，且不足前者的50%。这是因为多桩整体偏转模式下，无法形成新的支撑拱脚，从而无法形成新的土拱，故桩后岩土体迅速破坏。

拱后岩土体作用力增大时拱体承载力降低的现象主要由降雨导致的岩土体抗剪强度降低引起。对于砂性土，24h 的暴雨即可导致桩后土拱发生明显变形，48h 的暴雨将导致桩后土拱的完全失效，桩后岩土体将自桩间挤出。降雨导致的土拱失效是拱体自身的力学破坏过程，与拱脚的状态无关，也不可能形成新的土拱，故其破坏往往是骤然破坏。

第5章　装配式绿化挡墙结构受力计算方法

5.1　岩土侧向压力计算方法

在处理各种边坡工程问题时，首要任务是解决岩土侧向压力计算问题，并以此为基础，确定支挡结构的受力。岩土侧向压力计算是现行规范支挡结构设计的重要依据。目前，现行国家、行业和地方标准规定的具体计算公式有所区别，不同行业规范对工况的确定及对相应计算参数取值的规定也有所差异，但岩土压力计算理论基本相同。以下主要参考《建筑边坡工程技术规范》（GB 50330—2013）中的岩土压力计算公式。

1）土压力计算

按照平面滑裂面的假定（图5-1），主动土压力合力可由式（5-1）～式（5-4）计算：

$$E_{\mathrm{a}}=\frac{1}{2}\gamma H^{2}K_{\mathrm{a}} \tag{5-1}$$

$$\begin{aligned}K_{\mathrm{a}}=&\frac{\sin(\alpha+\beta)}{\sin^{2}\alpha\sin^{2}(\alpha+\beta-\varphi-\delta)}\{K_{\mathrm{q}}[\sin(\alpha+\beta)\sin(\alpha-\delta)+\sin(\varphi+\delta)\sin(\varphi-\beta)]\\&+2\eta\sin\alpha\cos\varphi\cos(\alpha+\beta-\varphi-\delta)-2\sqrt{K_{\mathrm{q}}\sin(\alpha+\beta)\sin(\varphi-\delta)+\eta\sin\alpha\cos\varphi}\\&\cdot\sqrt{K_{\mathrm{q}}\sin(\alpha-\delta)\sin(\varphi+\delta)+\eta\sin\alpha\cos\varphi}\}\end{aligned} \tag{5-2}$$

$$K_{\mathrm{q}}=1+\frac{2q\sin\alpha\cos\beta}{\gamma H\sin(\alpha+\beta)} \tag{5-3}$$

$$\eta=\frac{2c}{\gamma H} \tag{5-4}$$

式中，E_{a}为主动土压力合力，kN/m；K_{a}为主动土压力系数；H为挡墙高度，m；γ为岩土体重度，kN/m^3；c为岩土体黏聚力，kPa；φ为岩土体内摩擦角，(°)；q 为地表均布荷载标准值，kN/m^2；δ为岩土体对墙背的摩擦角，(°)；β为填土面与水平面的夹角，(°)；α为墙背与水平面的夹角，(°)；θ为滑裂面与水平面的夹角，(°)；K_{q}为荷载作用系数。

挡墙墙背直立光滑且岩土体表面为水平表面时，土层中某点主动土压力可由式（5-5）计算（即朗肯土压力计算公式）：

$$e_{\mathrm{a}i}=\left(\sum_{j=1}^{i}\gamma_{j}h_{j}+q\right)K_{\mathrm{a}i}-2c_{i}\sqrt{K_{\mathrm{a}i}} \tag{5-5}$$

式中，$e_{\mathrm{a}i}$为计算点处主动土压力，kN/m^2，当$e_{\mathrm{a}i}<0$时取$e_{\mathrm{a}i}=0$；$K_{\mathrm{a}i}$为计算点处主动土压力系数，取$K_{\mathrm{a}i}=\tan^{2}(45°-\varphi_{i}/2)$；$\varphi_{i}$为计算点处岩土体内摩擦角，(°)。

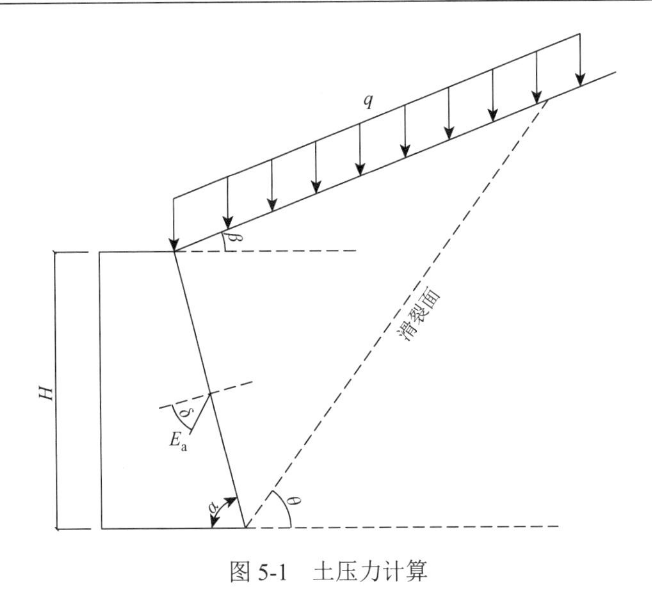

图 5-1　土压力计算

挡墙墙背直立光滑且岩土体表面为水平表面时，被动土压力可由式（5-6）计算：

$$e_{pi}=\left(\sum_{j=1}^{i}\gamma_j h_j+q\right)K_{pi}+2c_i\sqrt{K_{pi}} \tag{5-6}$$

式中，e_{pi} 为计算点处被动土压力，kN/m²；K_{pi} 为计算点处被动土压力系数，取 $K_{pi}=\tan^2(45°+\varphi_i/2)$。

上述计算理论和计算公式没有考虑土拱的存在，而装配式绿化挡墙特别是桩柱式装配绿化挡墙和桩锚式装配绿化挡墙应考虑土拱效应的影响。此时应强调，桩与砌块之间是未联结的，桩与砌块之间如桩间墙一样，有一类似墙体伸缩缝的空隙，如图 5-2（a）所示。这样，桩与墙的受力是相互独立的，墙所受的力不会传递给桩。对于肋柱式装配绿化挡墙和锚固式装配绿化挡墙，虽然砌块单元和肋柱之间没有伸缩缝，可视为刚性联接，但仍应考虑肋柱土拱的影响。总之，砌块装配成的挡墙墙背荷载只有桩（柱）间土拱拱前岩土体的土压力。如图 5-2 所示，记桩后水平土拱的最大拱高为 h（理论上应取拱体内侧边线拱高，实际工程中可视对土拱的勘察掌握程度，取拱体内侧边线拱高、外侧边线拱高或拱轴线拱高。本书暂取拱体内侧边线拱高，下同)，为使墙的设计偏于安全，取桩后水平土拱的拱高均为 h，即桩（柱）间任何截面的计算均采用跨中截面，这样拱体内侧拱顶在如图 5-2 所示的横断面中的投影线为一条竖直线 DEF，图中 AC 为墙后岩土体破裂面。

此处假定墙顶与桩顶在墙背一侧是平齐的，这样，从理论上讲，墙后岩土体的土拱内侧轴线与岩土体破裂面间的位置关系就存在两种可能，一种可能是土拱内侧轴线在岩土体破裂面内，如图 5-2（b）所示，内侧拱顶投影线 DEF 交岩土体破裂面投影于点 E，墙背土压力将受土拱影响；另一种可能是土拱内侧轴线在岩土体破裂面外，如图 5-2（c）所示，墙背土压力不受土拱的影响，但这种情况极少。

当考虑土拱效应时，可采用库仑土压力理论计算墙背的土压力，此处只分析主动土压力，被动土压力分析过程与此类似。库仑土压力理论从挡土结构后岩土体中的滑动土楔处于极限状态时的静力平衡条件出发，求解土压力，如图 5-2（b）所示，具体的计算方法和计算公式参考 3.4 节相关内容。

当不考虑土拱效应（或无土拱存在）时，墙前移或绕墙趾外转会引起墙后岩土体沿破裂面 *BC* 破坏，土楔 *ABC* 将沿墙背 *AB* 和通过墙踵的滑动面（破裂面）*BC* 向下、向前滑动，从而产生作用于墙背 *AB* 的主动土压力，在破坏的瞬间，楔体 *ABC* 处于极限平衡状态，通过分析该楔体的静力平衡，即可求解作用于墙背的主动土压力，此时可采用本节前述的朗肯土压力计算公式或 3.4 节的库仑土压力计算理论。

可见，主动土压力的大小与土楔 *ABC* 的重量有重要关系。当考虑土拱效应时，由于桩对拱及拱后岩土体的支撑作用，楔体 *DCE* 将不会下滑，此时滑动楔体为 *ACEB*，墙背主动土压力是由于楔体 *ACEB* 向下、向前滑动而产生的，此时，只能通过楔体 *ACEB* 的静力极限平衡求解墙背主动土压力，而非楔体 *ABC*。

当然，墙背岩土体的土拱内侧高度不一样，不同截面处土压力大小也不一样，具体的处理方法由设计人员根据实际工程情况确定，由于在较小的桩间距范围内改变截面挡墙的设计较繁杂，且施工不便，故一般取最大土压力进行设计，这样也偏于安全。

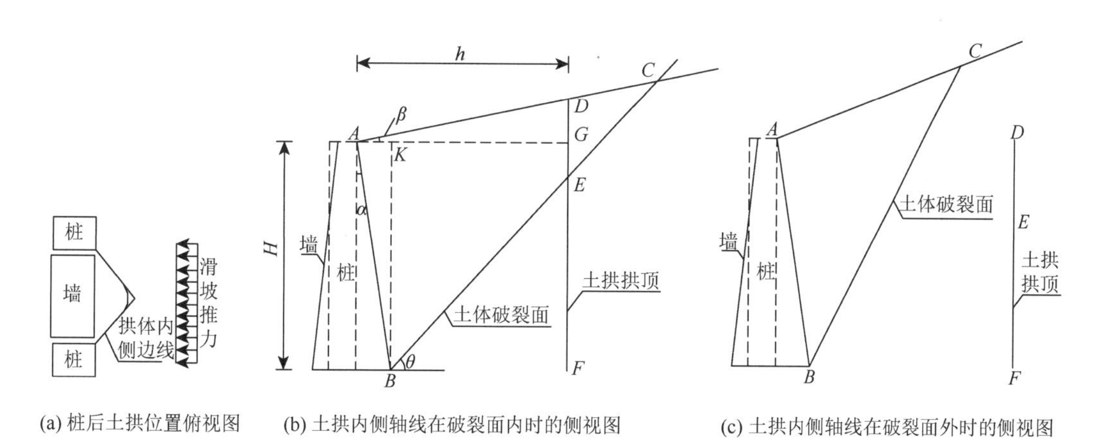

(a) 桩后土拱位置俯视图　(b) 土拱内侧轴线在破裂面内时的侧视图　(c) 土拱内侧轴线在破裂面外时的侧视图

图 5-2　装配式绿化挡墙岩土体破裂面与土拱位置关系示意图

2）岩体侧向压力计算

岩体侧向压力计算不考虑土拱效应的影响，但碎裂岩质边坡仍应考虑（按碎石土边坡计算）。对于没有倾向坡外结构面的岩质边坡，应采取用岩体等效内摩擦角进行侧向土压力计算的方法求解岩体侧向压力。

岩质边坡出现沿外倾结构面滑动时，主动岩体压力可采用式（5-7）计算：

$$E_{\mathrm{a}}=\frac{1}{2}\gamma H^{2}K_{\mathrm{a}} \tag{5-7}$$

$$K_{\mathrm{a}}=\frac{\sin(\alpha+\beta)}{\sin^{2}\alpha\sin(\alpha-\delta+\theta-\varphi_{\mathrm{s}})\sin(\theta-\beta)}[K_{\mathrm{q}}\sin(\alpha+\theta)\sin(\theta-\varphi_{\mathrm{s}})-\eta\sin\alpha\cos\varphi_{\mathrm{s}}] \tag{5-8}$$

$$K_{\mathrm{q}}=1+\frac{2q\sin\alpha\cos\beta}{\gamma H\sin(\alpha+\beta)} \tag{5-9}$$

$$\eta = \frac{2c_s}{\gamma H} \tag{5-10}$$

式中，θ 为外倾结构面的倾角，(°)；c_s 为外倾结构面的黏聚力，kPa；φ_s 为外倾结构面的内摩擦角，(°)；δ 为岩石对墙背的摩擦角，(°)，可取（0.33～0.50）φ。

若坡体出现多组外倾结构面，则应先求出所有结构面的主动岩体压力，并同根据岩体等效内摩擦角求得的结果比较，然后取最大值。

若坡体的滑动是沿缓倾软弱结构面（图 5-3），则主动岩体压力可根据式（5-11）求得

$$E_a = G\tan(\theta - \varphi_s) - \frac{c_s L\cos\varphi_s}{\cos(\theta - \varphi_s)} \tag{5-11}$$

式中，G 为滑裂体自重，kN/m；L 为滑裂面长度，m；θ 为软弱结构面倾角，(°)；c_s 为软弱结构面黏聚力，kPa；φ_s 为软弱结构面内摩擦角，(°)。

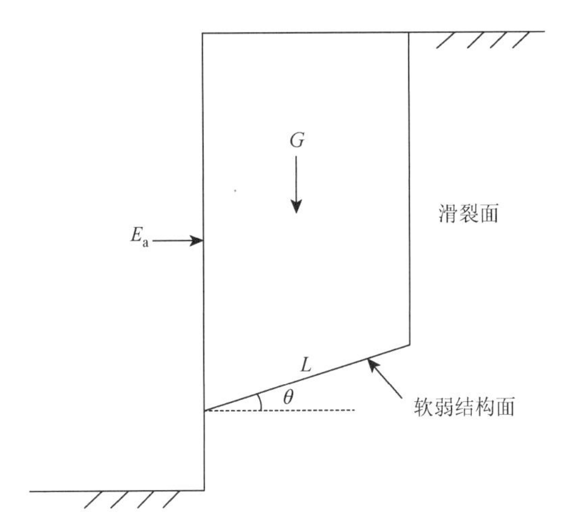

图 5-3　岩质边坡沿软弱结构面滑裂时的岩体压力计算

3）锚固式装配绿化挡墙岩土压力计算方法

对于坡顶无建筑物且无需控制坡体变形的锚固式装配绿化挡墙，其所受的岩土压力可采用式（5-12）求得

$$E'_{ah} = E_{ah}\beta \tag{5-12}$$

式中，E'_{ah} 为岩土压力水平分力修正值，kN；E_{ah} 为岩土压力水平分力，kN；β 为岩土压力的修正参数，可根据表 5-1 取值。

表 5-1　锚固式装配绿化挡墙岩土压力修正参数

	非预应力锚杆		
	土层锚杆	岩层锚杆	
		自由段为土层	自由段为岩层
β	1.1～1.2	1.1～1.2	1.0

注：若锚杆变形计算结果偏小则取较大值，反之取较小值。

5.2　装配式绿化挡墙结构内力计算方法

1）装配式路堑挡墙构造柱内力分析

分析装配式路堑挡墙墙身内力时，构造柱可以被看作固定于底板上的悬臂梁，且构造柱主要受到墙背的主动岩土压力作用，一般不考虑墙前的岩土压力。构造柱受力示意图如图 5-4 所示。

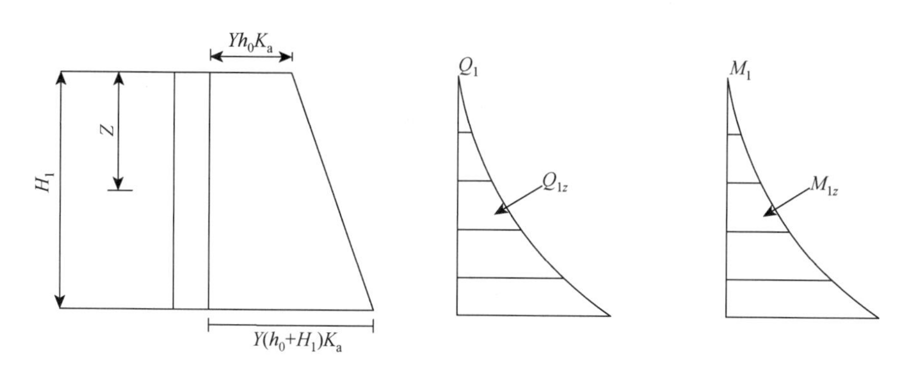

图 5-4　装配式路堑挡墙构造柱受力分析示意图

将装配式路堑挡墙的构造柱像抗滑桩一样作为受弯构件，各截面上的剪力、弯矩按照式（5-13）及式（5-14）进行计算：

$$Q_{1z} = \gamma z(2h_0 + z) \cdot K_a / 2 \tag{5-13}$$

$$M_{1z} = \gamma z^2(3h_0 + z) \cdot K_a / 6 \tag{5-14}$$

式中，Q_{1z} 为距墙顶 z 处的立壁剪力，kN；M_{1z} 为距墙顶 z 处的立壁弯矩，kN·m；z 为计算截面到墙顶的距离，m；γ 为墙后岩土体的容重，kN/m^3；h_0 为活载的等代换算土柱高，m；K_a 为库仑主动土压力系数。

2）装配式路堑挡墙趾板内力分析

装配式路堑挡墙趾板受力情况如图 5-5 所示，趾板各截面上的剪力、弯矩可按照式（5-15）及式（5-16）计算。

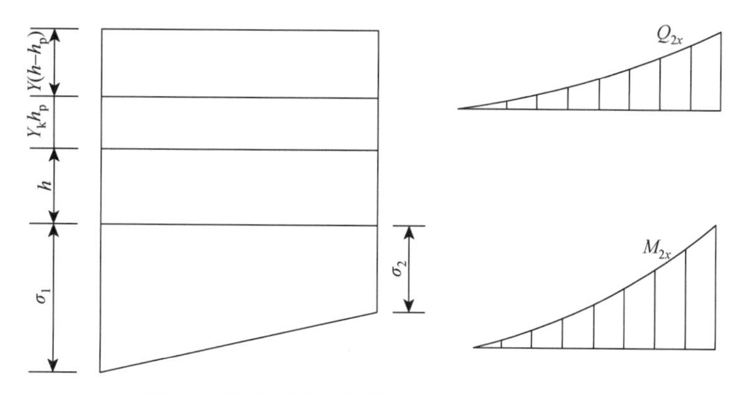

图 5-5　装配式路堑挡墙趾板受力分析示意图

$$Q_{2z}=B_x\left[\sigma_1-\gamma_k h_p-\gamma(h-h_p)-(\sigma_1-\sigma_2)B_x/2B\right] \tag{5-15}$$

$$M_{2z}=B_x^2\left\{3\cdot\left[\sigma_1-\gamma_k h_p-\gamma(h-h_p)\right]-(\sigma_1-\sigma_2)\frac{B_x}{B}\right\}/6 \tag{5-16}$$

式中，Q_{2z} 为距趾板 B_x 处截面的剪力，kN；M_{2z} 为距趾板 B_x 处截面的弯矩，kN·m；γ_k 为路堑挡墙的容重，kN/m^3；B_x 为计算截面距趾板端部距离，m；B 为路堑挡墙墙底板长度，m；h_p 为路堑挡土趾板的平均厚度，m；h 为路堑挡土趾板的埋置深度，m；σ_1、σ_2 分别为趾板、踵板处的基底压力，kN。

3）凸榫设计

为提高设有趾板的装配式路堑挡墙的抗滑稳定性，可于基础底端增加凸榫设计，利用凸榫前部岩土体产生的被动土压力来平衡凸榫后部形成的主动土压力，但凸榫的设置可能会引起路堑挡墙墙背主动岩土压力变大。因此，需要将凸榫设置于合理的区域内。本书后续将通过数值模拟研究凸榫的合理布置区域。

5.3　锚固式装配绿化挡墙设计计算方法

锚固式装配绿化挡墙的设计计算方法与一般的肋柱式装配绿化挡墙相比，重点在于锚固体的设计，即锚杆或锚索的设计。直接在肋柱式装配绿化挡墙上施作预应力锚索的情况较少，因为强大的预应力会对砌块混凝土强度提出较高要求，故本书以锚杆装配式绿化挡墙为例介绍锚固式装配绿化挡墙的相关设计参数计算，个别情况下的预应力锚索装配式绿化挡墙设计计算可参考锚杆装配式绿化挡墙及预应力锚索的相关规范进行。

1）锚杆轴向拉力

根据《建筑边坡工程技术规范》（GB 5033—2013）规定，锚杆轴向拉力可按式（5-17）计算：

$$N_{ak}=\frac{H_{tk}}{\cos\alpha}=\frac{e'_{ah}\cdot s_x\cdot s_y}{\cos\alpha} \tag{5-17}$$

式中，N_{ak} 为锚杆轴向拉力，kN；H_{tk} 为锚杆水平拉力标准值，kN；α 为锚杆倾角，(°)；e'_{ah} 为侧向岩土压力水平分力修正值，kN；s_x 为锚杆水平间距，m；s_y 为锚杆竖向间距，m。

2）钢筋截面面积

根据锚杆钢筋类型，锚杆杆体可选用钢绞线、普通钢材、精轧螺纹钢等；钢筋截面面积需符合式（5-18）及式（5-19）计算标准。

对于普通钢筋锚杆：

$$A_s\geqslant\frac{K_b N_{ak}}{f_y} \tag{5-18}$$

对于预应力锚杆：

$$A_s\geqslant\frac{K_b N_{ak}}{f_{py}} \tag{5-19}$$

式中，A_s 为杆体截面面积，m^2；f_y、f_{py} 均为杆体抗拉强度设计值，kPa；K_b 为杆体抗拉安全系数，可根据表 5-2 取值。

表 5-2　锚杆的抗拉安全系数

边坡工程安全等级	抗拉安全系数 K_b	
	临时锚杆	永久锚杆
一级	1.8	2.2
二级	1.6	2.0
三级	1.4	1.8

3）锚固长度

由上述计算结果对锚杆配筋，确定锚孔直径 D，然后计算锚固长度。锚杆在岩土层中的锚固长度需符合式（5-20）的计算标准：

$$l_a \geqslant \frac{KN_{ak}}{\pi D f_{rbk}} \tag{5-20}$$

式中，K 为锚杆抗拔安全系数，可根据表 5-3 取值；f_{rbk} 为锚杆极限黏结强度标准值，kPa，由勘察报告提供；D 为锚杆锚固段锚孔直径，mm。

表 5-3　锚杆的抗拔安全系数

边坡工程安全等级	抗拔安全系数 K	
	临时锚杆	永久锚杆
一级	2.0	2.6
二级	1.8	2.4
三级	1.6	2.2

锚杆与砂浆之间的锚固长度 l_a 需符合式（5-21）的计算标准：

$$l_a \geqslant \frac{KN_{ak}}{n\pi d f_b} \tag{5-21}$$

式中，n 为杆体数；d 为锚筋直径，mm；f_b 为锚杆与砂浆的黏结强度设计值，kPa，若无试验资料可根据表 5-4 取值。

表 5-4　钢筋与砂浆的黏结强度设计值 f_b　　（单位：MPa）

	水泥砂浆强度等级		
	M25	M30	M35
螺纹钢筋与水泥砂浆之间的 f_b	2.10	2.40	2.70
钢绞线、高强钢丝与水泥砂浆之间的 f_b	2.75	2.95	3.40

5.4 装配式绿化挡墙稳定性验算

1）抗倾覆稳定性验算

装配式绿化挡墙稳定力矩 M_{zk} 和倾覆力矩 M_{qk} 分别按式（5-22）和式（5-23）计算。

$$M_{zk} = G_{1k}x_1 + G_{2k}x_2 + G_{3k}x_3 \tag{5-22}$$

$$M_{qk} = E_{ax} \cdot z \tag{5-23}$$

式中，G_{1k} 为装配式绿化挡墙墙体自重，kN；G_{2k} 为基础底板自重，kN；G_{3k} 为作用于墙踵的竖向荷载（包括上部的填土自重和地表均布荷载），kN；x_1、x_2、x_3 分别为 G_{1k}、G_{2k}、G_{3k} 作用线至趾板外边缘（墙体倾覆的转点）的距离，m；z 为水平主动土压力合力到趾板处的垂直距离，m；E_{ax} 为挡墙高度内所产生的侧向压力，kN/m。

抗倾覆稳定系数 K_0 可按式（5-24）计算：

$$K_0 = \frac{M_{zk}}{M_{qk}} \geqslant 1.5 \tag{5-24}$$

2）抗滑移稳定性验算

抗滑移稳定系数 K_c 按式（5-25）计算：

$$K_c = \frac{\mu \cdot \sum G_{ik}}{E_{ax}} > 1.3 \tag{5-25}$$

式中，μ 为挡墙基底与岩土体间的摩擦系数。

3）地基承载力验算

总竖向力距装配式绿化挡墙趾板处的距离按式（5-26）计算：

$$e = (M_{Vk} - M_{Hk}) / G_k \tag{5-26}$$

式中，M_{Vk} 为竖向荷载于趾板处引起的弯矩，$M_{Vk} = M_{zk}$；M_{Hk} 为水平荷载于趾板处引起的弯矩，$M_{Hk} = M_{qk}$；G_k 为总竖向力，$G_k = G_{1k} + G_{2k} + G_{3k}$。

基础底面偏心距为

$$e_0 = \frac{B}{2} - e \tag{5-27}$$

基底压力为

$$p_{k\min}^{\max} = \frac{G_k}{B}\left(1 \pm \frac{6e_0}{B}\right) \tag{5-28}$$

要求 $p_{k\max} \leqslant 1.2 f_a$ 和 $p_k \leqslant f_a$，f_a 为经修正的地基承载力特征值。

5.5 小　　结

装配式绿化挡墙结构的受力计算可考虑桩（柱）后土拱效应的影响，特别是桩柱式装配绿化挡墙和桩锚式装配绿化挡墙，需考虑桩后土拱效应。预制砌块装配而成的挡墙墙背荷载应为桩（柱）后土拱拱前岩土体形成的剩余下滑力或主动土压力，即有限岩土体的剩余下滑力或主动土压力，而不可按桩后无限岩土体范围计算。其中，剩余下滑力可按传递系数法计算拱前有限范围内的岩土体作用于墙背的剩余下滑力；主动土压力则按库仑土压力理论计算拱前有限范围内的岩土体作用于墙背的主动土压力。装配式绿化挡墙的内力按常规挡墙进行计算。锚固式装配绿化挡墙中的锚杆内力基于作用于墙背的剩余下滑力或主动土压力计算，并将构造柱看作固定于底板上的悬臂梁，需注意装配式绿化挡墙无墙前岩土压力。为提高设有趾板或踵板的装配式路堑挡墙的抗滑稳定性，可在基础以下增加凸榫设计，利用凸榫前部岩土体产生的被动土压力提高墙体的稳定性。装配式绿化挡墙的稳定性验算包括抗倾覆稳定性、抗滑移稳定性及地基承载力验算，计算时应合理确定倾覆转点和潜在滑动面。抗倾覆稳定性的计算转点应为基础外缘脚（不设趾板时）或趾板外缘脚；抗滑移稳定性的潜在滑动面可取为基础底面，设计凸榫时，可考虑凸榫前的被动土压力，但不计凸榫的抗剪断强度；地基承载力验算应计入植物客土的饱和重量。

第 6 章　装配式绿化路堑挡墙稳定特性

路堑由开挖山体形成，工程实际中应尽量少开挖，以利于环境保护和水土保持，而踵板的设计需要更多地开挖边坡以留出踵板空间，工程上一般不采用这种方式。因装配式绿化路堑挡墙（本章简称为装配式路堑挡墙）在路堑边坡工程支护应用中一般不设置踵板，故本书进行的数值模拟全都不考虑墙踵设计。特殊情况下确需增设踵板时，应特别核算开挖引起的边坡变形和稳定性，并与其他加固措施综合比选。

装配式路堑挡墙可根据稳定性需要设置趾板和凸榫以增加抗弯力矩（可单设趾板，或同时设置趾板和凸榫，但一般不单设凸榫），增强墙体稳定性，必要时可在肋柱上增设锚杆[46]。本章主要采用 FLAC3D 数值模拟方法研究装配式绿化路堑挡墙的受力特性，包括无趾板装配式路堑挡墙、有趾板装配式路堑挡墙、锚杆装配式路堑挡墙。

6.1　无趾板装配式路堑挡墙受力特性

6.1.1　模型尺寸及计算参数

根据装配式路堑挡墙结构特征，本章计算分析的典型无趾板装配式路堑挡墙结构断面如图 6-1 所示，墙体 FLAC3D 数值模型如图 6-2 所示，图中上部红色区域为压顶梁，

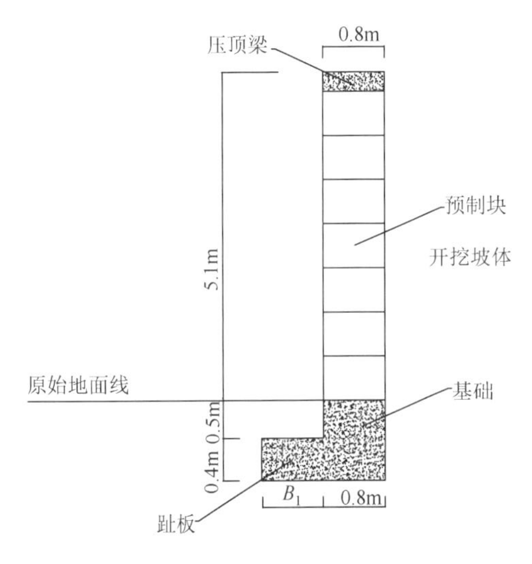

图 6-1　无趾板装配式路堑挡墙结构断面图

图 6-2　无趾板装配式路堑挡墙墙体模型图

中间蓝色区域为预制块，底部绿色区域为基础。墙体基本尺寸如下：预制块墙体（7 层预制块）高 4.9m，压顶梁厚度 0.2m，基础埋深 0.9m，总墙高 6m；趾板宽度 B_1m，厚度 0.4m；墙宽 4.5m（设置三列预制块墙体）。在模拟计算过程中，通过调整 B_1 的大小实现趾板是否设置及其宽度对装配式路堑挡墙受力特性及稳定性的影响，首先模拟 B_1 取 0，即不设置趾板时，装配式路堑挡墙的力学特性。

为了使分析具有一般意义，建立理想化路堑边坡模型，如图 6-3 所示，并采用 FLAC3D 内置的六面块体网格（brick）建立坡体数值模型。坐标系统如图 6-3（a）所示，其中 X 轴代表边坡走向方向，垂直于纸面向里方向为正；Y 轴代表边坡倾向方向，指向坡里为正；Z 轴代表边坡竖向方向，向上为正；坐标系统符合右手法则。

为消除边界效应对边坡模型计算的影响，模型取 X 轴方向（宽）为 4.5m；Y 轴方向（长）设置为 4.5 倍墙高，约 28m；Z 轴方向（高）为 20m。限制边坡模型底部与四周法向的位移，挡墙临空面一侧与模型顶部设置为自由边界[图 6-3（a）]，数值实体模型如图 6-3（b）所示。

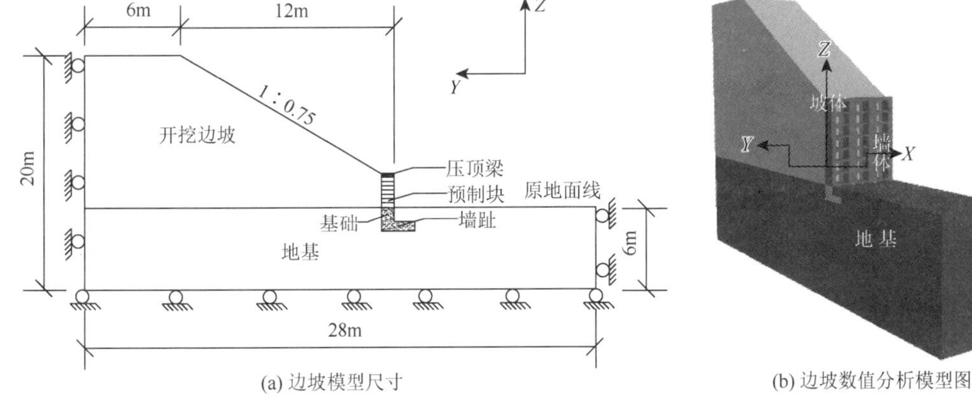

(a) 边坡模型尺寸

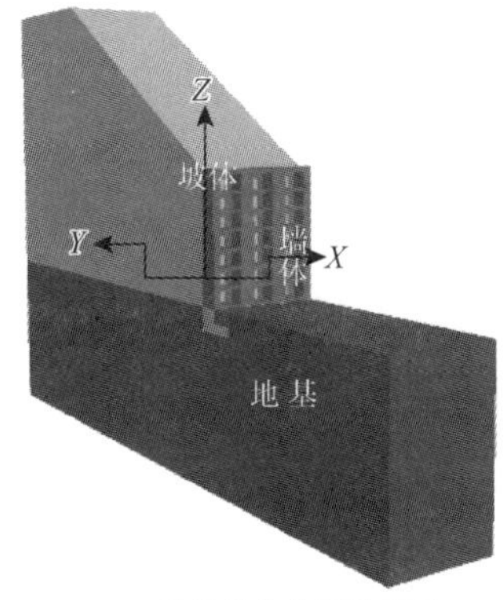

(b) 边坡数值分析模型图

图 6-3　理想化路堑边坡模型示意图

装配式绿化挡墙墙体总重量包括预制块、混凝土构造柱及植生槽内客土的重量，需根据各部分的体积和容重计算总重量。为方便求得装配式绿化挡墙的墙体换算容重，可将 7 层预制块墙体简化为底面长 1.5m、宽 0.8m、高 4.9m 的棱柱体。

墙体体积 $V_{墙体}=1.5\times0.8\times4.9=5.88(\mathrm{m}^3)$；设 7 层预制块上种植土的重量为 G_1，预制块总自重为 G_2，构造柱重量为 G_3，据此可求得墙体换算容重 $\gamma_{墙体}=(G_1+G_2+G_3)/V_{墙体}$。

根据现场调研，种植土一般填至墙体植生槽总体积的 80%左右，忽略绿色植物的影响，种植土容重一般为 8～10kN/m^3，考虑到蓄水的因素取 18kN/m^3，单个预制块植生槽体积为 0.2m^3，7 层预制块墙体种植土的重量 $G_1=18\times7\times0.2\times0.8=20.16(\mathrm{kN})$；单块预制块的重量为 340kg，$G_2=340\times7\times9.8/1000\approx23.32(\mathrm{kN})$；构造柱的横截面积为 0.149m^2，$G_3=25\times0.149\times4.9\approx18.25(\mathrm{kN})$。因此，简化后装配式绿化挡墙结构的墙体混凝土换算容重 $\gamma_{墙体}=(20.16+23.32+18.25)/5.88\approx10.50(\mathrm{kN/m^3})$。

挡墙结构本构模型选择弹性模型，地基及墙后岩土体采用 Mohr-Coulomb（莫尔-库仑）模型。根据《公路隧道设计规范》（JTG D70—2004）中各级围岩的物理力学指标标准值（表 6-1），选取Ⅴ级围岩的内摩擦角与黏聚力最小值作为边坡模型的坡体岩体参数；选取Ⅱ级围岩的物理力学指标作为地基参数进行数值模拟。其中，因装配式绿化挡墙趾板与压顶梁均为钢筋混凝土现浇结构，故容重可取 25kN/m^3，按前述计算公式换算的容重为 10.49kN/m^3。模型各部分基本力学参数取值见表 6-2。

表 6-1　各级围岩物理力学指标标准值

围岩等级	容重/(kg/m^3)	变形模量 E/GPa	泊松比 μ	内摩擦角 φ/(°)	黏聚力 c/MPa
Ⅰ	26～28	＞33.0	＜0.20	＞60	＞2.10
Ⅱ	25～27	20.0～33.0	0.20～0.25	50～60	1.50～2.10
Ⅲ	23～25	6.0～20.0	0.25～0.30	39～50	0.70～1.50
Ⅳ	20～23	1.3～6.0	0.30～0.35	27～39	0.20～0.70
Ⅴ	17～20	1.0～2.0	0.35～0.45	20～27	0.05～0.20
Ⅵ	15～17	＜1.0	0.40～0.50	＜20	＜0.20

表 6-2　模型各部分基本力学参数

名称	本构模型	黏聚力/MPa	摩擦角/(°)	密度/(kg/m^3)	剪切模量/MPa	体积模量/MPa
岩体	莫尔-库仑	0.05	20	1800	1.60×10^2	2.60×10^2
地基	莫尔-库仑	2.00	50	2550	1.02×10^3	1.67×10^3
墙体	弹性	—	—	1049	1.10×10^4	2.50×10^4
趾板	弹性	—	—	2500	1.10×10^4	2.50×10^4
压顶梁	弹性	—	—	2500	1.10×10^4	2.50×10^4

6.1.2　模型计算结果分析

图 6-4 为无趾板装配式路堑挡墙水平位移分布云图，由图可知装配式路堑挡墙支护路堑边坡时，墙体水平位移在墙后开挖边坡的影响下具有明显的分带性，最大水平位移（近 15mm）出现于墙顶处，且由墙顶位置向下墙体水平位移逐渐减小，直到基础底部位置出现最小值（约 1mm）。图 6-5 为无趾板装配式路堑挡墙水平位移曲线图，与悬臂梁结构受三角形分布荷载的挠度曲线类似，显示该装配式路堑挡墙的变形模式为外倾而非平移。

图 6-6 为无趾板装配式路堑墙体竖向位移分布云图，由图可见装配式路堑挡墙墙体竖向位移也呈现显著的外倾模式。墙体正背面两侧竖向位移分布规律明显不一致，竖向位移在墙体正面（墙胸）上端出现最大值，而在墙体背面上端出现最小值，且从上至下，墙体正面竖向位移一直减小，墙体背面竖向位移反而呈增大趋势。

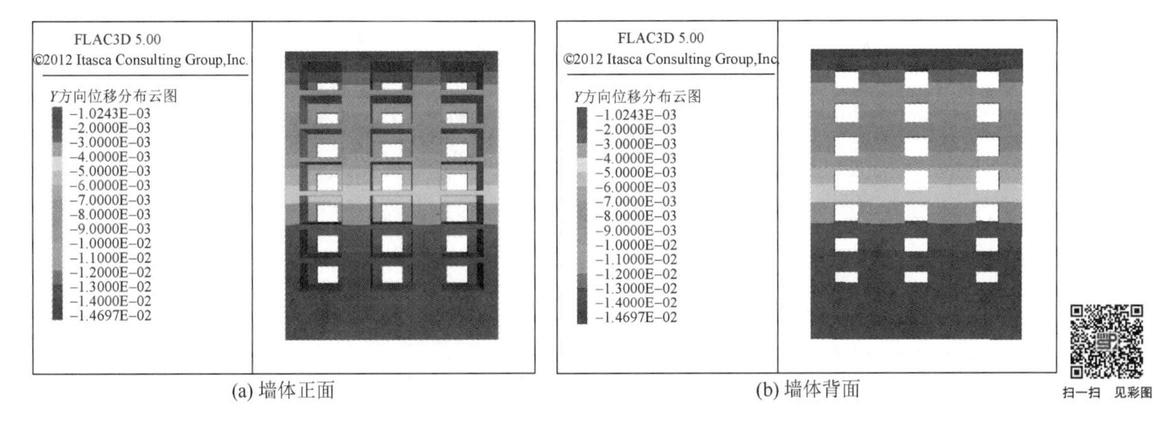

图 6-4 无趾板装配式路堑挡墙水平位移分布云图

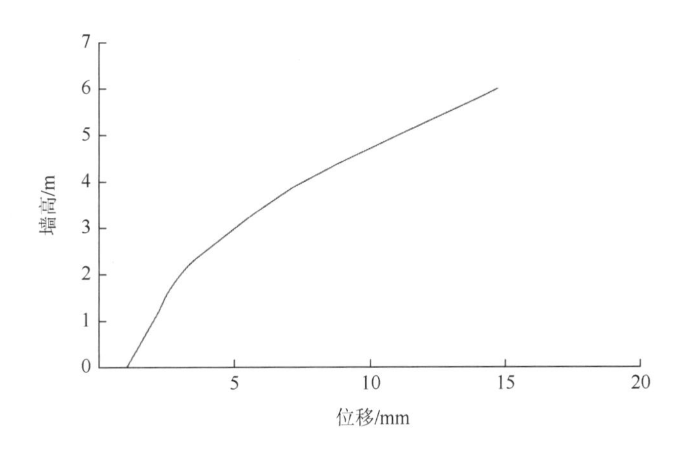

图 6-5 无趾板装配式路堑挡墙水平位移曲线图

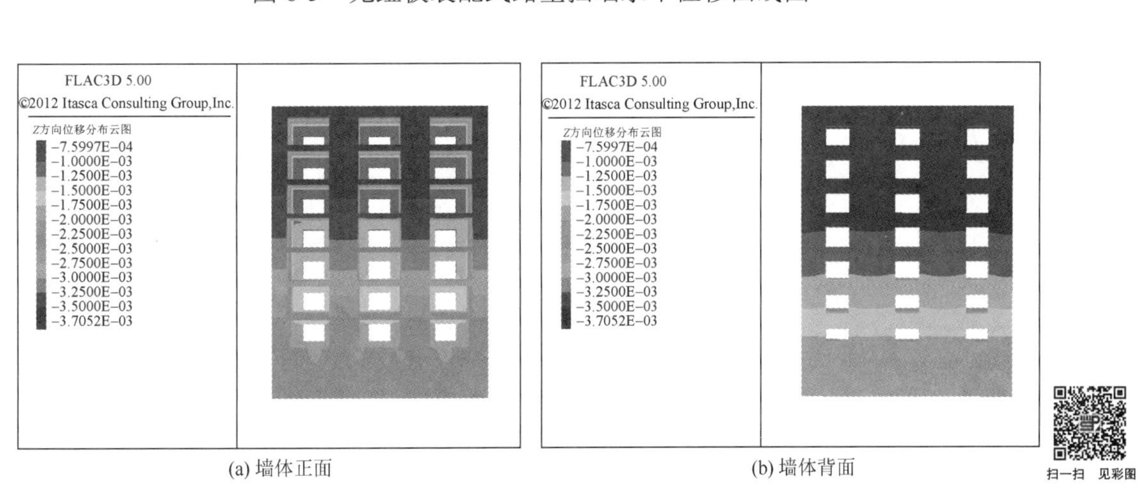

图 6-6 无趾板装配式路堑墙体竖向位移分布云图

图 6-7 为无趾板装配式路堑挡墙水平应力分布云图。由图可知，构造柱与基础底板连接处水平应力较大，出现应力集中；受墙后坡体岩土压力影响，墙体主要表现为构造柱受压，且墙背侧构造柱受压明显，预制块植生板基本无压应力。因此装配式路堑挡墙预制块单元在工厂预制加工时可以适当减小植生板厚度，以节约成本，但应满足植生岩土体及植被重量对植生板承载能力的要求；合理进行墙体构造柱配筋设计，以承受更大的岩土压力。

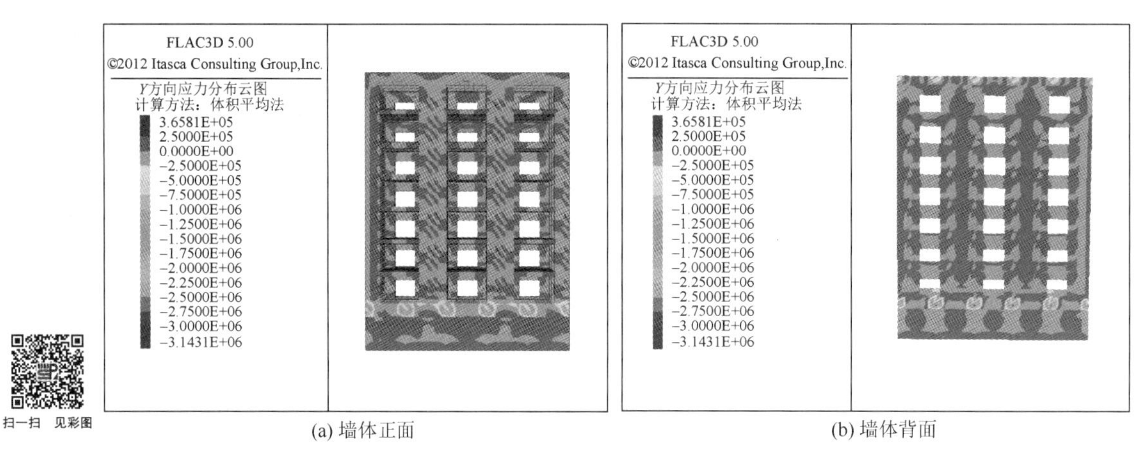

(a) 墙体正面　　(b) 墙体背面

图 6-7　无趾板装配式路堑挡墙水平应力分布云图

图 6-8 为无趾板装配式路堑挡墙墙体竖向应力分布云图。由图可得，墙体在自重作用下，基础底部竖向应力较墙顶部位要大得多，且构造柱与基础底板连接处也和水平应力分布一样发生应力集中。构造柱竖向应力分布也有一定的分区现象，即随着构造柱的高度增加竖向应力逐渐减小。

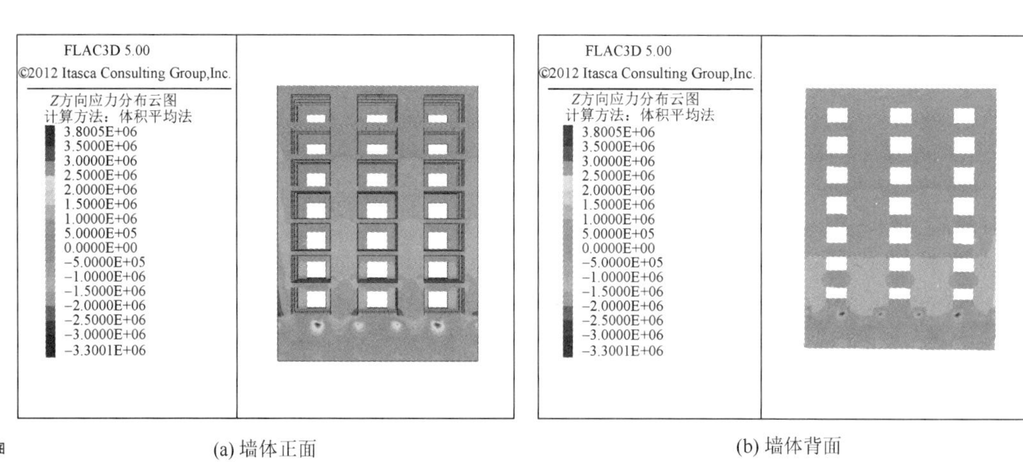

(a) 墙体正面　　(b) 墙体背面

图 6-8　无趾板装配式路堑挡墙墙体竖向应力分布图

图 6-9 为无趾板装配式路堑挡墙模型整体变形云图，由图可得，墙体在墙后坡体挤压下，发生弯曲变形，可能进一步发生倾倒破坏，且墙后坡体破坏变形明显，岩土体从预制块的排水窗挤出。因此，在生产预制块时，后壁排水窗可以设计为更小的尺寸，以减少墙后坡体发生较大破坏。

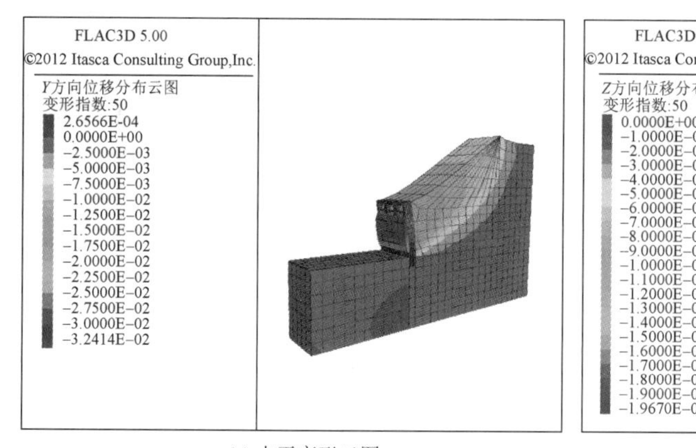

(a) 水平变形云图

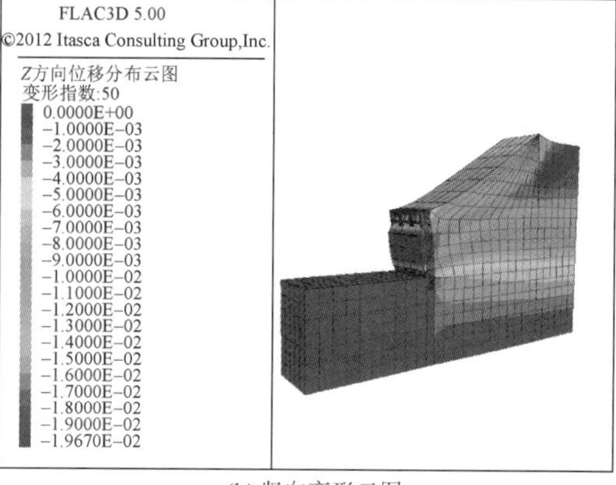

(b) 竖向变形云图

扫一扫　见彩图

图 6-9　无趾板装配式路堑挡墙模型整体变形云图

6.2　有趾板装配式路堑挡墙受力特性

6.2.1　趾板宽度的影响

1）数值模拟结果

6.1 节的装配式路堑挡墙数值模拟结果表明，不设置趾板时，装配式路堑挡墙易在墙顶处形成较大位移（在上述模拟条件下可达 15mm 左右），挡墙安全性较差。为探索更加合理的装配式路堑挡墙结构，本节研究趾板宽度与墙顶位移的关系。采用与 6.1 节相同的边坡模型进行模拟，除趾板宽度外，其他参数保持不变。通过设置不同的趾板宽度 B_1，计算各趾板宽度条件下墙体的位移分布情况，分析趾板宽度对装配式路堑挡墙位移及稳定性的影响。根据挡墙抗倾覆稳定性验算，趾板宽度依次取 1m、2m、3m、4m。

图 6-10 为装配式路堑挡墙在不同趾板宽度条件下的水平位移云图。从图中可得，不同趾板宽度条件下的墙体水平位移变化情况与无趾板条件下的一样，呈现出明显的分带现象，且最大水平位移也位于墙顶处，最小水平位移出现于墙体基础底部。不同趾板宽度时的墙体水平位移数值大小见表 6-3。

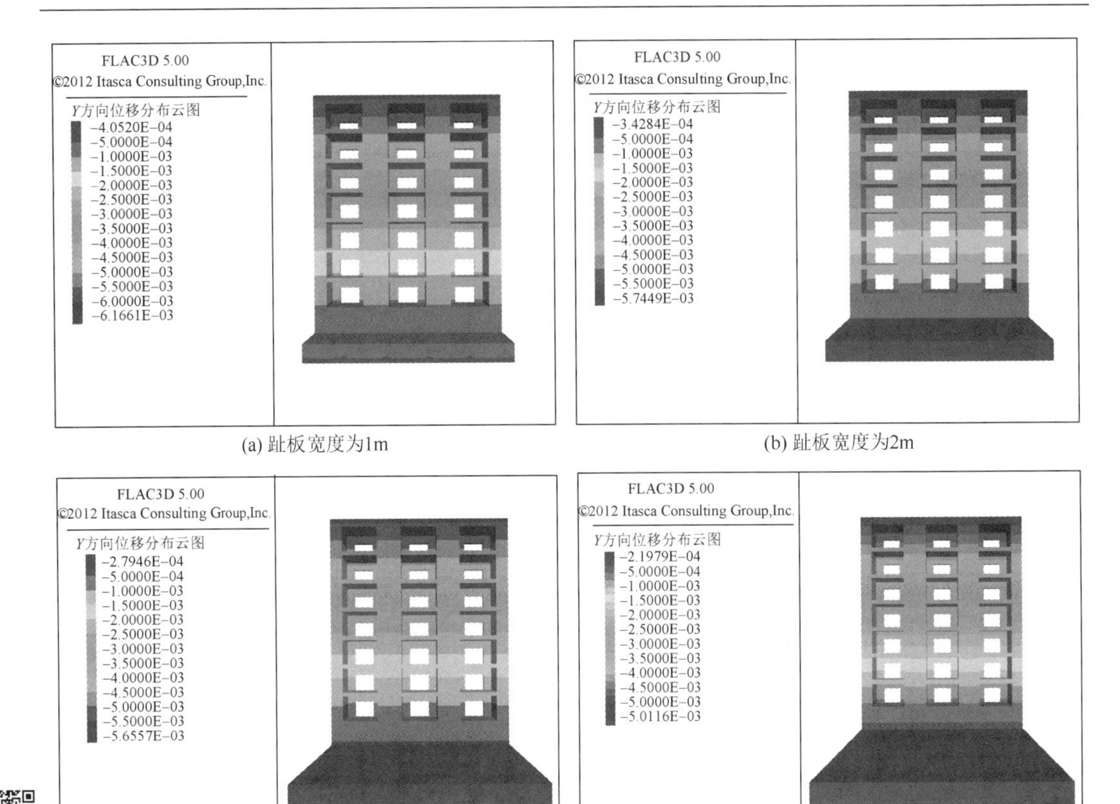

(a) 趾板宽度为1m　　(b) 趾板宽度为2m

(c) 趾板宽度为3m　　(d) 趾板宽度为4m

扫一扫　见彩图

图 6-10　装配式路堑挡墙在不同趾板宽度条件下的水平位移云图①

表 6-3　不同趾板宽度时的墙体水平位移

趾板宽度/m	墙体最大水平位移/mm	墙体最小水平位移/mm
0	14.70	1.02
1	6.17	0.41
2	5.74	0.34
3	5.66	0.28
4	5.01	0.22

图 6-11 展示出了不同趾板宽度下墙体最大水平位移与最小水平位移曲线，由图可得，随着趾板宽度的增大，墙顶处最大水平位移呈逐渐减小趋势；当由无趾板变为趾板宽度为 1m 时，墙顶最大水平位移减小幅度最大，自 14.70mm 降至 6.17mm，降幅达 58%，下降率达 58%/m；之后，趾板宽度从 1m 分别增至 2m、3m、4m 时，墙顶最大水平位移虽然仍有所减小，但降幅并不明显，自 6.17mm 降至 5.01mm，降幅不足 20%，下降率仅为

① 本书中位移云图的数据单位均为 m，后不赘述。

6.3%/m，说明当趾板宽度达到 1m 左右时，对墙顶最大水平位移影响最大，之后趾板宽度的增加对墙顶最大水平位移并无明显影响。随着趾板宽度的增大，趾板底部最小水平位移也呈现逐渐减小趋势，但不管趾板宽度如何设置，墙体底部最小水平位移数值一直很小，基本可以忽略不计，表明装配式路堑挡墙结构墙体的破坏形式为绕墙底某点向外转动位移模式。同时说明，将趾板宽度设置为 1m 是合理的，从工程安全出发，建议工程实践中将趾板宽度设置为 1～1.5m。

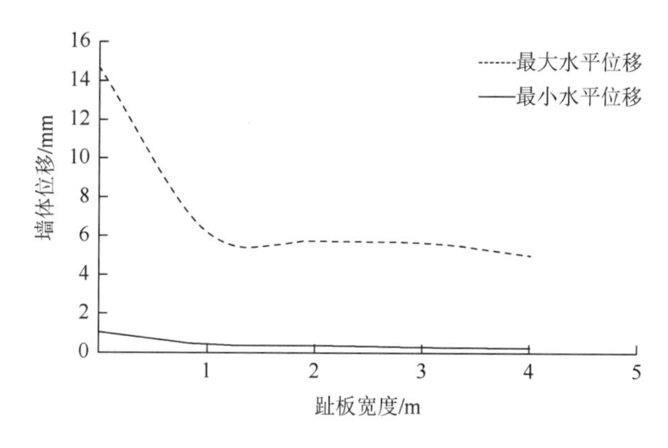

图 6-11　不同趾板宽度下墙体水平位移曲线

图 6-12 为不同趾板宽度条件下墙体位移变形曲线图。该图表明，有无趾板，墙体变形曲线都是一条近平滑的挠度曲线，这进一步说明了墙体的变形模式为绕墙底某点向坡外转动模式。不设置趾板时，墙体整体变形比较明显；当趾板宽度设置为 1m 时，墙体变形程度较无趾板时明显减小；当趾板宽度分别为 1m、2m、3m、4m 时，墙体变形曲线趋势基本一致且趋近重合，表明墙体变形不再发生明显变化，与图 6-11 表现出的规律一致。

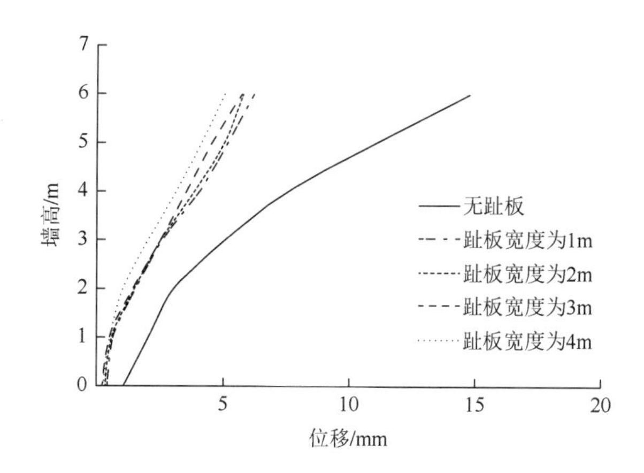

图 6-12　不同趾板宽度条件下墙体位移变形曲线

图 6-13 为不同趾板宽度条件下的墙体水平应力云图。由该云图可知，不同趾板宽

度时的墙体受力大小基本一致，且墙体构造柱与底板为主要承力结构；墙体与趾板连接处水平应力最大，出现应力集中；由于受墙后岩土体的推力或土压力作用，墙体外倾变形使趾板底部靠近墙体区域出现最大拉应力集中。但随着趾板宽度的增大，趾板与墙体连接处的最大压应力也变大，究其原因，可能是趾板越宽，其受到的上覆岩土压力越大，而上覆岩土压力也会在趾板与墙体连接处形成弯矩，进而产生拉应力。可见，工程设计中不可盲目增大趾板宽度，根据图 6-11 和图 6-12 的结果，取 1～1.5m 是合适的。

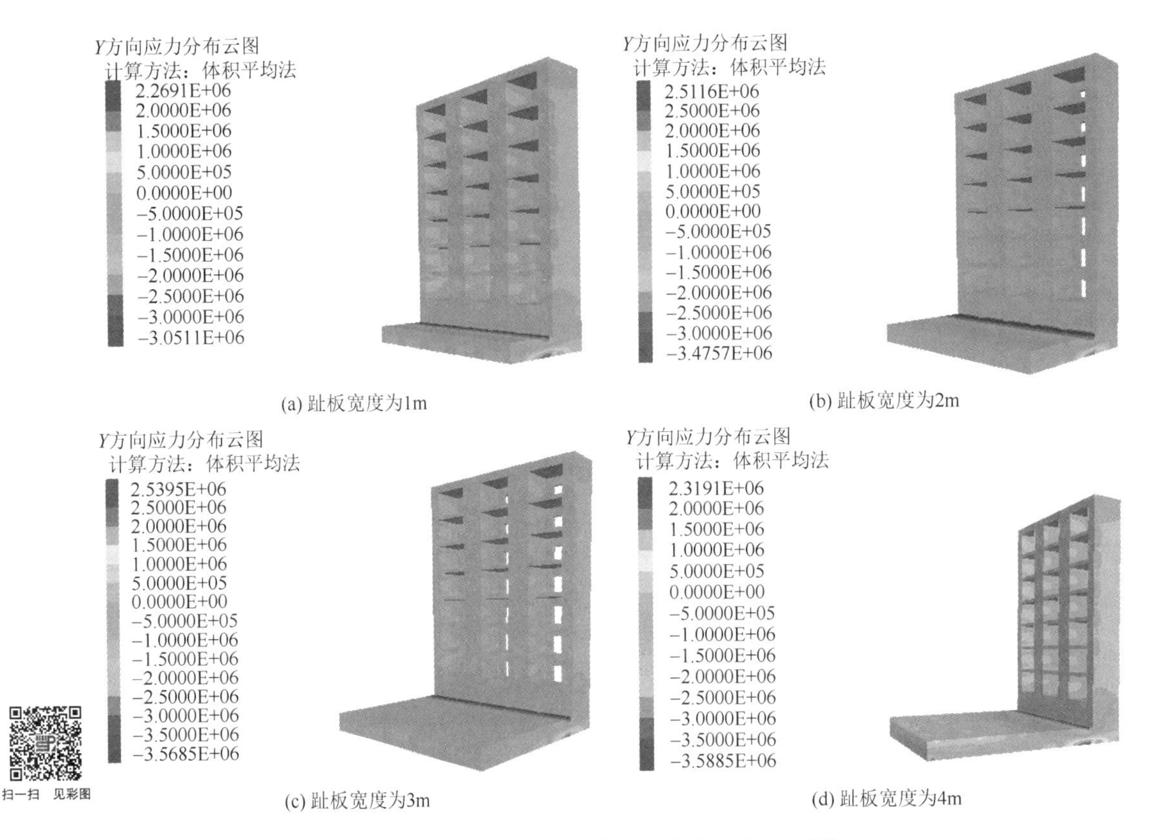

(a) 趾板宽度为1m　(b) 趾板宽度为2m

(c) 趾板宽度为3m　(d) 趾板宽度为4m

图 6-13　不同趾板宽度下墙体水平应力云图①

图 6-14 与图 6-15 为趾板宽度分别为 1m、2m、3m、4m 时装配式路堑挡墙整体水平变形云图与竖向变形云图。对比之前无趾板情况下的坡体模型整体变形云图（图 6-9），设置趾板后，墙体抗倾覆能力明显提升，墙体基本不发生弯曲变形，且墙后坡体不出现从预制块排水窗挤出的现象，坡体整体变形也明显减小。分析不同趾板宽度下墙体的变形云图可得，当设置 1m 宽趾板后，继续增大趾板宽度基本对坡体变形无影响，坡体变形情况基本一致，可以推测趾板宽度达到 1m 左右后，继续增大趾板宽度对墙体稳定性的影响并不显著。由图 6-15（d）可得，墙体设置 4m 宽趾板时，趾板附近路基区域将出现一

① 本书中应力云图的数据单位均为 Pa，后不赘述。

定的竖向变形，给路基带来危害。可见实际工程中，若趾板尺寸设计得过大，不仅造价高，还有可能带来负面影响，这与前述分析一致，即趾板上覆岩土压力给装配式路堑挡墙的整体稳定及结构受力反而带来了负面效应。

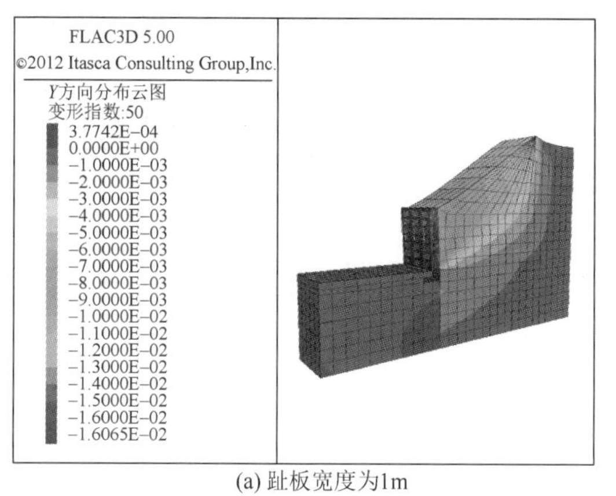

(a) 趾板宽度为1m

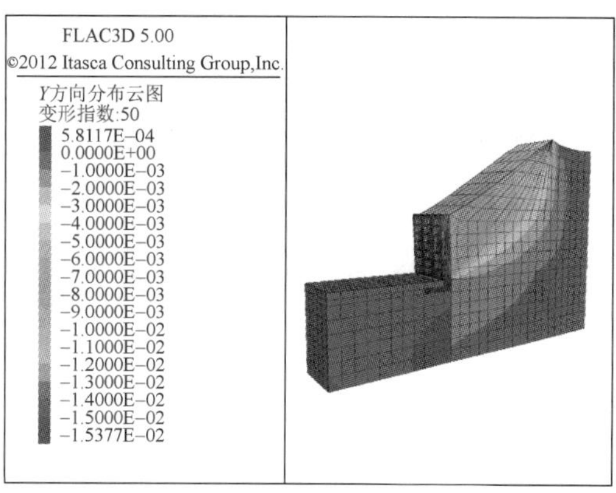

(b) 趾板宽度为2m

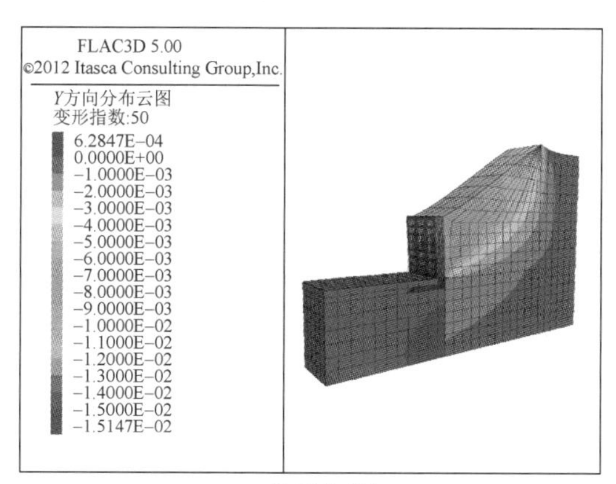

(c) 趾板宽度为3m

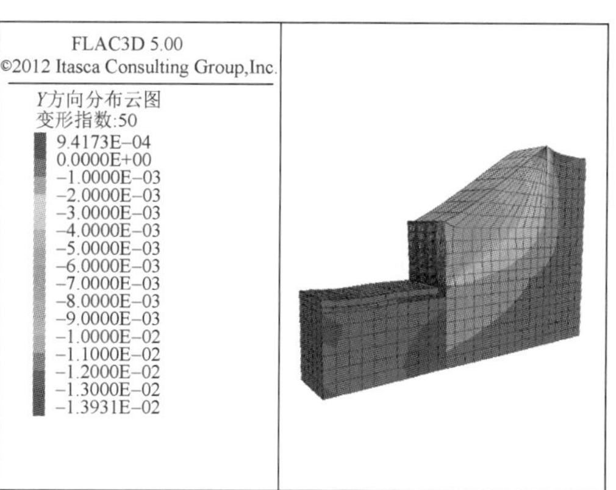

(d) 趾板宽度为4m

扫一扫　见彩图

图 6-14　不同趾板宽度下模型水平变形云图

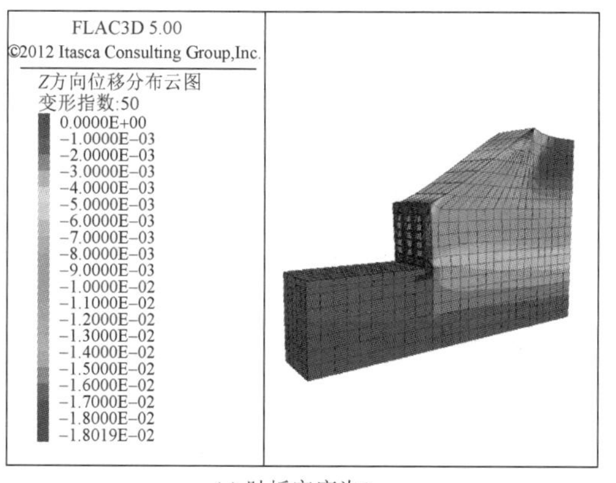

(a) 趾板宽度为1m

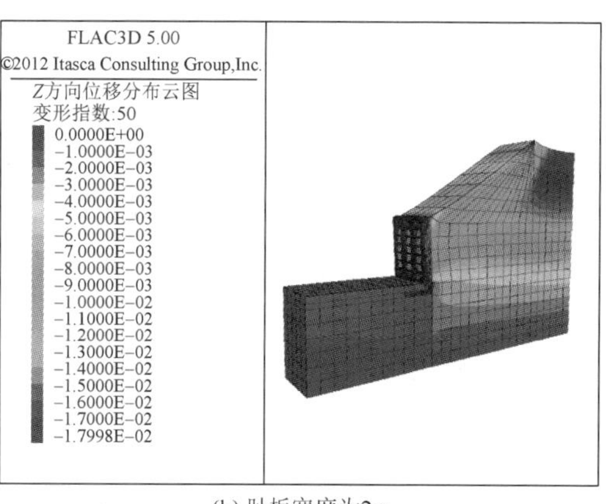

(b) 趾板宽度为2m

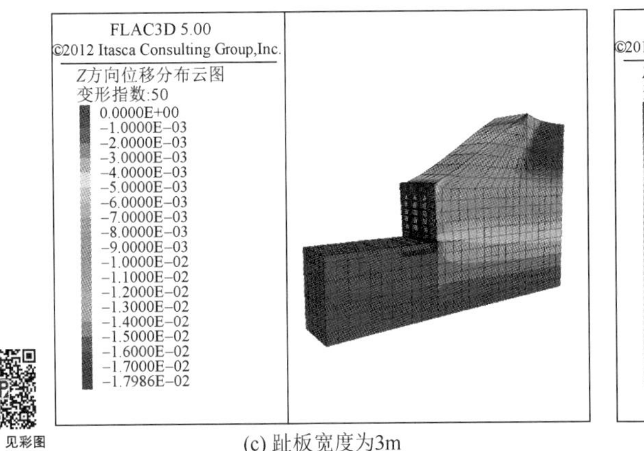

扫一扫 见彩图

(c) 趾板宽度为3m

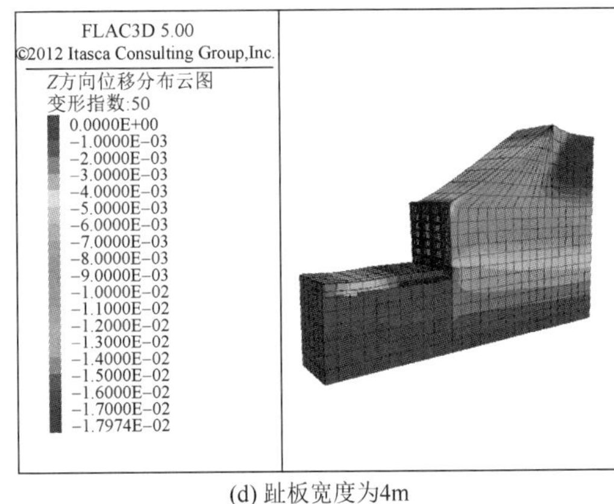

(d) 趾板宽度为4m

图 6-15 不同趾板宽度下模型竖向变形云图

2）不同趾板宽度下的理论计算结果分析

针对上述数值模型选取的装配式路堑挡墙结构，根据第 5 章提供的公式对趾板宽度分别为 0m、0.5m、1m、2m、3m、4m 六种情况进行理论计算结果分析，表 6-4 为不同趾板宽度下墙体稳定性系数计算结果。当趾板宽度为 0m、0.5m 时，计算得出的作用在基底处的合力偏心距验算结果不能满足要求。

表 6-4 不同趾板宽度下墙体稳定性系数计算结果

趾板宽度/m	抗滑移稳定系数 K_0	抗倾覆稳定系数 K_c	最大基底压应力/kPa	最小基底压应力/kPa	趾板总弯矩/(kN·m)
0	1.35	0.61	—	—	—
0.5	1.44	1.30	—	—	30.29
1	1.54	2.05	149.09	23.01	105.35
2	1.73	3.68	82.23	41.98	269.73
3	1.92	5.50	86.76	14.76	453.11
4	2.10	7.51	82.42	5.87	655.50

由理论计算结果可知，当趾板宽度小于 1m 时，墙体抗滑移稳定性虽满足要求，但抗倾覆稳定性无法满足安全要求（抗倾覆稳定系数应大于 1.5）。装配式路堑挡墙在其他条件一定时，趾板宽度越大，墙体的抗滑移稳定性与抗倾覆稳定性就越好，且趾板宽度对墙体抗倾覆稳定性的影响程度远大于抗滑移稳定性，即墙体抗倾覆稳定系数受趾板宽度的影响更显著。但随着趾板宽度增大，趾板所受弯矩也将明显增大，这对挡墙结构整体安全性反而不利。

综合上述分析可得，理论计算的结果同前面数值模拟得出的结果基本一致。装配式路堑挡墙设置趾板能够明显减小墙顶位移，极大地提高墙体的抗倾覆稳定性，但实际工程在保证安全的前提下也要考虑经济的合理性，并综合考虑趾板弯矩及趾板和墙体连接处的拉应力状态，因此，当路堑边坡岩体为第Ⅴ级岩体时，趾板宽度取 1～1.5m 比较合适。

6.2.2　凸榫位置的影响

为了增强装配式路堑挡墙的抗滑移稳定性，可在墙体底部基础上设置凸榫。尽管装配式路堑挡墙的工程实践中已有通过设置凸榫提高抗滑移性能的众多成功案例，积累了良好的工程设计经验，但凸榫的设计计算理论仍不完善，设计施工仍多基于单位甚至个人的经验。凸榫的合理位置、大小等关键问题还有待进一步研究。为了使装配式路堑挡墙结构的尺寸更加合理，本节对凸榫设置方式进行数值模拟分析，并主要针对凸榫的位置开展研究。

选取 6.2.1 节中墙高 6m、趾板宽度为 1m 的相同墙体模型，附加设置凸榫重新进行数值模拟。凸榫沿装配式路堑挡墙墙体设置，截面尺寸为宽 0.5m、厚 0.5m。如图 6-16 所示，设置三种不同的凸榫布设位置：方式 1，凸榫位于基础后端，即墙体下方或趾板后缘；方式 2，凸榫位于基础正中间，即趾板中部；方式 3，凸榫位于基础前端，即趾板前缘。每种布置方式采用相同的凸榫截面尺寸。通过数值模拟结果得到每组墙体变形位移并据此分析凸榫布设位置对墙体稳定性的影响。

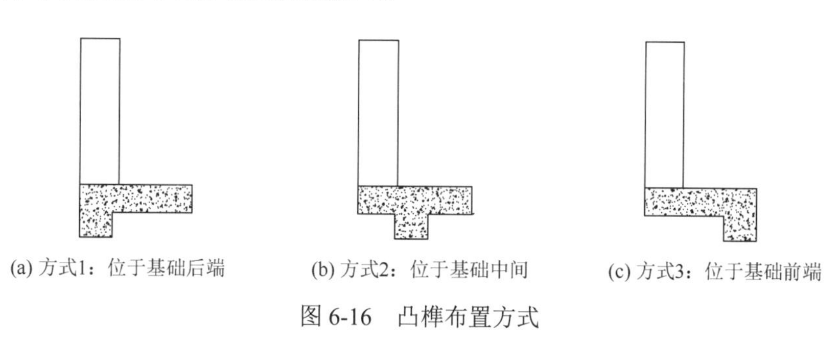

图 6-16　凸榫布置方式

图 6-17 为不同凸榫位置条件下的墙体各高度处水平位移曲线图，由图可得采取方式 2 设置凸榫时，墙体变形最明显；而采用方式 1 与方式 3 设置时，墙体变形较小，最大位移不超过 4mm。

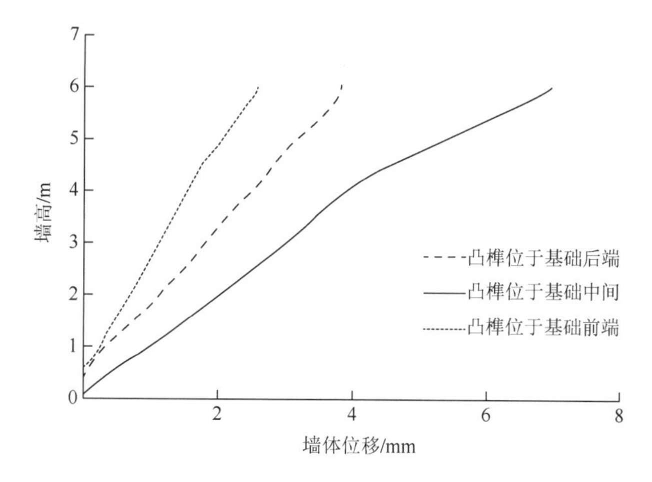

图 6-17　不同凸榫位置条件下墙体各高度处水平位移曲线图

图 6-18 为三种不同凸榫位置条件下的墙顶水平位移云图。根据模拟结果显示，采取方式 1 布设凸榫在基础后端，墙顶出现的最大位移为 3.8mm，且墙体基础底部位移同墙顶位移方向相反，潜在破坏模式为绕趾板转动破坏模式[图 6-18（a）]；采取方式 3 将凸榫布置在基础前端时，墙顶出现的最大位移为 2.6mm，且墙体整体位移一致，都是往坡体临空面侧移动，潜在破坏模式为墙体整体滑动模式[图 6-18（c）]；采取方式 2 将凸榫布置在基础中间时，墙顶最大位移为 6.9mm，墙体变形明显较前两者大，墙体整体变形特征与方式 1 类似，均为绕趾板转动破坏模式[图 6-18（b）]。

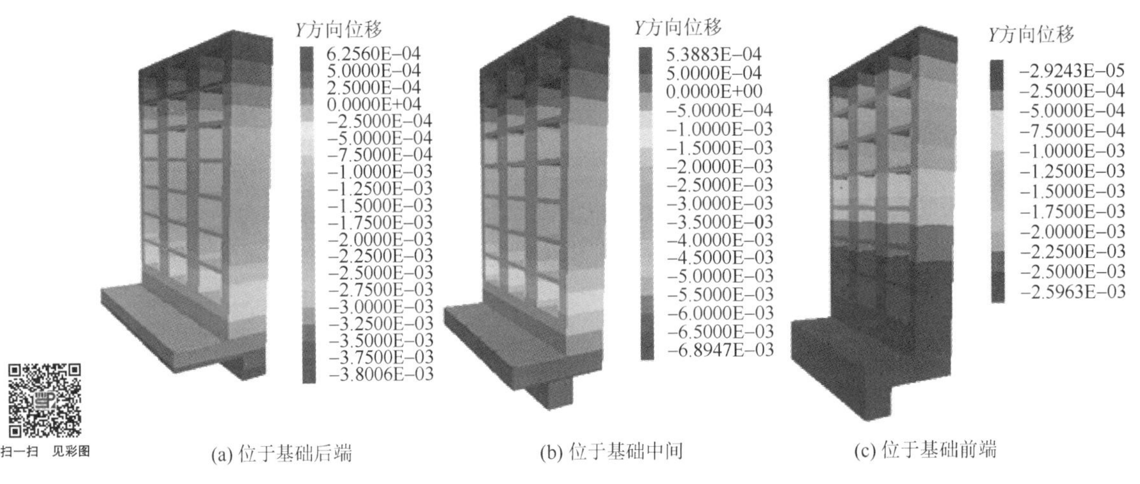

图 6-18　不同凸榫位置下墙体水平位移云图

不同凸榫位置时的墙体水平应力模拟结果如图 6-19 所示。从图中可得，方式 2 中装配式路堑挡墙受到的水平应力最大，而采用方式 3 设置凸榫时，墙体所受的水平应力最小，究其原因，可能是凸榫在基础前端可以有效地利用榫前的被动土压力。

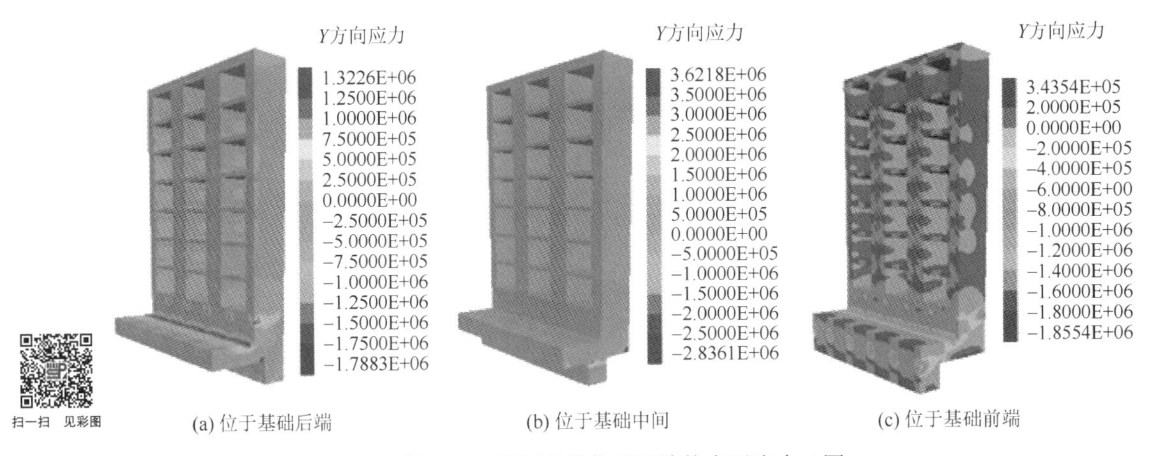

图 6-19　不同凸榫位置下墙体水平应力云图

综合上述位移和应力结果可得，凸榫尺寸相同时，凸榫布置在基础后端（方式 1）与布置在基础前端（方式 3）得到的墙顶位移均较小，但这两种情况下的挡墙位移模式不同，凸榫设置于靠近基础前端区域时挡墙稳定应力最小；凸榫设置在基础正中间（方式 2）时，相比前两种情况，不能充分利用榫前的被动土压力，且稳定性较差，挡墙安全系数会明显减小，故为提高墙体整体稳定性，工程上凸榫布置不建议采取此形式。

对于方式 1 和方式 3 的凸榫布设位置，应综合考虑施工难易程度、施工可行性、挡墙位移模式、挡墙应力分布情况等因素后合理确定。两种方式下的墙体位移均较小，方式 3 小于方式 1，且方式 1 的墙体应力较方式 3 大、方式 1 在墙体和趾板的结合部位出现了明显的应力集中，故从墙体位移和应力看，方式 3 优于方式 1。但在施工可行性方面，方式 1 优于方式 3，因为在开挖基槽时，方式 1 可方便实施凸榫槽的开挖，而方式 3 需要在趾板前缘挖槽，自然造成多槽开挖，可能会影响其他工序。故应结合具体工程实际，综合比选上述两种方式。

6.3　锚杆装配式路堑挡墙结构受力特性

6.3.1　锚杆装配式路堑挡墙模型及其参数

因锚杆装配式路堑挡墙一般用于高度大于 6m（多为 8m 以上）的路堑地段，故本节选取墙高为 9m 的锚杆装配式路堑挡墙结构进行模拟分析，锚杆挡墙墙体采取不设置趾板及凸榫的底部基础形式；墙体主体结构包括 11 层预制块，高 7.7m，底部基础厚 1m，墙顶压顶梁厚 0.3m，墙高度共计 9m。锚杆装配式路堑挡墙结构断面图如图 6-20 所示。

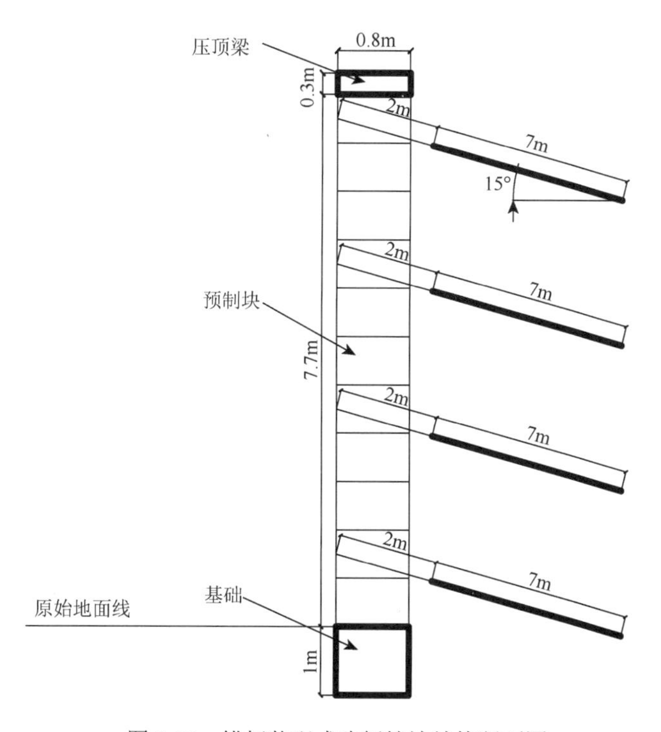

图 6-20　锚杆装配式路堑挡墙结构断面图

墙体模型设置两列构造柱，每列构造柱设置 4 排锚杆，共计 8 根锚杆，分别布置于墙体从下至上第 2 层、第 5 层、第 8 层、第 11 层预制块的两列构造柱上，每根锚杆的几何尺寸及物理力学参数均相同。锚杆参数如下：锚杆孔径为 110mm（即锚杆钻孔的直径，这样在数值模拟中，锚固体的直径为 110mm），锚杆钢筋采用单支直径为 32mm、抗拉强度为 335MPa 的螺纹钢筋，锚杆总长 9m，锚杆间距为 1.5m×2.1m；锚杆下倾且与水平面的夹角为 15°。锚杆装配式路堑挡墙 FLAC3D 数值模型如图 6-21 所示。

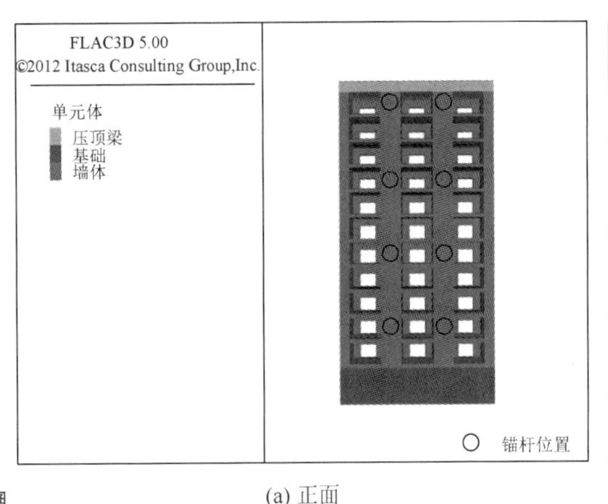

(a) 正面

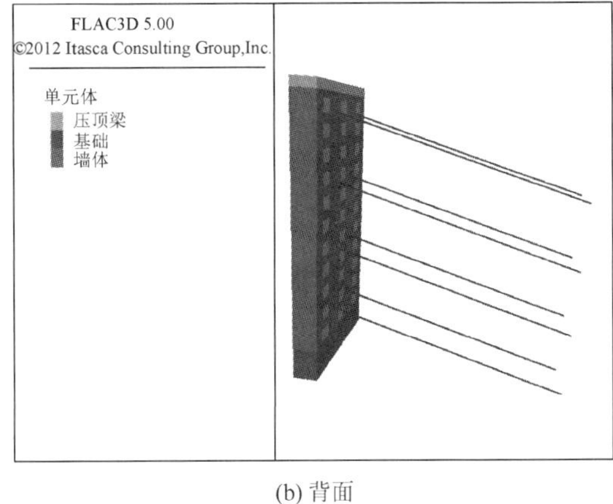

(b) 背面

扫一扫　见彩图

图 6-21　锚杆装配式路堑挡墙 FLAC3D 数值模型

为了分析锚杆对装配式路堑挡墙变形及稳定性的影响，采取与表 6-1 和表 6-2 相同的岩土体参数、各结构体本构模型及其相关参数。路堑边坡模型除开挖高度由之前的 6m 变为 9m 外，模型其余参数均与图 6-3 所示的模型一致。锚杆几何尺寸及计算参数汇总于表 6-5。

表 6-5　锚杆几何尺寸及计算参数

弹性模量/GPa	横截面积/m^2	外圈周长/m	抗拉强度/MPa	水泥浆黏结力/(N/m)	黏结刚度/GPa
200	8.04×10^{-4}	7.85×10^{-2}	335	1×10^{6}	0.2

6.3.2　锚杆装配式路堑挡墙结构数值模拟结果

1）不加锚杆边坡路堑整体变形分析

在分析锚杆装配式路堑挡墙变形及稳定性之前，首先对墙高为 9m、不加锚杆的装配式路堑挡墙进行模拟。图 6-22 为无锚杆装配式路堑挡墙及其加固后的边坡位移云图，图 6-22（a）表明边坡将产生从坡顶贯穿至挡墙底部的潜在滑动面，墙后坡体在坡脚处出现的最大水平位移为 7cm；由图 6-22（b）可得，墙后边坡由于开挖卸荷作用发生明显的下凹拉裂现象，在坡体后缘坡顶处出现的最大竖向位移为 4.4cm。综合分析表明边坡开挖高度为 9m 后，即使采用装配式路堑挡墙进行加固，边坡仍具有明显的大变形区域，且处于不稳定-欠稳定状态，无法满足长期稳定的要求。

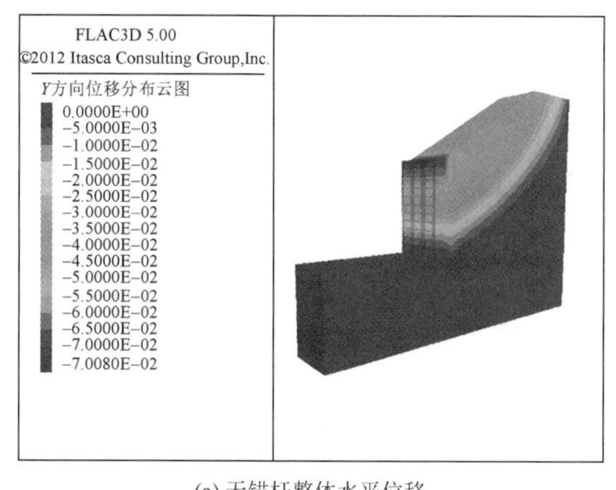

(a) 无锚杆整体水平位移

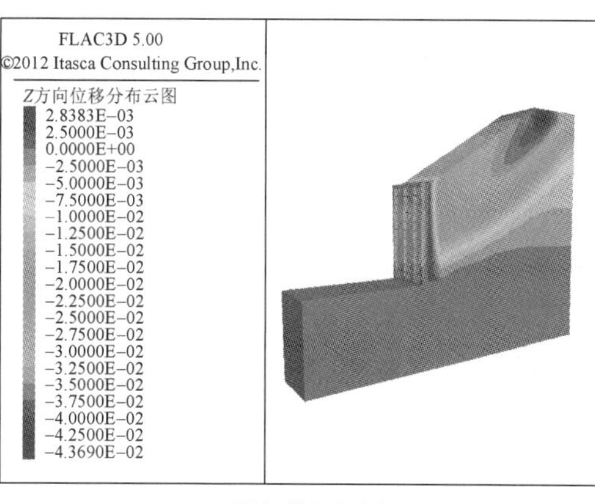

(b) 无锚杆整体竖向位移

扫一扫　见彩图

图 6-22　无锚杆装配式路堑挡墙模型整体位移云图

2）设置锚杆边坡整体变形分析

图 6-23 为在上述装配式路堑挡墙基础上附加设置 4 排纵向间距为 2.1m 的锚杆后的模型整体位移云图。由图 6-23（a）可得，在墙体设置锚杆后，墙后坡体最大水平位移发生在挡墙中部两排锚杆之间的区域，数值上由未设置锚杆时的 7cm 骤降至 4.1mm，即设置锚杆后，墙后坡体水平位移很小，边坡取得了良好的加固效果。由图 6-23（b）可得，最大竖向位移产生的位置与未设置锚杆时的相似，即墙后开挖坡体后缘区域，但数值上由之前未设置锚杆时的 4.4cm 急剧减小至 7.84mm。对比之前的无锚杆情况，装配式路堑挡墙在设置锚杆后，墙后路堑边坡已处于稳定状态。总之，加设锚杆前后的数值模拟结果表明，当具有岩土体性质及几何条件的路堑边坡开挖高度为 9m 时，采用锚杆装配式路堑挡墙支护具有显著效果，极大提高了墙后路堑坡体的稳定性，能满足边坡长期稳定的要求。

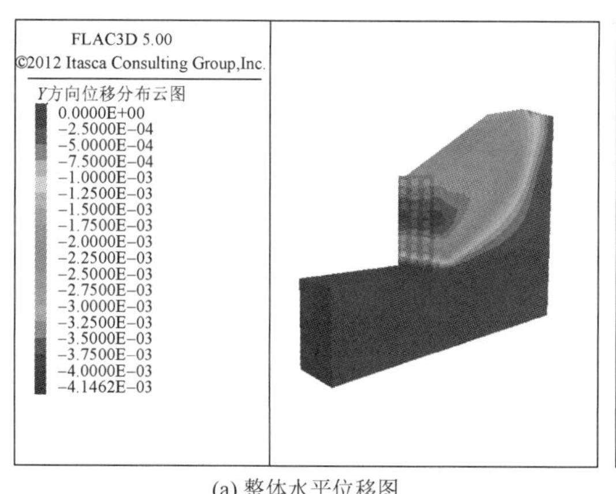

(a) 整体水平位移图

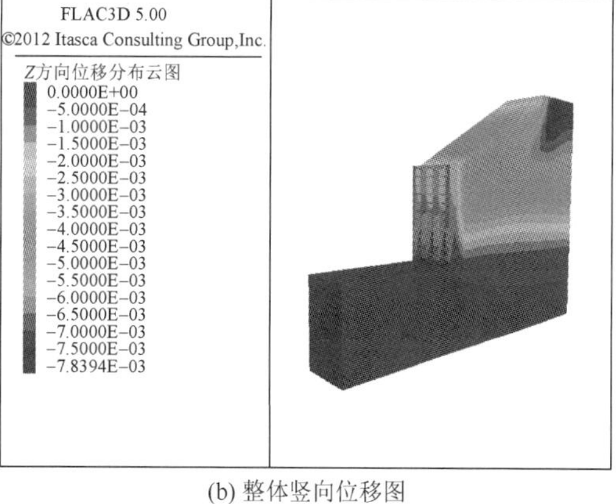

(b) 整体竖向位移图

扫一扫　见彩图

图 6-23　锚杆装配式路堑挡墙模型整体位移云图

3）装配式路堑挡墙墙体变形分析

图 6-24 为墙高 9m 不加锚杆时的装配式路堑挡墙墙体水平位移云图。由图可得，无锚杆时，墙顶处最大水平位移为 7cm，且沿着墙顶处向下墙体水平位移逐渐减小，水平位移具有明显的分带特征。图 6-25 为设置 4 排锚杆后的墙体水平位移云图，从图中可以发现，设置锚杆后最大墙体水平位移减小至 4.05mm，且最大水平位移出现于墙体中部两排锚杆之间的区域，此时水平位移不再具有明显的分带性，锚杆附近区域的墙体变形很小。对比分析可知，设置锚杆后的墙体变形基本可以忽略不计，墙体具有良好的稳定性。

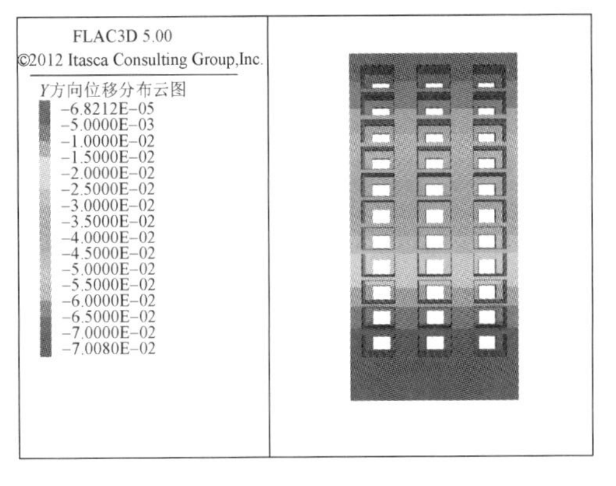

图 6-24　无锚杆墙体水平位移云图

图 6-25　加锚杆墙体水平位移云图

图 6-26 与图 6-27 分别为墙高 9m 无锚杆和加锚杆时的装配式路堑挡墙墙体水平应力云图。由图可得，装配式路堑挡墙设置锚杆后墙体水平应力在数值上明显小于无锚杆时墙体的水平应力，说明设置锚杆对墙后岩土体有较好的锚固作用，能够使墙后岩土体对墙体造成的水平应力明显减小。

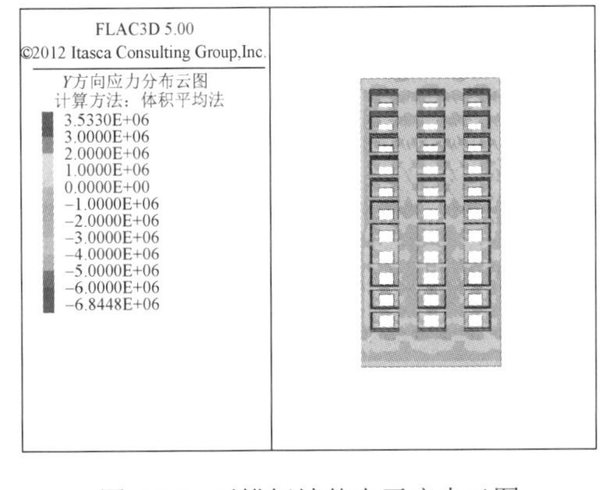

图 6-26　无锚杆墙体水平应力云图

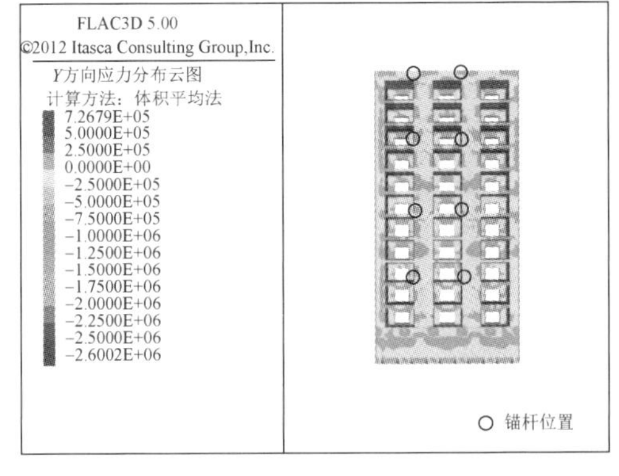

图 6-27　加锚杆墙体水平应力云图

4）锚杆变形分析

图 6-28 为锚杆装配式路堑挡墙的锚杆水平位移云图，由图可知，四排锚杆位移均较

小，甚至可以忽略不计，表明锚杆起到了良好的锚固作用。四排锚杆中墙体上部两排的位移大于位于墙体下部的两排锚杆的位移。由于受到墙体中部最大水平位移的影响，位于墙体中部附近的锚杆（从上至下第二排）出现的最大水平位移为 3.66mm，略小于锚杆挡墙墙体的最大水平位移。同时，每根锚杆上都是近端（靠近坡面一侧）出现的位移明显大于远端（靠近坡体内部）出现的位移，说明锚杆的位移可能是挡墙的位移引起的，远端位移较小也表明锚杆的锚固作用良好。图 6-29 为锚杆装配式路堑挡墙的锚杆水平应力云图，由图可知，由于墙体中间区域出现最大变形，因此位于墙体中间区域的两排锚杆的应力也最大，位于墙体底部的锚杆所受应力最小。

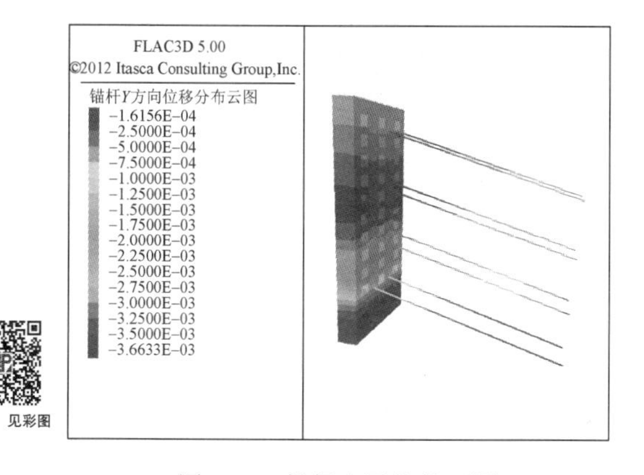

图 6-28 锚杆水平位移云图

图 6-29 锚杆水平应力云图

6.3.3 锚杆竖向间距的影响

为研究锚杆装配式路堑挡墙的锚杆上下排间距对锚固效果的影响，针对墙高 9m 的锚杆装配式路堑挡墙，在 6.3.2 节中无锚杆与锚杆竖向间距为 2.1m 的基础上，分别再对锚杆竖向间距为 2.8m 与 3.5m 的锚杆装配式路堑挡墙进行数值模拟。锚杆竖向间距分别为 2.8m、3.5m 的情况与 6.3.2 节中 2.1m 间距的情况一样，均布设三排锚杆，锚杆布置如图 6-30 所示。锚杆竖向间距为 2.8m 时，分别在第 2 层、第 6 层、第 10 层预制块构造柱上打入锚杆。竖向间距为 3.5m 时，分别在第 1 层、第 6 层、第 11 层预制块构造柱位置打入锚杆。为了方便比较，除锚杆竖向间距不同外，其他参数同 6.3.2 节中间距为 2.1m 的锚杆装配式路堑挡墙。值得说明的是，锚杆装配式路堑挡墙中锚杆的竖向间距受控于砌块单元预制件的尺寸及预留锚固孔的位置，锚杆的布设并不能像其他锚固结构一样在相同的位置范围内仅改变锚杆的间距。实际上，锚杆间距不同时，锚杆位置范围在装配式绿化挡墙中也有一定差别，如图 6-30 所示，故在锚固式装配绿化挡墙中，锚杆（锚索）竖向间距不同，其布置范围往往有一定的不同，这样也会造成计算结果的差异。综上，本节锚杆间距的影响其实包括了两个方面，一方面为锚杆竖向间距不同造成，另一方面为锚杆布置范围不同造成，这也是装配式绿化挡墙区别于其他加固结构的特征。

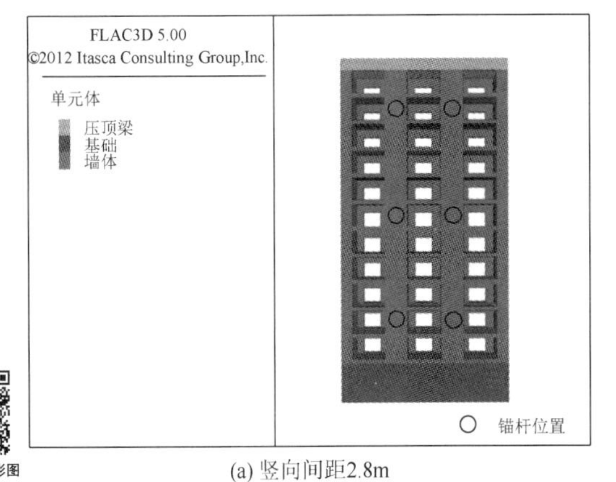

(a) 竖向间距2.8m

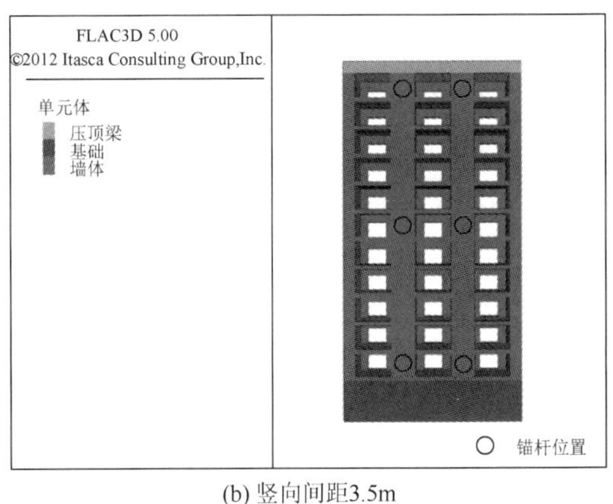

(b) 竖向间距3.5m

扫一扫　见彩图

图 6-30　锚杆装配式路堑挡墙锚杆布置图

图 6-31 为锚杆不同竖向间距情况下边坡和墙体最大水平位移的模拟结果。由该图可得，随着锚杆装配式路堑挡墙中锚杆竖向间距的增大，墙后坡体的最大水平位移与墙体自身的最大水平位移都将增大。另外，由于装配式绿化挡墙具有一定的柔性特点（砌块单元间具有一定的位错容量），且墙背与坡体之间存在空隙或充填物，墙体自身的最大水平位移略小于墙后坡体的最大水平位移，但二者仅相差不足 1mm。由 6.3.2 节的模拟结果可得，当锚杆竖向间距为 2.1m 时，墙后坡体最大水平位移与墙体最大水平位移都较小，能够满足长期稳定的要求。当竖向间距由 2.1m 增至 2.8m 时，最大位移增大幅度较明显，边坡最大水平位移由 4.14mm 变为 8.99mm，相对值增大了一倍多，增幅达 117%；墙体最大水平位移由 4.05mm 增至 8.48mm，相对值也增大了一倍以上，增幅达 109%。当竖向间距由 2.8m 增大至 3.5m 后，坡体及墙体最大位移变化幅度均不大，边坡最大水平位移由 8.99mm 变成 10.03mm；墙体最大水平位移由 8.48mm 变成 9.51mm。竖向间距分别为 2.8m 与 3.5m 时边坡和墙体的最大水平位移都较大，且同锚杆竖向间距为 2.1m 时相比支护效果较差。

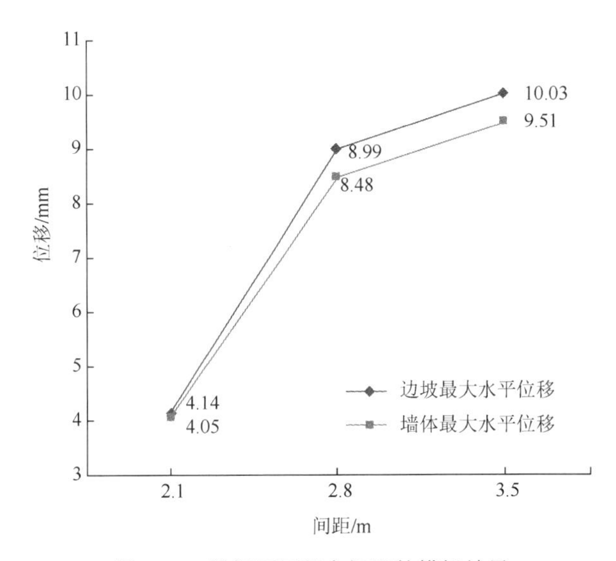

图 6-31　锚杆不同竖向间距的模拟结果

可见，锚杆竖向间距会显著影响锚杆装配式路堑挡墙的变形和稳定性，本节模拟表明，针对岩体质量等级为第Ⅴ级的边坡，锚杆采用竖向间距 2.1m 更安全。在工程实践中，还应根据墙后具体路堑边坡坡体参数合理设置锚杆间距，以确保加固效果。

6.3.4　预应力设计分析

当岩土体作用力较大或对墙体位移有严格要求时，可通过对锚杆施加预应力或采用预应力锚索，加大对边坡的支护强度并限制墙体的位移。为研究锚杆（锚索）的预应力参数对墙后开挖坡体锚固作用的影响，优化锚固式装配绿化挡墙的设计，提出较合理的结构设计参数，本节通过对锚杆施加不同的预应力，比较坡体及墙体在不同预应力条件下的位移变形结果，并对比分析预应力对锚杆装配式路堑挡墙支护效果的影响。6.3.3 节的模拟结果表明锚杆竖向间距为 2.1m 时，锚杆不施加预应力也能够良好地满足支护要求，故本节只选取锚杆竖向间距分别为 2.8m 和 3.5m 的情况，根据钢筋的抗拉强度 f_{py}，并参考《岩土锚杆与喷射混凝土支护工程技术规范》（GB 50086—2015）中对锚杆预应力大小的取值规定 $\sigma \leqslant 0.7f_{py}$，分别施加 50kN、100kN、150kN 的预应力，开展数值模拟研究。

图 6-32 为对竖向间距分别为 2.8m 与 3.5m 的锚杆施加不同大小预应力条件下，墙后坡体最大水平位移的变化情况。图中数据表明，随着施加的锚杆预应力逐级增大，墙后坡体最大水平位移呈逐渐减小趋势，但减小值及相对值均不明显。锚杆由不设置预应力到施加自 50kN 逐级增大到 150kN 的预应力时，竖向间距为 2.8m 的锚杆挡墙墙后边坡最大水平位移由不设置预应力时的 8.99mm 减小到 7.93mm，减小了 1.06mm，相对值仅为 11.79%；每施加 50kN 的预应力边坡最大水平位移只减小约 0.4mm，相对值仅为 4.45%。竖向间距为 3.5m 的锚杆挡墙墙后边坡最大水平位移从 10.03mm 变为 8.96mm，同样变化幅度不大，绝对减小值为 1.07mm，相对值仅为 10.67%。两种竖向间距的锚杆施加预应力

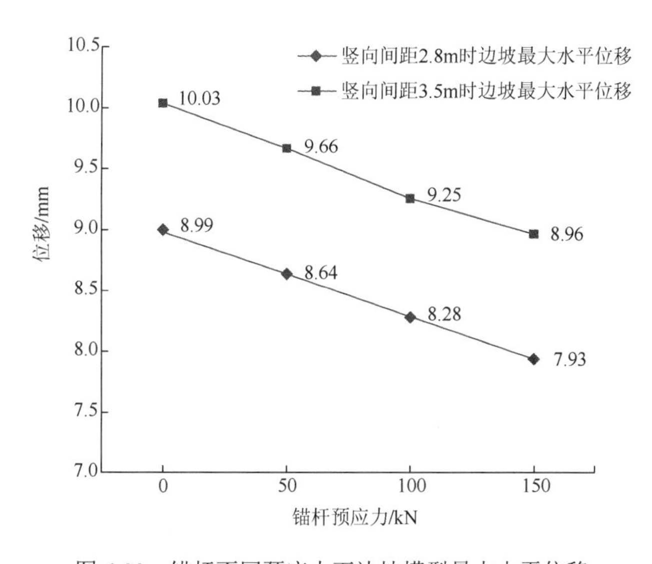

图 6-32　锚杆不同预应力下边坡模型最大水平位移

后对坡体位移的约束效果基本一致，即每施加 50kN 预应力墙后坡体最大水平位移减小约 0.3～0.4mm。通过分析边坡最大水平位移的变化情况可知，锚杆施加预应力后对其影响并不明显，这当然与边坡岩土体本身的物理力学性质及边坡破坏模式有关。

图 6-33 与图 6-34 分别为锚杆有无预应力条件下的模型整体水平位移云图。从图中可得，竖向间距分别为 2.8m 与 3.5m 的锚杆在未施加预应力时，同预应力锚杆挡墙相比，墙后开挖边坡最大水平位移范围都较大；当锚杆施加预应力后，墙后最大水平位移范围明显减小，说明施加预应力对锚杆的锚固范围具有一定影响，但并未从根本上改变边坡的变形模式，且预应力大小对变形范围的影响不显著。

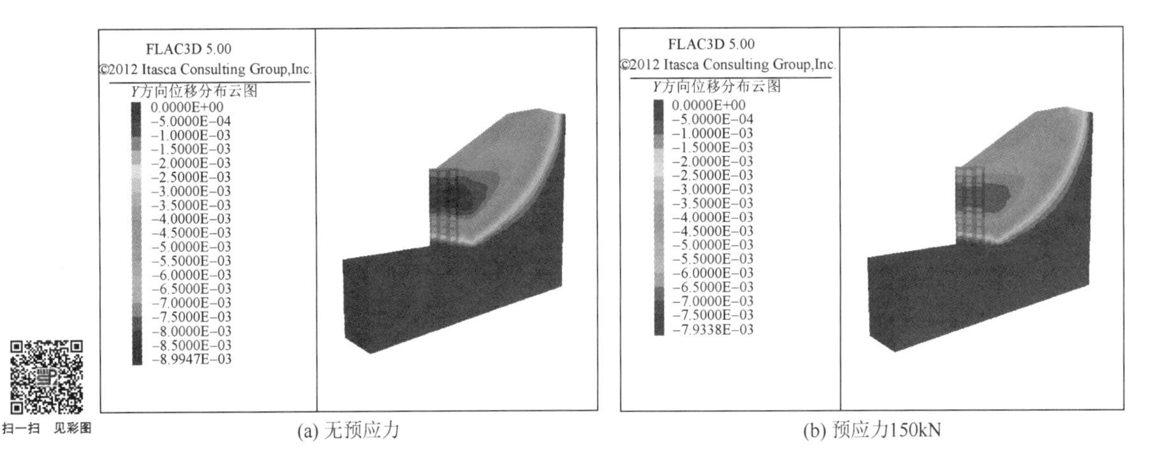

(a) 无预应力　　(b) 预应力150kN

图 6-33　竖向间距为 2.8m 时锚杆有无预应力水平位移云图

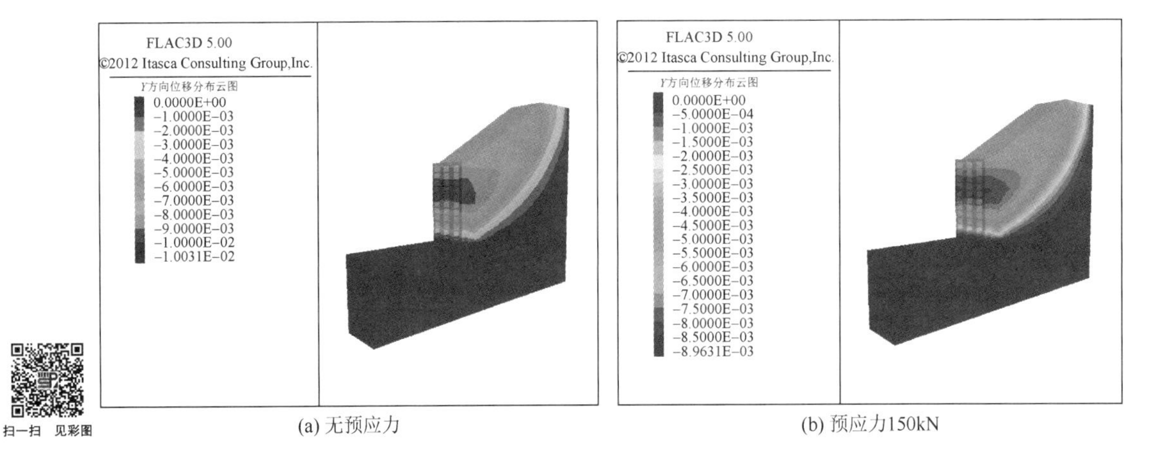

(a) 无预应力　　(b) 预应力150kN

图 6-34　竖向间距为 3.5m 时锚杆有无预应力水平位移云图

综上分析可得，针对岩体质量等级为第Ⅴ级的路堑边坡，当锚杆设置预应力时，能够加大锚杆的锚固范围，缩小坡体最大变形区域，但对坡体变形模式及位移数值的影响不显著，不能有效减小坡体的最大水平位移，即施加预应力对锚杆装配式路堑挡墙加固效果的增强作用可能并不显著。今后进行工程设计时，可按墙后路堑边坡的类型合理确定是否需要设置预应力，本书建议锚固式装配绿化挡墙一般情况下无须考虑设置预应力，这样也可降低工程造价和施工难度、提高经济效益。

6.4　地震作用下装配式路堑挡墙受力特性

6.4.1　动力计算地震波

本节通过 FLAC3D 软件模拟地震荷载动力，分析装配式路堑挡墙在地震动力作用下的受力特性，研究该类挡墙的抗震性能。根据 FLAC 数值模拟地震荷载输入模式及相应要求，当模型底部设置的材料模量（包括弹性模量和剪切模量）较大时，可以在模型底部直接施加加速度或速度；当模型底部为模量较小的材料（如岩土体）时，则无法采取直接输入加速度与速度的方法，此时需要把加速度与速度转换成应力时程进行输入。由于本书模型底面为基岩，模量较大，所以可采用直接输入加速度时程波的方式输入地震波。

采用与 6.2 节中相同的边坡模型及相关物理力学参数，分别选取 6.2 节中的有趾板装配式路堑挡墙及 6.3 节中的锚杆装配式路堑挡墙进行地震动力分析。本节数值模拟采用的地震荷载为 2008 年四川汶川地震发生时所记录的地震波。在模型底部输入滤波后的汶川地震波，其峰值加速度大小约为 0.2g，总时程选取 10s，时步为 0.02s。汶川地震波加速度时程曲线如图 6-35 所示。

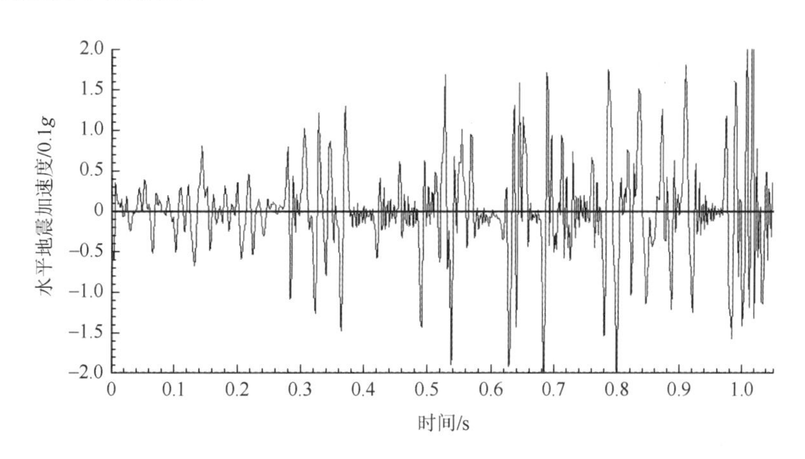

图 6-35　数值模拟分析采用的地震加速度时程曲线

6.4.2　地震动力作用下墙体受力特性

1）有趾板装配式路堑挡墙结构地震动力模拟分析

有趾板装配式路堑挡墙加固后的边坡坡体水平位移如图 6-36 所示。图 6-36（a）表明在无地震情况下，采用墙高 6m、趾板宽度为 1m 的有趾板装配式路堑挡墙结构对开挖边坡支护后，坡体最大水平位移仅为 5.22mm，墙后坡体处于稳定状态。图 6-36（b）表明，施加地震荷载后，墙后边坡最大位移达到 7.92cm，较地震前急剧增大，达到地震前的 15.2 倍，且墙后岩岩土体从墙体排水窗挤出，表明此时墙后边坡岩土体局部失稳溜出，但并未整体失稳。

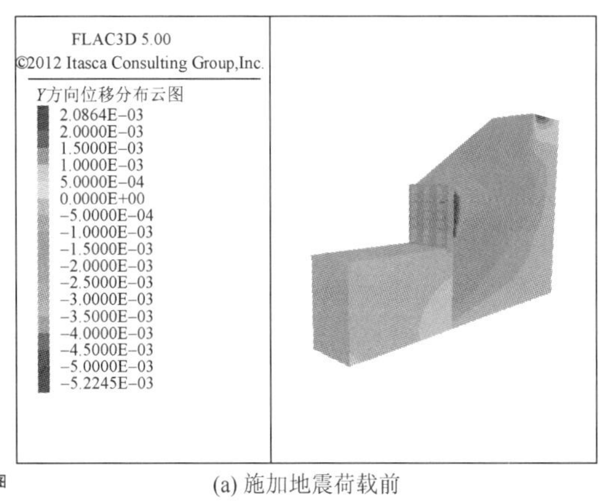

(a) 施加地震荷载前

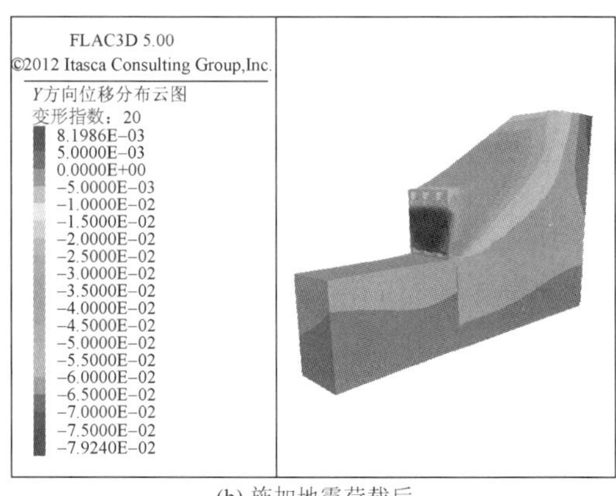

(b) 施加地震荷载后

扫一扫　见彩图

图 6-36　边坡坡体水平位移云图

图 6-37 为地震前后墙体水平位移云图。施加地震荷载前墙体顶部最大变形位移仅为 3mm[图 6-37（a）]，且具有明显的水平分带特点。施加地震荷载后，墙体位移不再具有明显的水平分带性，最大水平位移出现于墙顶左上角区域，数值上由震前的 3mm 增至 2cm[图 6-37（b）]，此时墙体底部基础最小位移也达 4.3mm，挡墙未出现倾倒或断裂破坏现象，只出现墙顶位置一定程度的弯曲现象。图 6-38 为地震前后墙体的水平应力云图，从图中可得，施加地震荷载后在地震作用下墙体整体所受水平应力明显增大。

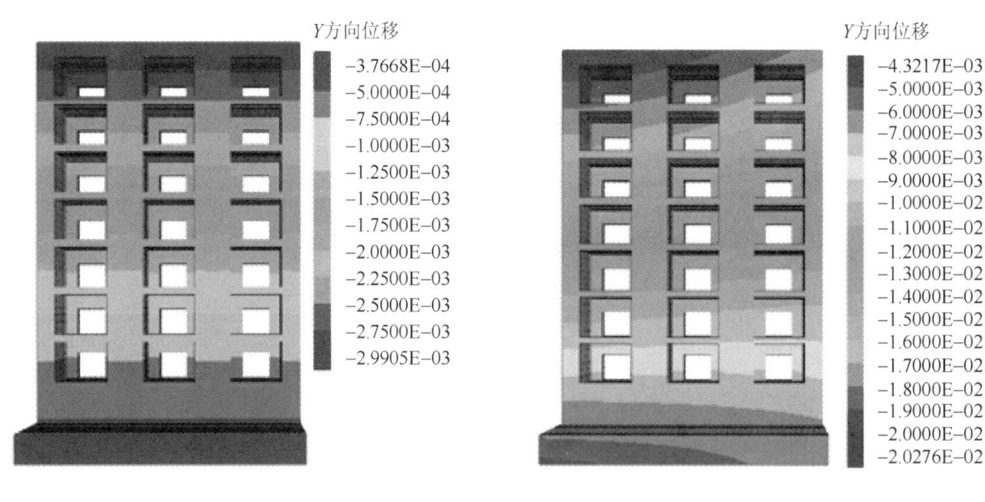

扫一扫　见彩图

(a) 施加地震荷载前　　(b) 施加地震荷载后

图 6-37　地震前后墙体水平位移云图

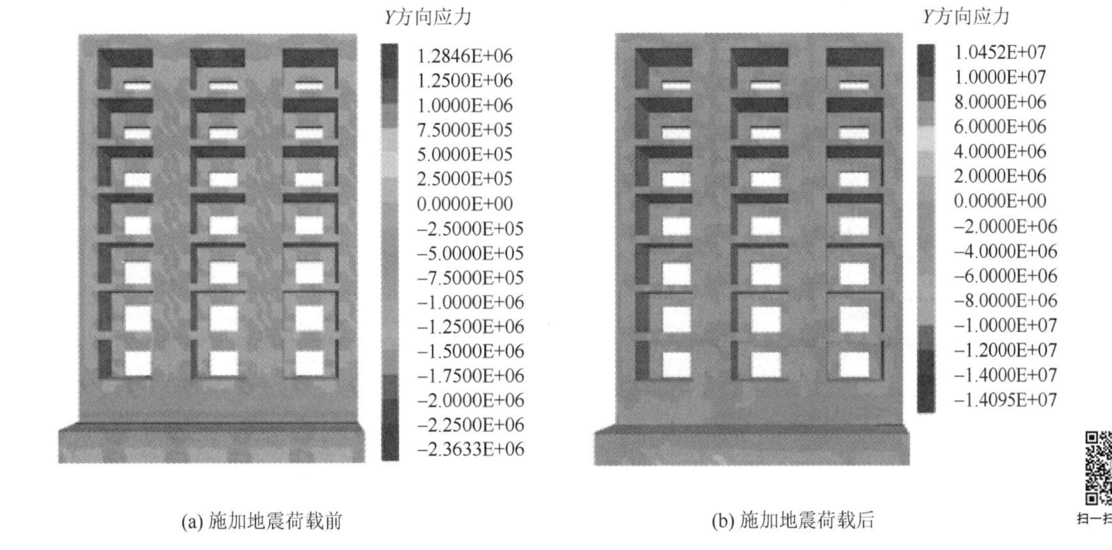

(a) 施加地震荷载前　　(b) 施加地震荷载后

图 6-38　地震前后墙体水平应力云图

综合分析可得有趾板装配式路堑挡墙在加速度峰值为 0.2g 以上的地震荷载作用下支护效果有所降低，支护后的边坡在地震中的主要破坏模式表现为墙后岩土体从墙体排水窗挤出的局部破坏，但整体稳定性尚好，最大位移不足 8cm。由此可见，装配式绿化挡墙结构兼具柔性结构的优点，在地震作用下变形程度较低，能够良好地抵抗地震变形。

2）锚杆装配式路堑挡墙结构地震动力模拟分析

如前所述，有趾板装配式路堑挡墙结构在地震荷载影响下支护效果良好，砌块间的位移容错功能可增强墙体的柔性，从而达到一定的抗震效果。为进一步增强其加固支护效果，本节将探究有趾板装配式路堑挡墙结构与锚杆共同作用下的支护效果是否能满足地震条件下的支护要求。对图 6-36 中墙高 6m 的有趾板装配式路堑挡墙模型设置三排间距 2.1m 的锚杆后，重新进行地震荷载下的数值模拟分析。由于未施加地震荷载前，采用有趾板装配式路堑挡墙结构已能满足支护要求，而增设锚杆后能使墙后坡体更加稳定，故不再模拟该条件下的墙体和坡体的位移及应力情况。图 6-39（a）为施加地震荷载后边坡模型的整体水平位移云图，由图可知，有趾板装配式路堑挡墙设置锚杆后，与图 6-36（b）相比，在地震荷载作用下未出现边坡岩土体从墙体排水窗挤出破坏的现象，最大水平位移由无锚杆时的 7.92cm 降至 2.66cm，且最大水平位移范围很小，仅出现于墙后边坡垂直开挖面，表现为可能受地震水平振动作用影响，开挖面表层岩土体出现轻微剥落。图 6-39（b）为有趾板装配式路堑挡墙设置锚杆后，在地震荷载作用下墙体的水平位移云图。对比图 6-37（b）可得，有趾板装配式路堑挡墙设置锚杆后，在地震荷载作用下墙体最大水平位移从无锚杆时的 2.0cm 降至 8.9mm，最大水平位移仍位于左上角墙顶位置。可见，在地震作用下墙体最大水平位移大幅度减小，且未出现明显变形，边坡及墙体处于良好的稳定状态。

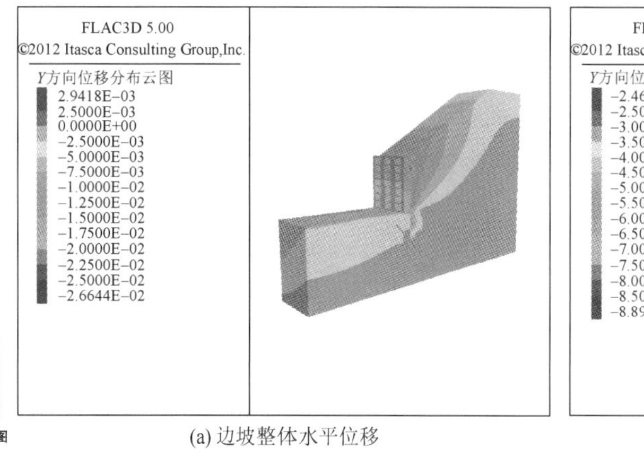

扫一扫　见彩图

(a) 边坡整体水平位移

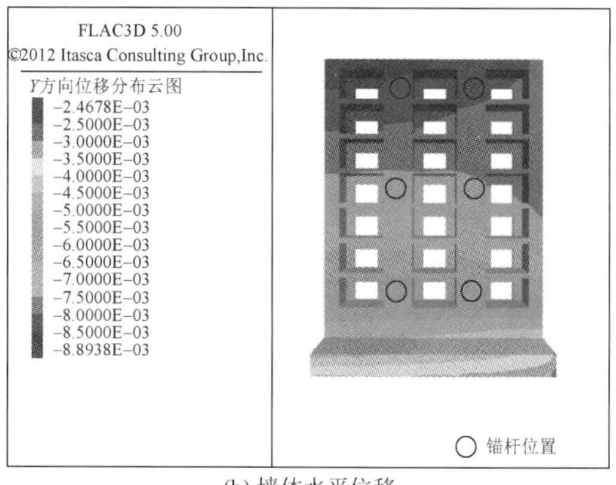

(b) 墙体水平位移

图 6-39　有趾板装配式路堑挡墙设置锚杆后在地震荷载作用下的水平位移云图

为进一步研究锚杆装配式路堑挡墙结构在地震荷载作用下的支护效果，对 6.4.2 节中墙高 9m、锚杆竖向间距为 2.1m 的锚杆装配式路堑挡墙模型进行地震动力数值模拟分析。该锚杆装配式路堑挡墙结构在无地震荷载作用下能够满足支护要求，现通过分析地震荷载作用下边坡模型的最大水平位移探究挡墙在地震荷载作用下的支护效果。

墙高 9m、锚杆竖向间距为 2.1m 的锚杆装配式路堑挡墙模型在地震荷载作用下的最大水平位移云图如图 6-40 所示。由图 6-40（a）可得，在地震荷载作用下，边坡模型最大水平位移出现于路堑坡体开挖坡面中部浅表层范围区域，为 2.9cm。此时边坡未出现大变形区域，且整体处于稳定状态，表明锚杆装配式路堑挡墙结构在地震荷载作用下仍具有较好的支护效果。由图 6-40（b）可得，墙体最大水平位移出现于上部区域，数值为 2.1cm。墙体最大水平位移范围较大，墙体上锚杆位置区域位移相对较小，且在地震荷载作用下，墙体最大水平位移无明显的水平分带性。对比 6.4.2 节中无地震作用的情况，墙体结构上部区域的变形受地震作用影响较大，墙体下部位置的变形则无明显影响。

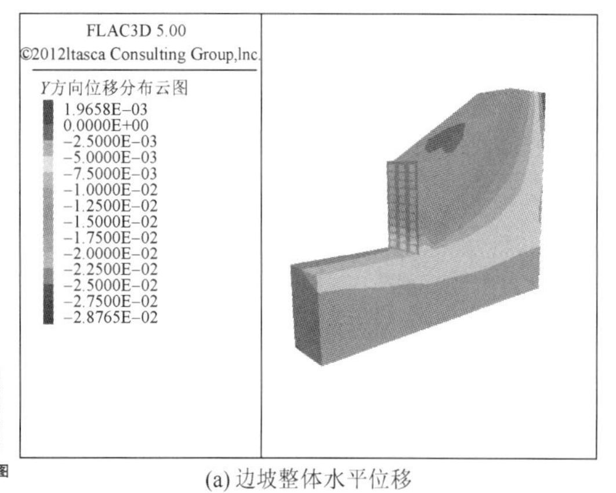

扫一扫　见彩图

(a) 边坡整体水平位移

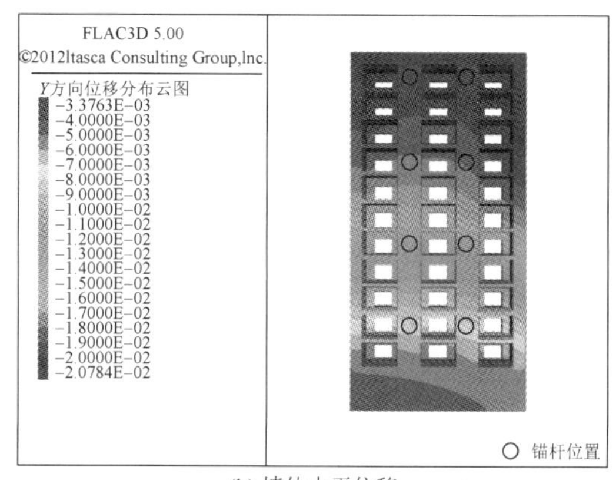

(b) 墙体水平位移

图 6-40　墙高 9m 锚杆装配式路堑挡墙在地震荷载作用下的水平位移云图

综上分析可得，对于岩体质量等级为第Ⅴ级的坡体，在地震加速度峰值为 0.2g 左右的地区，墙高 6m 的有趾板装配式路堑挡墙受地震作用影响其支护效果可能发生局部失效，岩土体自墙体排水窗挤出，但在墙体设置间距为 2.1m 的锚杆后，墙后开挖坡体能处于稳定状态，且墙高为 9m 的锚杆装配式路堑挡墙在地震作用下仍具有较好的支护效果，表明锚杆装配式路堑挡墙结构在该种地震荷载作用下能够满足支护要求。

6.5 小　结

装配式路堑挡墙紧贴开挖坡体装配施作，故多无踵板设置空间，必要时设置趾板和凸榫。无趾板和凸榫时，墙体水平位移沿墙高的分布规律与悬臂梁结构受三角形分布荷载的挠度曲线类似，墙体变形破坏方式为绕墙趾向坡外倾覆，墙顶最大水平位移可达 15mm 左右。墙体主要表现为肋柱受压，且肋柱与基础底板连接处发生显著应力集中，故应合理进行构造柱配筋，并加强肋柱于基础底板处的配筋设计，以承受更大的岩土压力。预制块植生槽基本无压应力，因此在可承受植生岩土体及植被重量的前提下，预制块单元在工厂预制加工时可以适当减小植生槽板厚度。

挡墙单独设置趾板时，墙体变形破坏方式仍为绕原墙趾倾覆。趾板宽度为 1m 时，较无趾板情况墙体位移显著减小，减小幅度达 58%，但之后再继续增大趾板宽度，墙体位移的减小不再明显。趾板宽度越大，其上覆岩土压力在趾板与墙体连接处形成的弯矩也越大，从而增大趾板与墙体连接处的应力。故工程设计中不可盲目增大趾板宽度，建议趾板宽度设置为 1～1.5m。

在墙趾宽度为 1m 的条件下设置凸榫时，可有三种设置位置，即基础后端、基础中间（趾板中部）、基础前端（趾板前缘）。前两种位置条件下，挡墙的变形破坏模式均为绕趾板转动破坏模式。凸榫设置于基础后端和趾板前缘明显优于设置在基础中间。由墙体位移和应力集中现象可知，凸榫设置于趾板前缘优于设置于基础后端。但从施工可行性出发，凸榫设置于基础后端优于设置在趾板前缘，因为设置在基础后端，在开挖基槽时便可实施凸榫槽的开挖，而不像设置在趾板前缘时会造成多槽开挖，从而影响其他工序。故凸榫位置的设定应结合具体工程实际综合优选。

锚杆的设置会显著改善装配式路堑挡墙，尤其是地震工况下的装配式路堑挡墙的受力和位移。挡墙设置锚杆时，锚杆竖向间距会显著影响锚杆装配式路堑挡墙的变形和稳定性，对于岩体质量等级为Ⅴ级的路堑边坡，建议锚杆竖向间距为 2.1m。在地震加速度峰值为 0.2g 左右的地区，墙高 6m 的有趾板无锚杆装配式路堑挡墙在地震作用下可能发生局部失效，岩土体自墙体排水窗挤出；但设置间距为 2.1m 的锚杆后墙体稳定且墙高为 9m 的锚杆装配式路堑挡墙在地震作用下仍具有较好的加固效果。

第 7 章　装配式绿化路堤挡墙稳定特性

填方路堤也可采用装配式绿化挡墙进行加固防护，工程实践中已成功应用。与挖方路堑不同的是，填方路堤对于装配式绿化挡墙而言具有较充足、灵活的布置和施工空间，故装配式绿化挡墙在结构构造上有充分的选择，踵板、趾板和凸榫均可方便地施工，而不像路堑挡墙因为空间限制不利于墙踵的施工。另外，根据工程情况（如高速公路的等级、铁路的设计时速及基床形式等）的不同，填方路堤的填料会有所差别，这将对装配式绿化挡墙的受力产生影响。在工程设计中，应综合考虑不同填料性质条件下，踵板、趾板、凸榫对装配式绿化挡墙位移及受力的影响，优化挡墙结构[47]。

本章采用 FLAC3D 数值模拟方法研究不同填料参数情况下踵板、趾板及凸榫对挡墙稳定性的影响。该类挡墙的应用尚未获得工程实践的充分验证，且无成熟的规范和规程可依，故高级别公路、铁路应用得较少，本章模拟主要结合二级公路填料特征及相关参数展开。

7.1　踵板对挡墙稳定性的影响

7.1.1　模型简介

由于路堤模型一般具有对称性，故本节模拟采用 1/2 模型进行分析，模型设计如图 7-1 所示，挡墙高 6.0m、长 9.0m（边坡走向方向）、宽度为 0.8m；地基计算深度为 8.0m、计算宽度为 14.8m；填土高度为 6.0m、设计坡度为 1∶0，即垂直边坡[图 7-1（a）]。数值模型及坐标设置如图 7-1（b）所示，垂直于分析平面的方向为 X 方向且向里为正，水平方向为 Y 轴方向且指向坡里为正，竖直方向为 Z 方向且向上为正，坐标系统符合右手法则。路

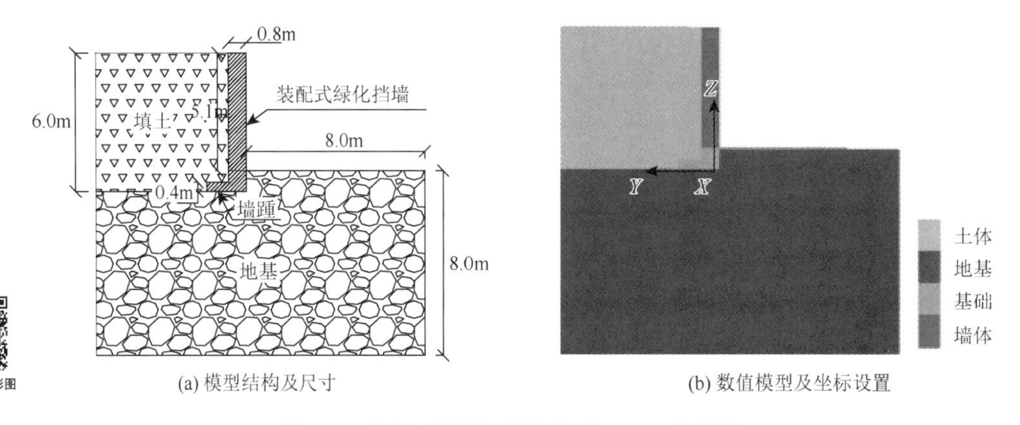

(a) 模型结构及尺寸　　(b) 数值模型及坐标设置

图 7-1　装配式路堤挡墙结构及 FLAC 模型图

基与填土均采用摩尔-库仑模型，墙体部分设置为弹性模型。根据《公路路基设计规范》（JTG D30—2004），二级公路车辆荷载为 15kPa，故本章模拟在 z 平面上施加 15kPa 的荷载。

本节主要模拟墙踵对装配式路堤挡墙墙体稳定性的影响，模拟过程中墙踵宽度（Y 轴方向）分别取为 1m、2m、3m，并记为 ZB1、ZB2、ZB3。根据《公路路基设计规范》（JTG D30—2004），二级公路填方路基压实度需满足 $D_r \geqslant 95\%$，经查阅路堤填料相关文献，确定填料参数，并归纳分类为三种类型：路堤填料参数一（路堤压实度 $D_r = 95\%$）、路堤填料参数二（路堤压实度 $D_r = 96\%$）、路堤填料参数三（路堤压实度 $D_r = 97\%$），并分别标记为 TL1、TL2、TL3。在此基础上，采用 FLAC3D 软件模拟不同墙踵长度对墙体稳定性的影响，墙踵长度与墙体长度一致，厚度取为 40cm。

7.1.2　路堤填料参数一

1）物理力学参数

第一种模拟条件下的路堤填料参数是根据文献[47]选取的，路堤填料为隧道出土（具体为粉质黏土），填方路基压实度为 95%，各部分的物理力学参数见表 7-1。

表 7-1　模型中各部分的物理力学参数

项目	重度/(kN/m³)	黏聚力 c/(kPa)	内摩擦角 φ/(°)
填料	17.89	12.7	9.1
路基	23.00	12.0	21.0
墙体	11.35	—	—
基础	25.00	—	—

墙体容重计算：将 7 层预制块墙体简化为底面长 1.5m、宽 0.8m、高 4.9m 的棱柱体。如前所述，墙体总质量包括预制块、混凝土构造柱及植生槽内客土的质量，据此可求得墙体平均容重。根据现场调研，客土一般填至墙体植生槽体积的 80%，单块预制块的质量为 340kg；重力加速度 g 取 9.8N/kg；构造柱的横截面积为 0.149m^2；种植土容重一般为 8～10kN/m^3，考虑到蓄水的因素取 18kN/m^3。经计算，这种简化结构的墙体混凝土换算容重为 11.36kN/m^3[$(340\times7\times9.8/1000 + 25\times0.149\times4.9 + 18\times7\times0.2)/(1.5\times0.8\times4.9) = 11.36(\text{kN/m}^3)$]。

2）数值模拟结果分析

（1）踵板宽度为 1m 时。

数值模拟计算得出踵板宽度为 1m 时的模型整体 Y 轴位移云图及墙体 Y 轴位移云图，如图 7-2 和图 7-3 所示。由图 7-2 可知，模型整体位移最大为 54.7mm，位于墙体顶部及顶部周围接触的岩土体附近，距离墙体越远，岩土体位移越小。地基土位移变化较小，变化范围为 0～4.5mm。由图 7-3 还可以看出墙体发生了一定程度的倾斜，墙体位移变形方向指向坡外，墙体位移由墙体底部至墙顶逐渐增大，最大值为 54.7mm，位于墙顶，墙体底部位移仅 1.1mm 左右，这说明墙体的位移模式为向坡外倾覆，倾覆角 β（偏离竖直方向的角度）为 0.51°。因此，墙体和岩土体的变形是同步的，二者并未脱离，边坡整体稳定，墙体的位移主要是主动土压力引起的。

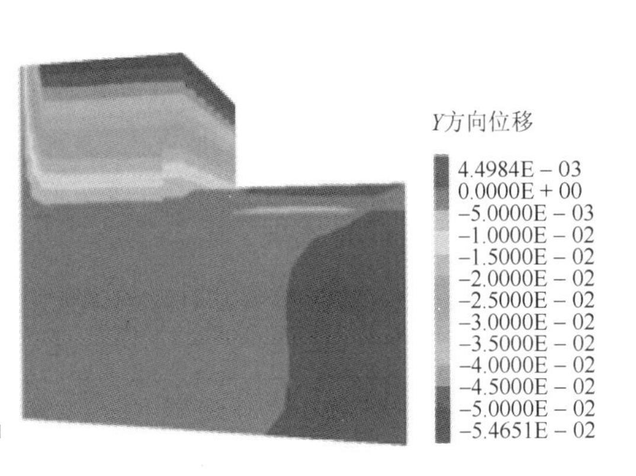

图 7-2　TL1-ZB1 模型整体 Y 轴位移云图

TL1 指第一种填料，ZB1 指踵板宽度为 1m，下同

图 7-3　TL1-ZB1 墙体 Y 轴位移云图

图 7-4 为踵板宽度为 1m 时的墙体 Y 轴应力（水平应力）分布云图，由图可知，挡墙整体上在墙后填料的影响下受力均匀，墙体最大应力均为压应力，底部压应力比中上部压应力大。构造柱与墙体底面接触处出现拉应力，说明墙体出现了绕墙体与墙踵连接处的向坡外的一定程度的倾覆。

图 7-4　TL1-ZB1 墙体 Y 轴应力分布云图

（2）踵板宽度为 2m 时。

在该路堤填料参数下，模拟计算得出踵板宽度为 2m 时的模型整体 Y 轴位移云图及墙体 Y 轴位移云图，如图 7-5 和图 7-6 所示。从图 7-5 中可以看出模型整体位移最大为 4.6mm，

同样位于墙体顶部及顶部周围接触的岩土体附近，距离墙体越远，岩土体位移越小。墙后填土及地基土位移变化更小，不足 1mm。由图 7-6 还可以看出墙体仍然发生了指向坡外的倾斜，但程度轻微。墙体位移由顶部至墙底逐渐减小，最大值为 4.6mm，位于墙体顶部；最小值为 0.2mm，位于墙踵附近，倾覆角 β 为 0.04°。

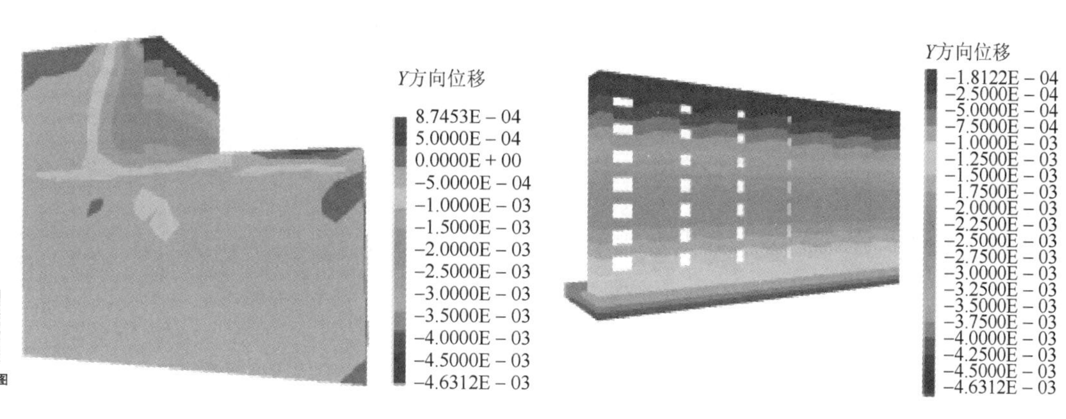

扫一扫 见彩图

图 7-5 TL1-ZB2 模型整体 Y 轴位移云图　　图 7-6 TL1-ZB2 墙体 Y 轴位移云图

图 7-7 为踵板宽度为 2m 时的墙体 Y 轴应力（水平应力）分布云图，与图 7-4 相比，挡墙整体受力更为均匀，但此时墙踵板上侧面出现拉应力，下侧面则出现压应力，这一方面是由于墙体向外倾覆，另一方面是由于踵板上填土的压力。

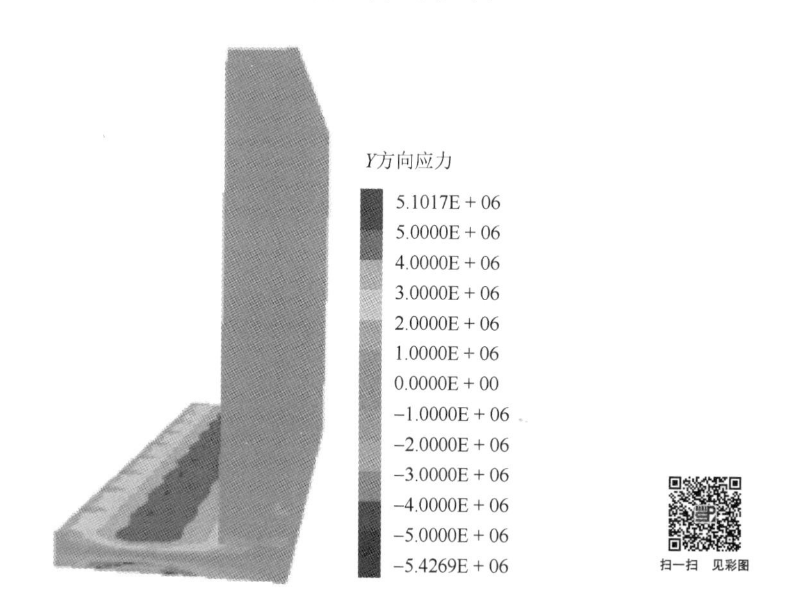

扫一扫 见彩图

图 7-7 TL1-ZB2 墙体 Y 轴应力分布云图

（3）踵板宽度为 3m 时。

踵板宽度为 3m 时，模型整体及墙体的 Y 轴位移云图分别如图 7-8 和图 7-9 所示。由图 7-8 可知，模型整体位移最大为 6.0mm，依然位于墙体顶部及其周围接触的岩土体，距离墙体越近，岩土体位移越大，这与踵板宽度分别为 1m、2m 时的情况相同。由图 7-9 依然可以看出墙体发生了倾斜，墙体位移变形方向指向坡外。墙体位移由顶部至墙底逐渐减小，最大值为 6.0mm，位于墙体顶部；最小值为 0.4mm，位于墙踵，倾覆角 β 为 0.05°。

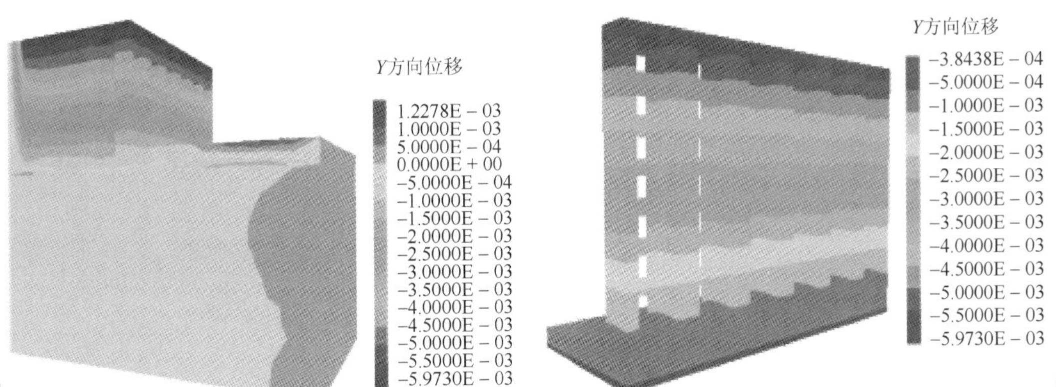

图 7-8　TL1-ZB3 模型整体 Y 轴位移云图　　图 7-9　TL1-ZB3 墙体 Y 轴位移云图

图 7-10 为踵板宽度为 3m 时的墙体 Y 轴应力分布云图，由图可知，挡墙整体受力较均匀，但与图 7-7 相比发生了明显的应力集中，说明踵板在 2m 的基础上继续加宽并不利于墙体的整体受力，这可能是由于过宽的踵板在墙体倾覆时将产生应力集中，而且踵板上的填土也会形成荷载，在该荷载的作用下，踵板会产生位移，也会牵引墙体形成应力集中。与踵板宽度为 2m 时相比，墙踵板上侧面有更大的拉应力，踵板底部也产生了更大的压应力。

图 7-10　TL1-ZB3 墙体 Y 轴应力分布云图

3）理论计算分析

（1）踵板宽度为 1m 时。

基底摩擦系数 $\mu=0.500$，抗滑移稳定系数 $K_c=1.416>1.300$，满足《公路路基设计规范》（JTG D30—2015）的要求。验算滑动稳定方程，得到方程值 = 47.931kN＞0，满足规范的要求。

倾覆验算不满足：$K_0=1.155<1.500$；

倾覆稳定方程满足：方程值 = 15.387kN/m＞0；

作用于基底的合力偏心距验算不满足：e = 0.778＞0.200×1.800 = 0.360(m)。

（2）踵板宽度为 2m 时。

基底摩擦系数 μ = 0.500，抗滑移稳定系数 K_c = 2.111＞1.300，满足规范的要求。验算滑动稳定方程，得到方程值 = 134.020kN＞0，满足规范的要求。

倾覆验算满足：K_0 = 3.802＞1.500；

倾覆稳定方程满足：方程值 = 530.207kN/m＞0；

作用于基底的合力偏心距验算满足：e = 0.573＜0.250×3.800 = 0.950(m)。

（3）踵板宽度为 3m 时。

基底摩擦系数 μ = 0.500，抗滑移稳定系数 K_c = 1.698＞1.300，满足规范的要求。验算滑动稳定方程，得到方程值 = 83.716kN＞0，满足规范的要求。

倾覆验算满足：K_0 = 2.258＞1.500；

倾覆稳定方程满足：方程值 = 216.136kN/m＞0；

作用于基底的合力偏心距验算满足：e = 0.659＜0.250×2.800 = 0.700(m)。

4）踵板宽度对挡墙稳定性的影响

不同踵板宽度情况下，墙体最大位移、抗滑移稳定系数 K_c 及抗倾覆稳定系数 K_0 汇总于表 7-2。

表 7-2 TL1 条件下不同踵板宽度时的墙体最大位移、K_c、K_0 汇总

填料参数	1m 踵板模型	2m 踵板模型	3m 踵板模型
墙体最大位移/mm	54.7	4.6	6.0
抗滑移稳定系数 K_c	1.416	2.111	1.698
抗倾覆稳定系数 K_0	1.155	3.802	2.258

根据表 7-2，绘制路堤填料参数一条件下，不同踵板宽度与墙体最大位移、抗滑移稳定系数 K_c 及抗倾覆稳定系数 K_0 的关系曲线，如图 7-11 所示。

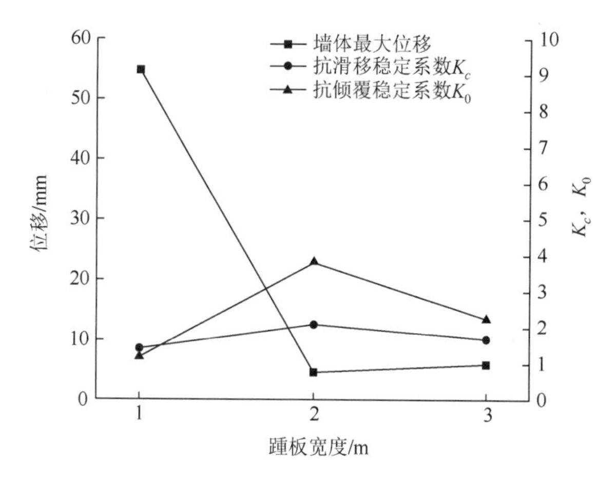

图 7-11 TL1 条件下踵板宽度与墙体最大位移、K_c、K_0 的关系曲线

由表 7-2 以及图 7-11 可知，当踵板宽度为 1m 时，墙体产生的最大位移为 54.7mm，在三种踵板宽度的墙体模型位移中为最大者，抗滑移稳定系数 K_c 为 1.416＞1.300，满足规范的要求；抗倾覆稳定系数 K_0 为 1.155＜1.500，不满足规范的要求，所以踵板宽度为 1m 时，墙体处于欠稳定状态。当踵板宽度分别为 2m、3m 时，K_c 和 K_0 均大于规范规定的值（$K_c \geqslant 1.300$ 和 $K_0 \geqslant 1.500$），且墙踵长度为 2m 时，抗滑移稳定系数和抗倾覆稳定系数均为三种模型中的最大值，墙体较为稳定，故推荐踵板宽度为 2m（仅设踵板，不设趾板和凸榫时）。继续增大踵板宽度将会形成墙体及踵板上的应力集中，反而不利于墙体的受力协调和整体稳定性。

7.1.3　路堤填料参数二

1）物理力学参数

路堤填料参数二根据文献[47]选取，路堤填料为较好的黏性土时，填方路基压实度为 96%，各土层具体物理力学参数见表 7-3，墙体部分材料的物理力学参数按表 7-1 取值。

表 7-3　各土层物理力学参数

岩土体性质	容重/(kN/m^3)	黏聚力 c/kPa	内摩擦角 φ/(°)
填土	18	49.6	27.3
路基	23	12.0	21.0

2）数值模拟结果分析

（1）踵板宽度为 1m 时。

TL2-ZB1 条件（即第二种填料、踵板宽度为 1m）下的模型整体 Y 轴位移云图及墙体 Y 轴位移云图分别如图 7-12 和图 7-13 所示。由图可知，墙体及边坡岩土体的位移模式及量值与 TL1 条件时的类似，模型整体位移最大为 52.7mm，位于墙体顶部；墙后岩土体的

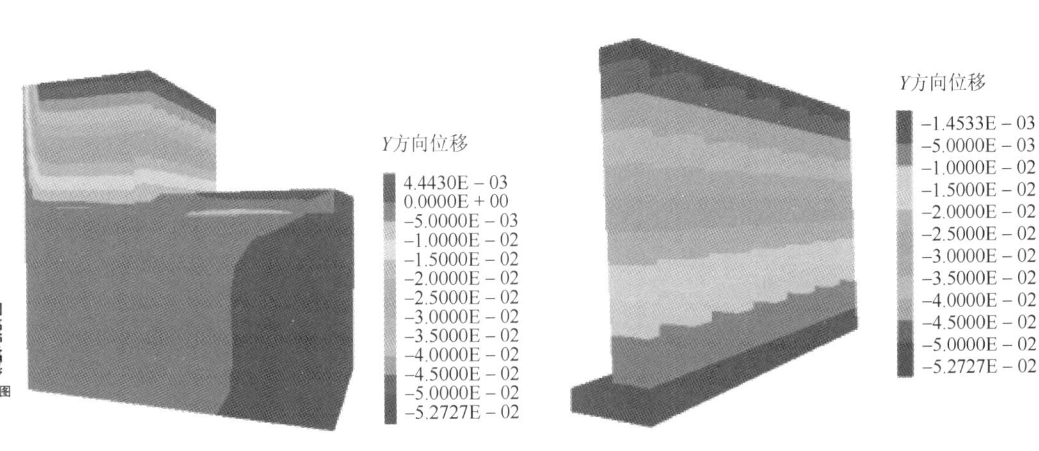

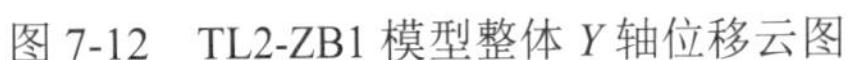

图 7-12　TL2-ZB1 模型整体 Y 轴位移云图　　　图 7-13　TL2-ZB1 墙体 Y 轴位移云图

位移沿 Y 轴正向逐渐减小。从总体上讲，墙后填土及地基土位移较小，仅为 0～4.4mm。由图 7-13 还可以看出墙体 Y 轴位移（水平位移）沿 Z 轴正向逐渐增大，墙顶处最大，墙体底部仅 1.5～5mm，墙顶向坡外的水平位移是墙体底部的 36.3 倍，这说明墙体的位移模式为向坡外倾覆，倾覆角 β 为 0.49°。

该条件下的墙体 Y 轴应力分布如图 7-14 所示，可见，挡墙整体在墙后填料的作用下具有一定的局部应力集中，墙体底部应力大于中上部，构造柱与墙体底部连接处压应力较大。

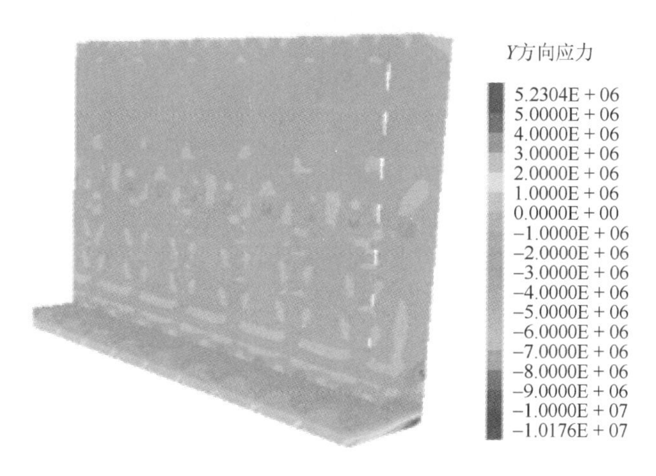

图 7-14　TL2-ZB1 墙体 Y 轴应力分布云图

（2）踵板宽度为 2m 时。

TL2-ZB2 条件下的模型整体 Y 轴位移云图及墙体 Y 轴位移云图分别如图 7-15 和图 7-16 所示。图 7-15 显示模型整体位移最大为 4.5mm，位于墙体顶部及顶部周围接触的岩土体附近，距离墙体越远，岩土体位移越小，表明墙体和坡体未脱离。墙后填土及地基土位

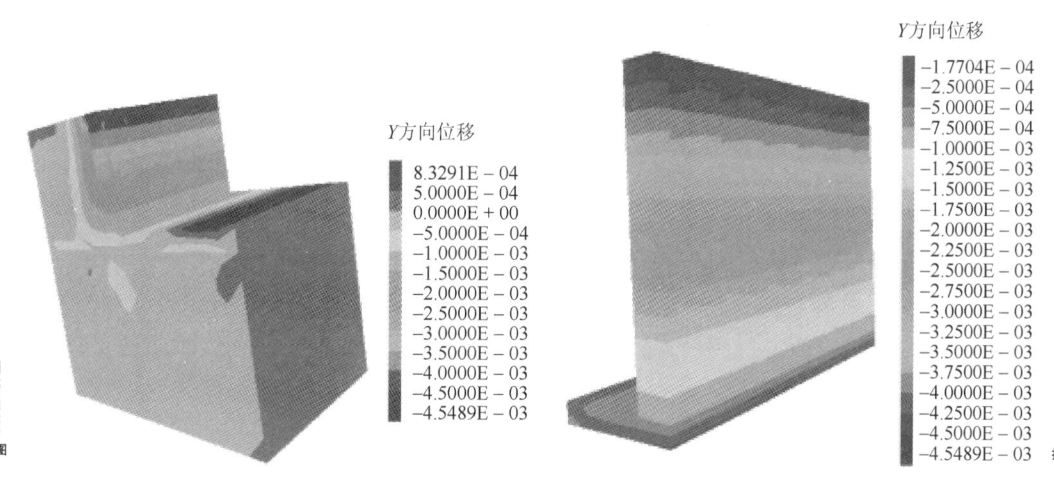

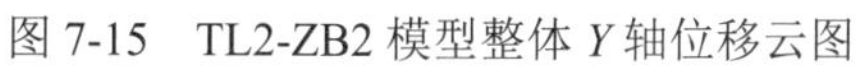

图 7-15　TL2-ZB2 模型整体 Y 轴位移云图　　图 7-16　TL2-ZB2 墙体 Y 轴位移云图

移变化较小，为 0～0.8mm。由图 7-16 还可以看出墙体位移的分布特征，即随着墙高的增加墙体水平位移逐渐增大，墙体位移变形方向指向坡外，最大值为 4.5mm，位于墙体顶部；最小值为 0.2mm，位于墙踵附近，倾覆角 β 为 0.04°。

图 7-17 为踵板宽度为 2m 时的墙体 Y 轴应力（水平应力）分布云图，可见，与踵板宽度为 1m 时的情况相比，挡墙整体受力更为均匀，墙踵板上侧面出现拉应力，下侧面则出现压应力，分析其原因，与 TL1 条件类似，是墙体向外倾覆及踵板上填土的压力所致。

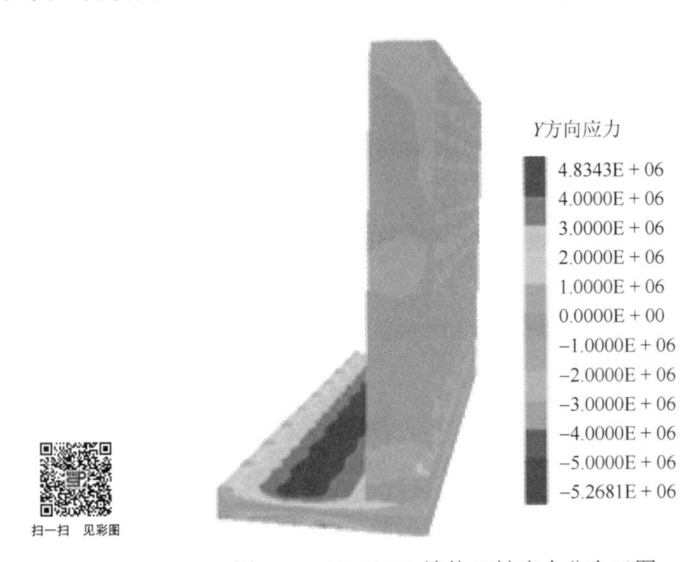

图 7-17　TL2-ZB2 墙体 Y 轴应力分布云图

（3）踵板宽度为 3m 时。

TL2-ZB3 条件下的模型整体 Y 轴位移云图及墙体 Y 轴位移云图分别如图 7-18 和图 7-19 所示。可见，模型整体的位移出现在墙体顶部，为 6.8mm，方向为 Y 轴负向，即指向坡外。地基土位移变化较小，变化范围为 0～1.3mm。由图 7-19 还可以看出墙体位移的变化趋势，即随着墙高的增加墙体水平位移逐渐增大，最大值为 6.8mm，位于墙体顶部；最小值为 0.4mm，位于墙踵底部，墙体倾覆角 β 为 0.08°。

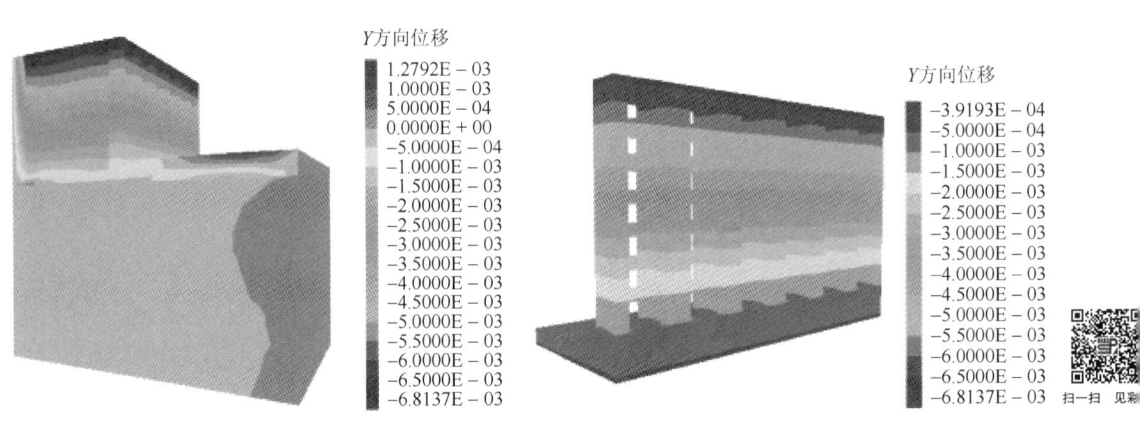

图 7-18　TL2-ZB3 模型整体 Y 轴位移云图

图 7-19　TL2-ZB3 墙体 Y 轴位移云图

图 7-20 为 TL2-ZB3 条件下的墙体 Y 轴应力分布云图，由图可知，挡墙整体受力较均匀，但与图 7-17 相比发生了明显的应力集中，这同样说明踵板在 2m 的基础上继续加宽并不利于墙体的整体受力和稳定性。这可能是由于过宽的踵板在墙体倾覆时将产生应力集中，而且踵板上的填土会形成荷载，在该荷载的作用下，踵板会产生位移，也会牵引墙体形成应力集中。与踵板宽度为 2m 时相比，墙踵板上侧面有更大的拉应力，踵板底部也产生了更大的压应力。

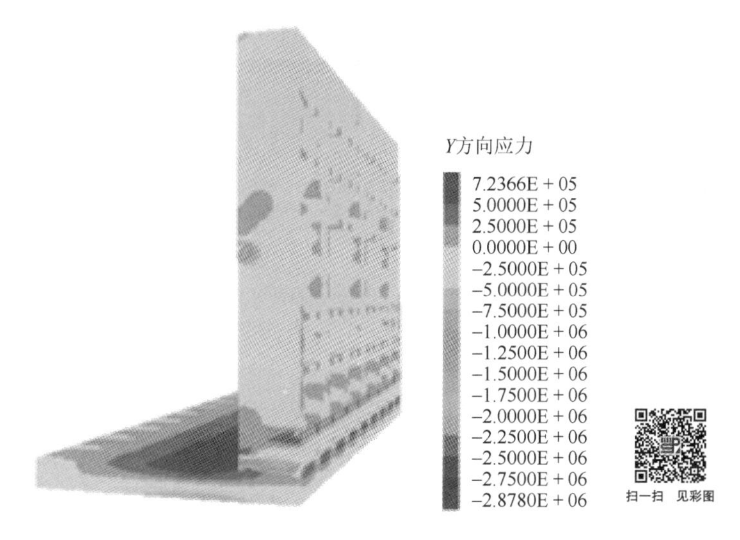

图 7-20　TL2-ZB3 墙体 Y 轴应力分布云图

3）理论计算分析

（1）踵板宽度为 1m 时。

基底摩擦系数 $\mu = 0.500$，抗滑移稳定系数 $K_c = 1.234 < 1.300$，不满足规范的要求。验算滑动稳定方程，得到方程值 = 35.020kN＞0，满足规范的要求。

倾覆验算不满足：$K_0 = 1.027 < 1.500$；

倾覆稳定方程不满足：方程值 = −15.893kN/m＜0；

作用于基底的合力偏心距验算不满足：$e = 0.875 > 0.200 \times 1.800 = 0.360$(m)。

（2）踵板宽度为 2m 时。

基底摩擦系数 $\mu = 0.500$，抗滑移稳定系数 $K_c = 2.092 > 1.300$，满足规范的要求。验算滑动稳定方程，得到方程值 = 135.451kN＞0，满足规范的要求。

倾覆验算满足：$K_0 = 3.787 > 1.500$；

倾覆稳定方程满足：方程值 = 542.335kN/m＞0；

作用于基底的合力偏心距验算满足：$e = 0.395 < 0.16700 \times 2.800 \approx 0.468$(m)。

（3）踵板宽度为 3m 时。

基底摩擦系数 $\mu = 0.500$，抗滑移稳定系数 $K_c = 1.679 > 1.300$，满足规范的要求。验算滑动稳定方程，得到方程值 = 83.902kN＞0，满足规范的要求。

倾覆验算满足：$K_0 = 2.247 > 1.500$；

倾覆稳定方程满足：方程值 = 220.273kN/m＞0；

作用于基底的合力偏心距验算满足：e = 0.568＜0.16700×3.800 ≈ 0.635(m)。

4）踵板宽度对挡墙稳定性的影响

不同踵板宽度条件下，墙体最大位移、抗滑移稳定系数 K_c 及抗倾覆稳定系数 K_0 见表 7-4，关系曲线如图 7-21 所示。

表 7-4　TL2 条件下不同踵板宽度时的墙体最大位移、K_c、K_0 汇总

填料参数	1m 踵板模型	2m 踵板模型	3m 踵板模型
墙体最大位移/mm	52.7	4.5	6.8
抗滑移稳定系数 K_c	1.234	2.092	1.679
抗倾覆稳定系数 K_0	1.027	3.787	2.247

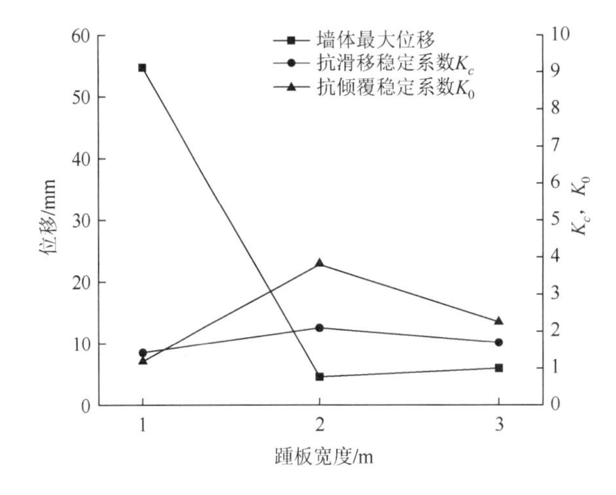

图 7-21　TL2 条件下踵板宽度与墙体最大位移、K_c、K_0 的关系曲线

由表 7-4 及图 7-21 可知，当踵板宽度为 1m 时，墙体最大位移为 52.7mm，在三种踵板宽度中最大，抗滑移稳定系数 K_c 为 1.234＜1.300、抗倾覆稳定系数 K_0 为 1.027＜1.500，均不满足规范要求。当踵板宽度为 2m 时，墙体最大位移为 4.5mm，在三种踵板宽度中最小。当踵板宽度分别为 2m、3m 时，K_c 和 K_0 均大于规范规定的值，且踵板宽度为 2m 时，抗滑移稳定系数和抗倾覆稳定系数最大，墙体稳定性也最好，故在 TL2 条件下仍推荐踵板宽度为 2m。继续增大踵板宽度将会形成墙体及踵板上的应力集中，反而不利于墙体的受力协调和整体稳定性。

7.1.4　路堤填料参数三

1）物理力学参数

TL3 填料参数根据文献[47]选取，路堤填料为级配较好的砂类土时，填方路基压实度为 97%。各土层具体物理力学参数见表 7-5，其他结构的参数按表 7-1 取值。

表 7-5　各土层物理力学参数

岩土体性质	容重/(kN/m^3)	黏聚力 c/kPa	内摩擦角 φ/(°)
填土	19.5	17	20
路基	20.0	12	21

2）数值模拟结果分析

（1）踵板宽度为 1m 时。

该路堤填料参数下踵板宽度为 1m 的模型整体 Y 轴位移云图及墙体 Y 轴位移云图分别如图 7-22 和图 7-23 所示。从图 7-22 中可以看出模型整体位移最大为 72.6mm，位于墙体顶部。图 7-23 显示，墙体发生一定的倾斜，墙体位移由顶部至墙踵逐渐减小，墙体位移变形方向指向坡外，最大值为 72.6mm（墙体顶部），最小值为 1.0mm（墙踵底部），倾覆角 β 为 0.68°。

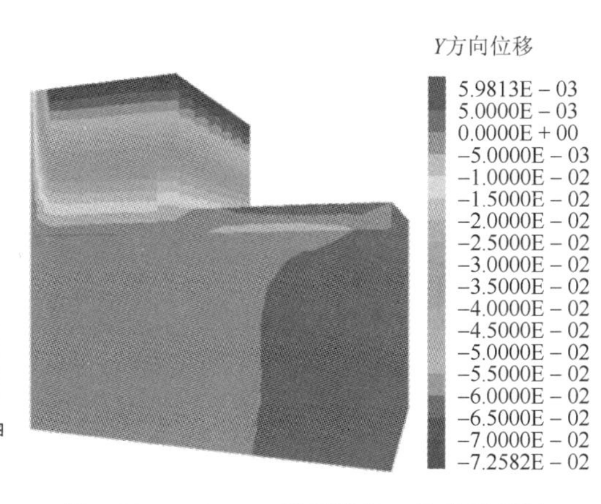

图 7-22　TL3-ZB1 模型整体 Y 轴位移云图

图 7-23　TL3-ZB1 墙体 Y 轴位移云图

图 7-24 为 TL3-ZB1 条件下的墙体 Y 轴应力分布云图，可见，在该条件下墙体应力较均匀，墙体底部应力大于中上部，构造柱与墙体底面接触处压应力最大。由于受到踵板填料的影响，踵板底部压应力大于上部。

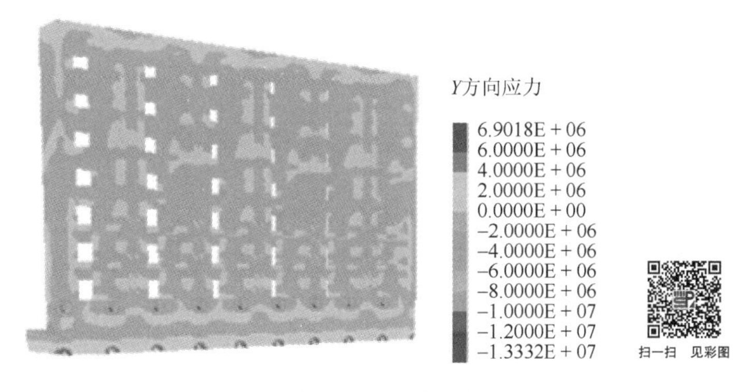

图 7-24　TL3-ZB1 墙体 Y 轴应力分布云图

（2）踵板宽度为 2m 时。

数值模拟计算得出的 TL3-ZB2 模型整体 Y 轴位移云图及墙体 Y 轴位移云图分别如图 7-25 和图 7-26 所示。从图 7-25 中可以看出模型整体位移最大为 6.7mm，位于墙体顶部及顶部周围接触的岩土体附近；距离墙体越远，由墙身与岩土体相互作用造成的影响越小，岩土体位移也越小；墙后填土及地基土位移变化极小，变化范围为 0～0.9mm。由图 7-26 可以看出，墙体位移变形方向指向坡外，且由顶部至墙踵逐渐减小，最大值为墙顶处的 6.7mm；最小值为 0.1mm，位于墙踵底部，倾覆角 β 为 0.06°。

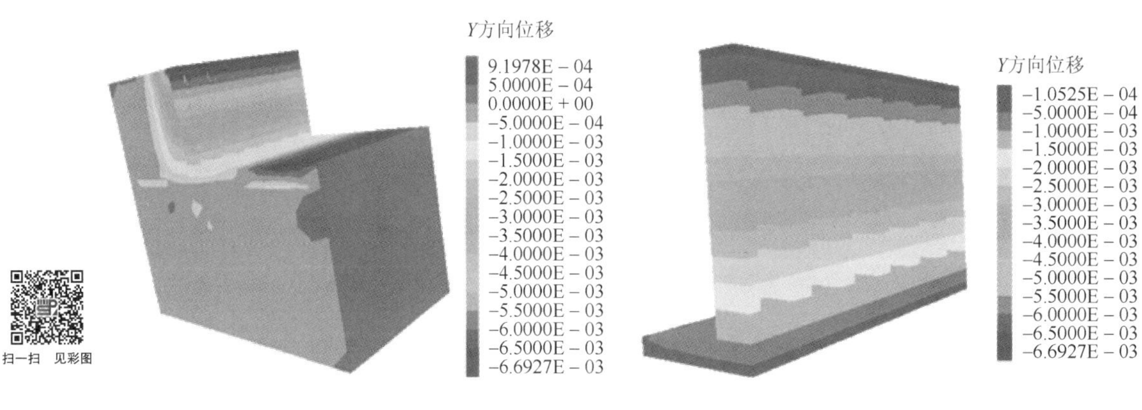

图 7-25　TL3-ZB2 模型整体 Y 轴位移云图　　　　图 7-26　TL3-ZB2 墙体 Y 轴位移云图

图 7-27 为 TL3-ZB2 条件下的墙体 Y 轴应力分布云图，由图可知，挡墙整体在墙后填料的影响下受力均匀，墙体最大应力均为压应力。另外，由于墙体倾覆和踵板上填料的影响，墙踵板附近应力变化较大，其侧面有较大拉应力，踵板底部有较大压应力。

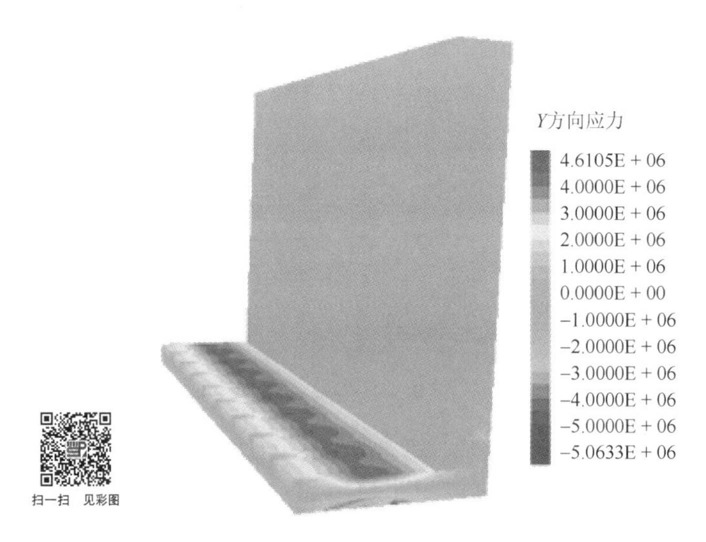

图 7-27　TL3-ZB2 墙体 Y 轴应力分布云图

（3）踵板宽度为 3m 时。

TL3-ZB3 模型整体 Y 轴位移云图及墙体 Y 轴位移云图分别如图 7-28 和图 7-29 所示。从图 7-28 中可以看出模型整体位移最大为 6.7mm，位于墙体顶部及顶部周围接触的岩土体附近；距离墙体越远，由墙身与岩土体相互作用造成的影响越小，岩土体位移也越小；墙后填土及地基土位移变化较小，变化范围为 0～1.3mm。由图 7-29 可以看出，墙体位移变形方向指向坡外，墙体位移由顶部至墙踵逐渐减小，最大值为 6.7mm，位于墙体顶部；最小值为 0.3mm，位于墙踵底部，倾覆角 β 为 0.06°。

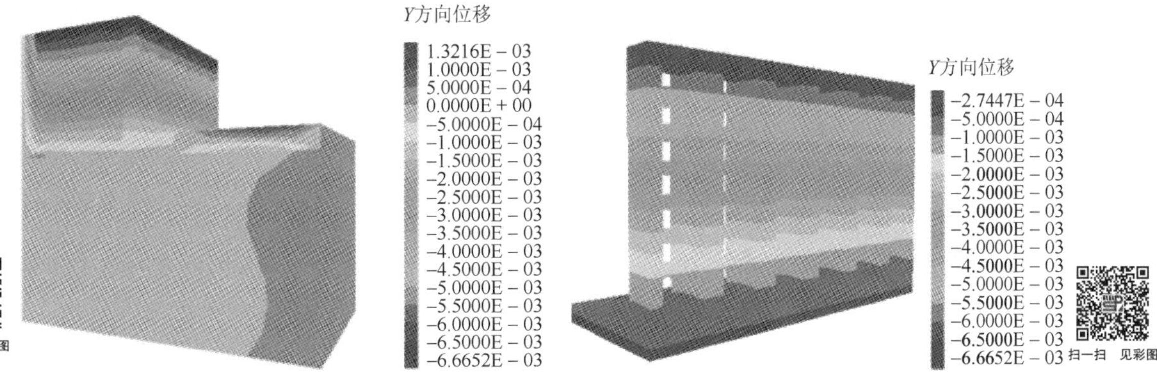

图 7-28　TL3-ZB3 模型整体 Y 轴位移云图　　图 7-29　TL3-ZB3 墙体 Y 轴位移云图

图 7-30 为 TL3-ZB3 条件下的墙体 Y 轴应力分布云图，由图可知，墙体底部应力大于中上部，且构造柱与墙体底部接触处有较大应力。另外，墙体中部出现了明显的应力集中现象。墙踵板附近应力有较大变化，其侧面有较大拉应力，且由于受到踵板上覆填料压力的影响，踵板底部有较大压应力。

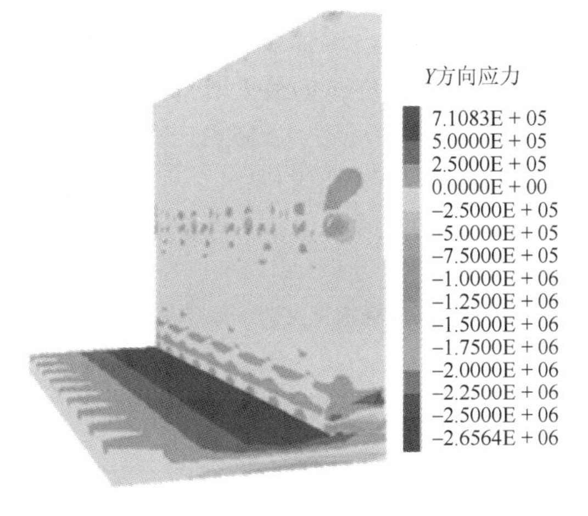

图 7-30　TL3-ZB3 墙体 Y 轴应力分布云图

3）理论计算分析

（1）踵板宽度为 1m 时。

基底摩擦系数 $\mu = 0.500$，抗滑移稳定系数 $K_c = 1.214 < 1.300$，不满足规范的要求。验算滑动稳定方程，得到方程值 = 24.389kN＞0，满足规范的要求。

倾覆验算不满足：$K_0 = 1.395 < 1.500$；

倾覆稳定方程满足：方程值 = 48.019kN/m＞0；

作用于基底的合力偏心距验算不满足：$e = 0.640 > 0.200 \times 1.800 = 0.360$(m)。

（2）踵板宽度为 2m 时。

基底摩擦系数 $\mu = 0.500$，抗滑移稳定系数 $K_c = 2.780 > 1.300$，满足规范的要求。验算滑动稳定方程，得到方程值 = 171.803kN＞0，满足规范的要求。

倾覆验算满足：$K_0 = 4.595 > 1.500$；

倾覆稳定方程满足：方程值 = 627.996kN/m＞0；

作用于基底的合力偏心距验算满足：$e = 0.385 < 0.167 \times 2.800 \approx 0.468$(m)。

（3）踵板宽度为 3m 时。

基底摩擦系数 $\mu = 0.500$，抗滑移稳定系数 $K_c = 2.162 > 1.300$，满足规范的要求。验算滑动稳定方程，得到方程值 = 111.323kN＞0，满足规范的要求。

倾覆验算满足：$K_0 = 2.630 > 1.500$；

倾覆稳定方程满足：方程值 = 268.265kN/m＞0；

作用于基底的合力偏心距验算满足：$e = 0.463 < 0.167 \times 3.800 \approx 0.635$(m)。

4）踵板宽度对挡墙稳定性的影响

TL3 条件下不同踵板宽度时的墙体最大位移、抗滑移稳定系数 K_c 及抗倾覆稳定系数 K_0 见表 7-6。

根据表 7-6，绘制不同工况下，踵板宽度与墙体最大位移、抗滑移稳定系数 K_c、抗倾覆稳定系数 K_0 的关系曲线，如图 7-31 所示。

由表 7-6 可知，当踵板宽度为 1m 时，墙体最大位移为 72.6mm，在三种模型中为最大值。当踵板宽度分别为 2m、3m 时，墙体最大位移均为 6.7mm，相对较小。由图 7-31 可知，当踵板宽度为 1m 时，墙体最大位移为最大值，抗滑移稳定系数 K_c 为 1.234＜1.300，不满足规范的要求；抗倾覆稳定系数 K_0 为 1.155＜1.500，不满足规范的要求。当踵板宽度分别为 2m、3m 时，K_c 和 K_0 均满足规范的要求，且当墙踵长度为 2m 时，抗滑移稳定系数值和抗倾覆稳定系数值均为三种踵板宽度条件下的最大值。

表 7-6　TL3 条件下不同踵板宽度时的墙体最大位移、K_c、K_0 汇总

填料参数	1m 踵板模型	2m 踵板模型	3m 踵板模型
墙体最大位移/mm	72.6	6.7	6.7
抗滑移稳定系数 K_c	1.214	2.780	2.162
抗倾覆稳定系数 K_0	1.395	4.595	2.630

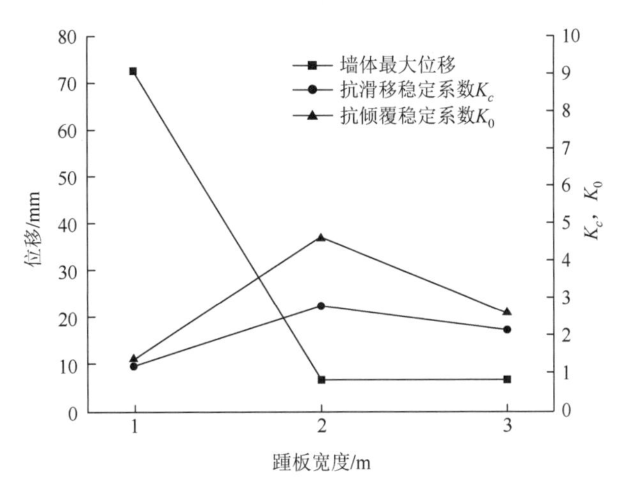

图 7-31 TL3 条件下踵板宽度与墙体最大位移、K_c、K_0 的关系曲线

综合上述填料条件和踵板宽度组合情况下的墙体位移和倾覆情况于表 7-7，表中数据表明，按常见的路堤填筑岩岩土体参数，6m 墙高的装配式绿化挡墙的踵板宽度取值 2m 是合理的，能够满足位移及稳定性要求。

表 7-7 不同路堤填筑参数及踵板宽度条件下的装配式绿化挡墙位移和倾覆情况

序号	条件组合	最大位移/mm	最小位移/mm	倾覆角/(°)
1	TL1-ZB1	54.7	1.1	0.51
2	TL1-ZB2	4.6	0.2	0.04
3	TL1-ZB3	6.0	0.4	0.05
4	TL2-ZB1	52.7	1.5	0.49
5	TL2-ZB2	4.5	0.2	0.04
6	TL2-ZB3	6.8	0.4	0.08
7	TL3-ZB1	72.6	1.0	0.68
8	TL3-ZB2	6.7	0.1	0.06
9	TL3-ZB3	6.7	0.3	0.06

7.2 墙趾对挡墙稳定性的影响

7.2.1 模型简介

由 7.1 节可知，在装配式路堤挡墙中，仅设踵板时，宽度为 1m 的踵板无法满足现行规范对挡墙的稳定性要求，而宽度为 2m 是较合理的选择。但在工程实践中，有些条件下无法采用 2m 宽的踵板，如路堤帮宽等，而有些情况下方便设置或需要设置趾板，如墙外设置人行步道、景观步道等。这样，就可选择设置趾板而减小踵板宽度的方式设计装配式绿化挡墙。本节基于此采用 1m 宽的踵板，并在此基础上增设趾板，趾板宽度取值分别为 0.8m、1.6m、2.4m，以对比分析趾板宽度对墙体位移和稳定性的影响，并确定合理的宽度取值，墙趾厚度取为 0.4m。建立 FLAC3D 模型，模型设计如图 7-32 所示，仍分别采用 7.1 节中的三种路堤填料 TL1、TL2、TL3，趾板的物理力学参数同前述踵板，按表 6-2 取值。这样，模拟条件的组合共有 9 种：TL1-ZB1-RB0.8、TL1-ZB1-RB1.6、TL1-ZB1-RB2.4、TL2-ZB1-RB0.8、TL2-ZB1-RB1.6、TL2-ZB1-RB2.4、TL3-ZB1-RB0.8、TL3-ZB1-RB1.6、TL3-ZB1-RB2.4，其中 ZB1 表示踵板宽度为 1m，RB0.8、RB1.6、RB2.4 分别表示趾板宽度为 0.8m、1.6m、2.4m。其余条件同 7.1 节。

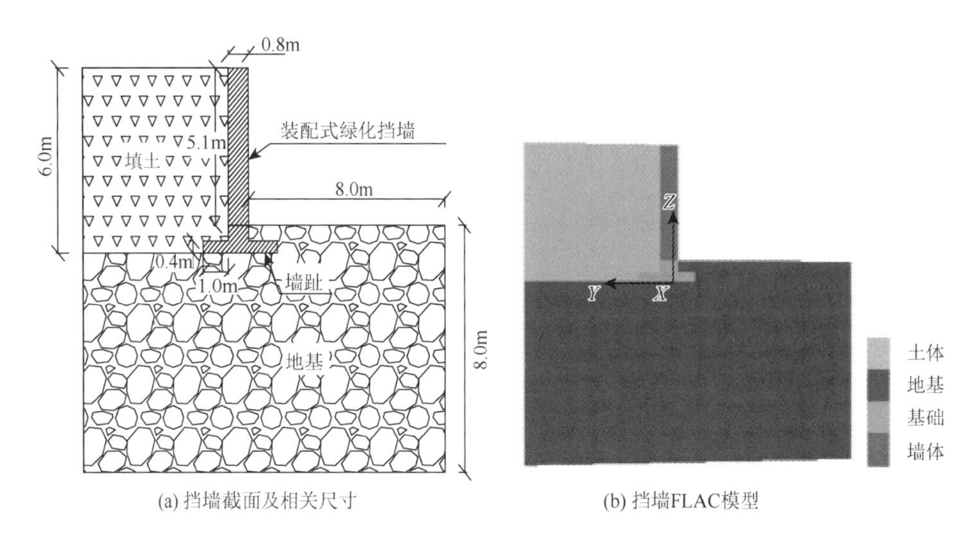

(a) 挡墙截面及相关尺寸　　(b) 挡墙FLAC模型

图 7-32　FLAC3D 模型图

7.2.2　路堤填料参数一

1）数值模拟结果分析

（1）趾板宽度为 0.8m 时。

TL1-ZB1-RB0.8 条件下的模型整体 Y 轴位移云图及墙体 Y 轴位移云图分别如图 7-33 和图 7-34 所示。由图可知，模型整体位移最大值为 6.9mm，位于墙体顶部；墙体位移变

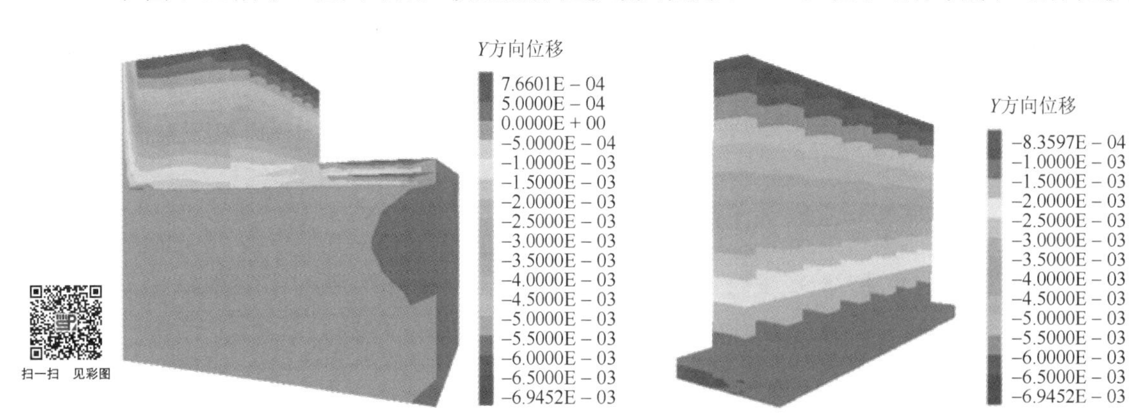

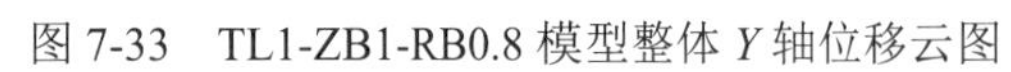

图 7-33　TL1-ZB1-RB0.8 模型整体 Y 轴位移云图　　图 7-34　TL1-ZB1-RB0.8 墙体 Y 轴位移云图

形方向指向坡外，墙体位移由顶部至墙底逐渐减小，最大值为 6.9mm，位于墙体顶部；最小值为 0.8mm，位于墙体底部，墙体变形方式主要表现为绕墙底（墙趾前缘）倾覆，倾覆角为 0.06°；填方边坡岩土体未发生明显变形，最大变形发生在墙顶背后，距离墙体越远，岩土体位移越小；地基土位移变化范围为 0～0.8mm，未发生明显沉降。故从总体上看，墙体是稳定的，未发生明显位移。

图 7-35 为 TL1-ZB1-RB0.8 条件下的墙体 Y 轴应力分布云图，由图可知，挡墙整体在墙后填料的作用下受力均匀，墙体底部存在局部的应力集中，该处应力大于墙体中上部，且构造柱与墙底面接触处压应力最大。墙趾板与墙踵板处受力也较均匀。

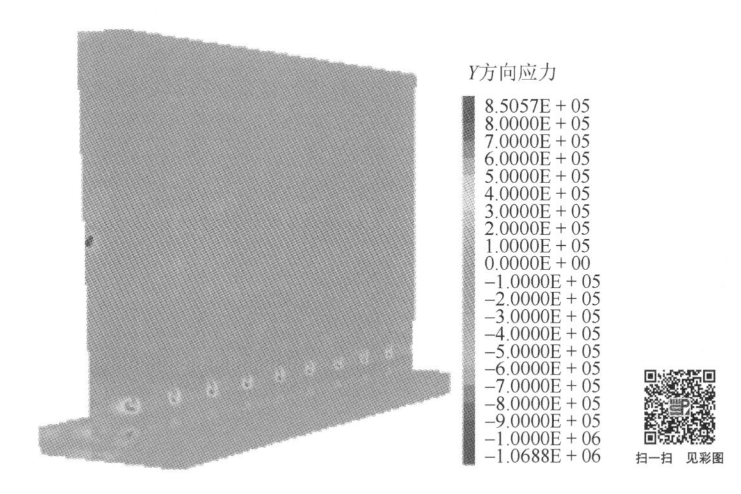

图 7-35　TL1-ZB1-RB0.8 墙体 Y 轴应力分布云图

（2）趾板宽度为 1.6m 时。

TL1-ZB1-RB1.6 条件下的模型整体及墙体的 Y 轴位移云图分别如图 7-36 和图 7-37 所示。整体情况与趾板宽度为 0.8m 时的差别不大，模型整体位移最大值为 6.0mm，位于墙体顶部，墙体位移最小值为 1.3mm，位于墙体底部，倾覆角为 0.04°，倾覆程度略低于趾板宽度为 0.8m 时的情况，但均可忽略不计。

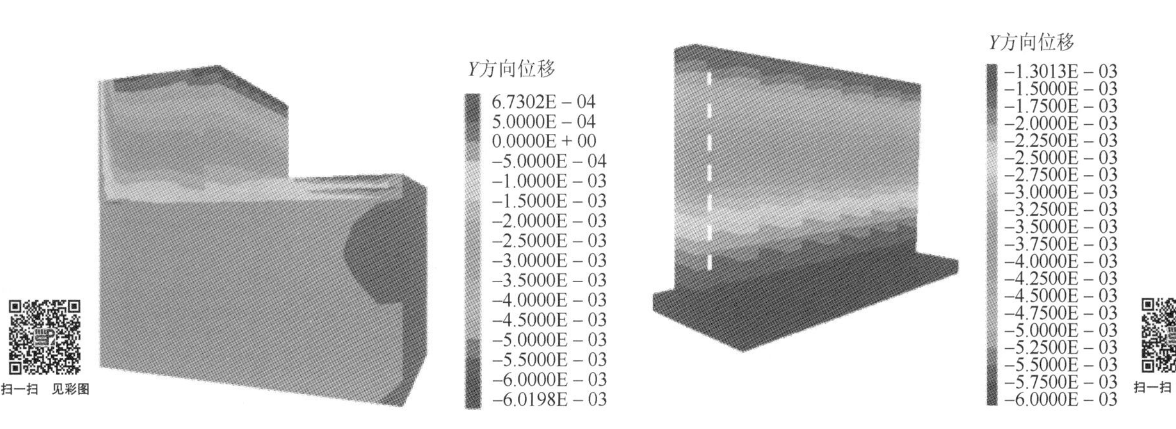

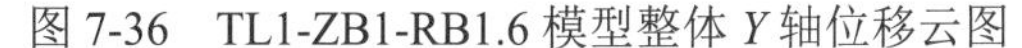

图 7-36　TL1-ZB1-RB1.6 模型整体 Y 轴位移云图　　图 7-37　TL1-ZB1-RB1.6 墙体 Y 轴位移云图

图 7-38 为 TL1-ZB1-RB1.6 条件下的墙体 *Y* 轴应力分布云图，由图可知，此时墙体出现了应力集中现象，可能是趾板上覆岩土体的压力导致其与墙体连接处（如肋柱与砌块连接处等部位）出现拉应力，继而使墙体出现应力集中现象，但量值均较小，在 3.5MPa 以下，不影响墙体稳定性。

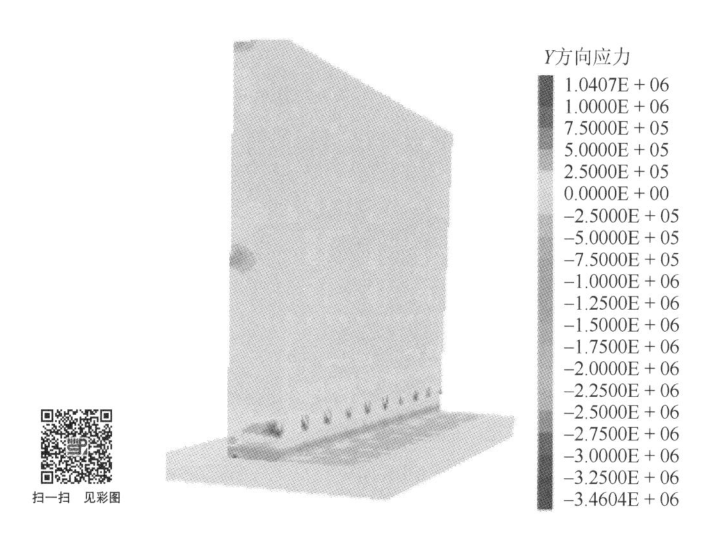

图 7-38　TL1-ZB1-RB1.6 墙体 *Y* 轴应力分布云图

（3）趾板宽度为 2.4m 时。

此时模型整体及墙体 *Y* 轴位移进一步减小，如图 7-39 和图 7-40 所示。由图可见，墙体最大位移和最小位移仍分别出现在墙顶与趾板以上 0.9m 处，分别为 5.0mm 和 0.8mm，趾板底部位移为 2.5～3.0mm，倾覆角为 0.04°。但此时的墙体应力进一步集中（图 7-41），说明趾板上覆岩土体的压力对墙体受力具有一定影响，故不建议进行非必要的趾板加宽处理，如有必要加宽趾板，则应进一步补强基础，增大趾板下岩土体的强度和模量。

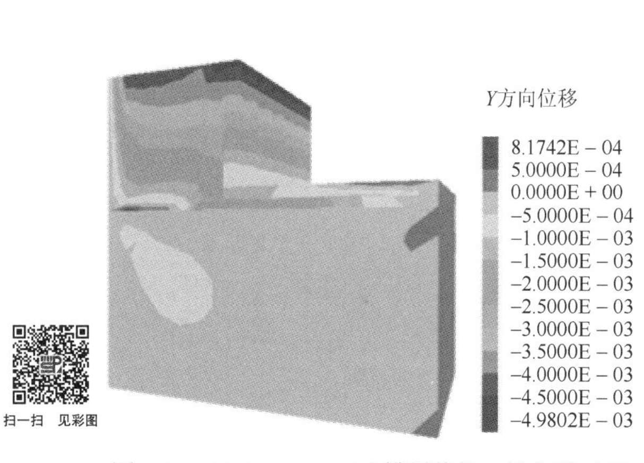

图 7-39　TL1-ZB1-RB2.4 模型整体 *Y* 轴位移云图

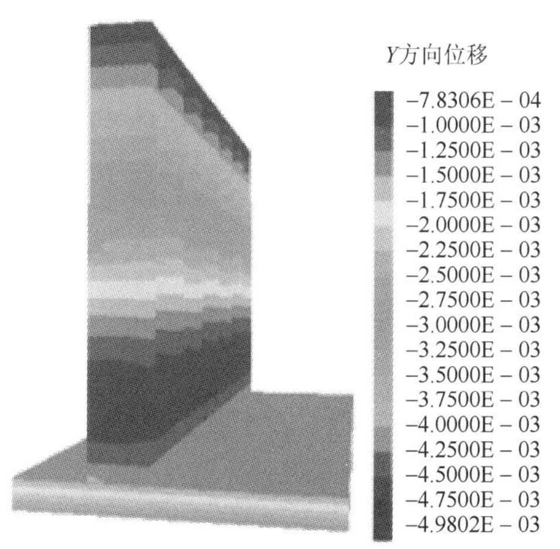

图 7-40　TL1-ZB1-RB2.4 墙体 *Y* 轴位移云图

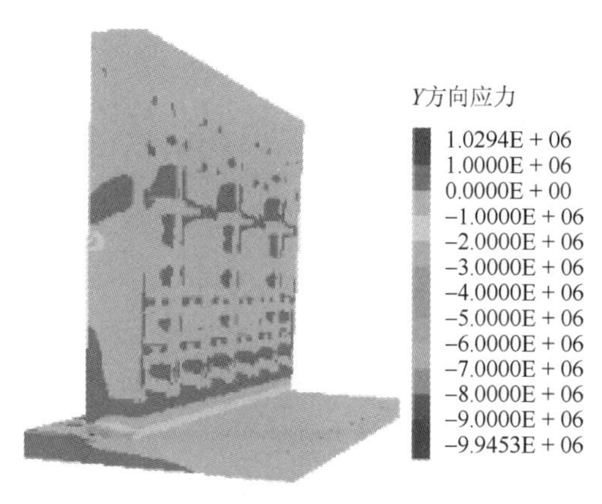

图 7-41　TL1-ZB1-RB2.4 墙体 Y 轴应力分布云图

2）理论计算分析

（1）趾板宽度为 0.8m 时。

基底摩擦系数 $\mu = 0.500$，抗滑移稳定系数 $K_c = 1.518 > 1.300$，满足规范的要求。验算滑动稳定方程，得到方程值 = 80.888kN > 0，满足规范的要求。

倾覆验算满足：$K_0 = 2.864 > 1.500$；

倾覆稳定方程满足：方程值 = 462.772kN/m > 0；

作用于基底的合力偏心距验算满足：$e = 0.439 < 0.167 \times 3.600 \approx 0.601$(m)。

（2）趾板宽度为 1.6m 时。

基底摩擦系数 $\mu = 0.500$，抗滑移稳定系数 $K_c = 1.584 > 1.300$，满足规范的要求。验算滑动稳定方程，得到方程值 = 90.568kN > 0，满足规范的要求。

倾覆验算满足：$K_0 = 3.983 > 1.500$；

倾覆稳定方程满足：方程值 = 748.494kN/m > 0；

作用于基底的合力偏心距验算满足：$e = 0.113 < 0.167 \times 4.400 \approx 0.735$(m)。

（3）趾板宽度为 2.4m 时。

基底摩擦系数 $\mu = 0.500$，抗滑移稳定系数 $K_c = 1.651 > 1.300$，满足规范的要求。验算滑动稳定方程，得到方程值 = 100.248kN > 0，满足规范的要求。

倾覆验算满足：$K_0 = 5.150 > 1.500$；

倾覆稳定方程满足：方程值 = 1045.479kN/m > 0；

作用于基底的合力偏心距验算满足：$e = -0.187 < 0.167 \times 5.200 \approx 0.868$(m)。

3）趾板宽度对挡墙稳定性的影响

TL1-ZB1 条件下，不同趾板宽度时的墙体最大位移、抗滑移稳定系数 K_c 及抗倾覆稳定系数 K_0 见表 7-8，关系曲线如图 7-42 所示。

表 7-8　TL1-ZB1 条件下不同趾板宽度时的墙体最大位移、K_c、K_0

填料参数	0.8m 趾板模型	1.6m 趾板模型	2.4m 趾板模型
墙体最大位移/mm	6.9	6.0	5.0
抗滑移稳定系数 K_c	1.518	1.584	1.651
抗倾覆稳定系数 K_0	2.864	3.983	5.150

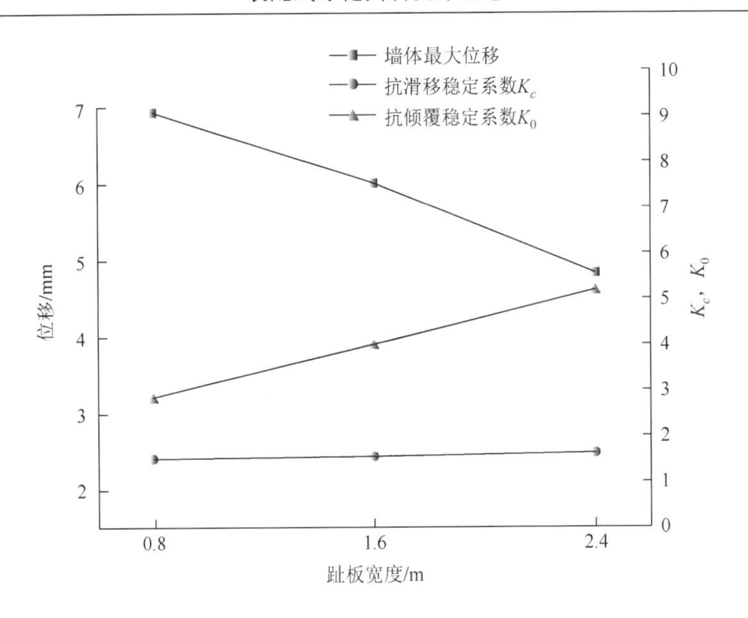

图 7-42　TL1-ZB1 条件下趾板宽度与墙体最大位移、K_c、K_0 的关系曲线

由表 7-8 及图 7-42 可知，在踵板宽度固定为 1m 条件下，趾板宽度分别为 0.8m、1.6m、2.4m 时，墙体最大位移分别为 6.9mm、6.0mm、5.0mm，三者非常接近，差值仅 1～2mm。三种趾板宽度的墙体均满足抗滑移稳定系数 $K_c>1.300$，抗倾覆稳定系数 $K_0>1.500$。而由墙体的应力分布可知，趾板宽度为 0.8m 时，应力分布均匀，且无明显的应力集中现象，随着趾板宽度分别增大至 1.6m 和 2.4m，墙体逐渐出现应力集中现象，这与趾板上覆土压力的持续增大及由此导致的墙体与趾板连接处的弯矩逐渐增大有关。因此，建议 TL1-ZB1 条件下的趾板宽度取为 0.8～1.0m。

7.2.3　路堤填料参数二

1）数值模拟结果分析

（1）趾板宽度为 0.8m 时。

TL2-ZB1-RB0.8 条件下的模型整体及墙体 Y 轴位移云图分别如图 7-43 和图 7-44 所示，由图可知模型整体位移最大值为 9.6mm，位于墙体顶部，墙体位移最小值为 1.2mm，位于墙体底部，倾覆角为 0.08°。

此时的墙体 Y 轴应力分布云图如图 7-45 所示，由图可知，挡墙整体受力均匀，肋柱附近及墙体与趾板接触处有一定应力集中。

（2）趾板宽度为 1.6m 时。

TL2-ZB1-RB1.6 条件下的模型整体及墙体 Y 轴位移云图分别如图 7-46 和图 7-47 所示，由图可知模型整体位移最大值为 7.6mm，位于墙体顶部，墙体位移最小值为 1.5mm，位于墙体底部，倾覆角为 0.06°。墙后填土及地基土位移极小，变化范围为 0～0.8mm。

扫一扫　见彩图

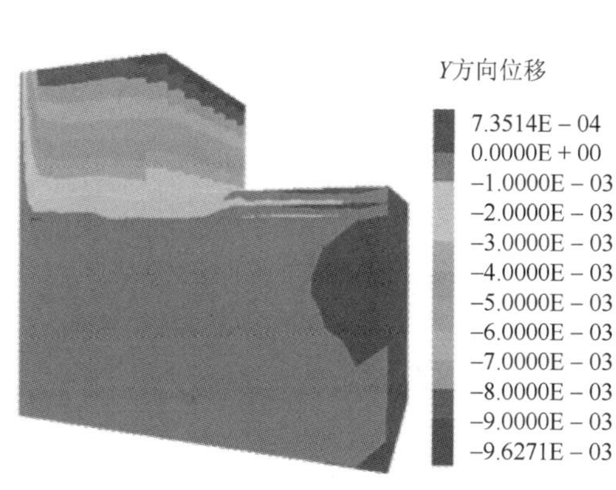

图 7-43　TL2-ZB1-RB0.8 模型整体 Y 轴位移云图

扫一扫　见彩图

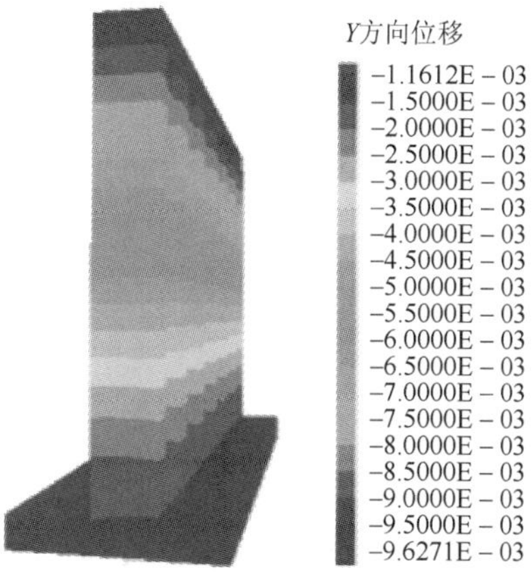

图 7-44　TL2-ZB1-RB0.8 墙体 Y 轴位移云图

扫一扫　见彩图

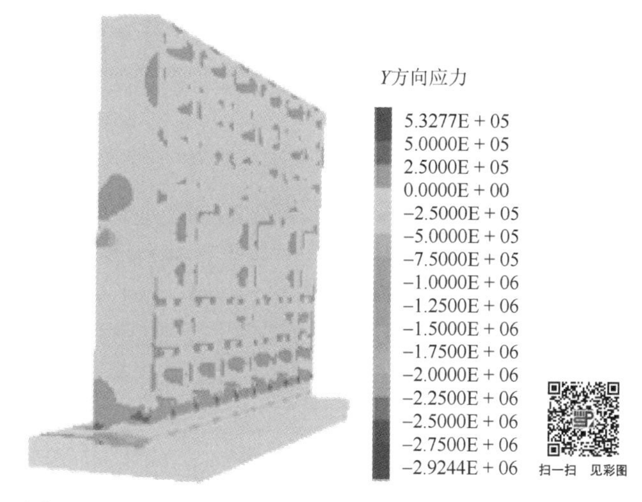

图 7-45　TL2-ZB1-RB0.8 墙体 Y 轴应力分布云图

扫一扫　见彩图

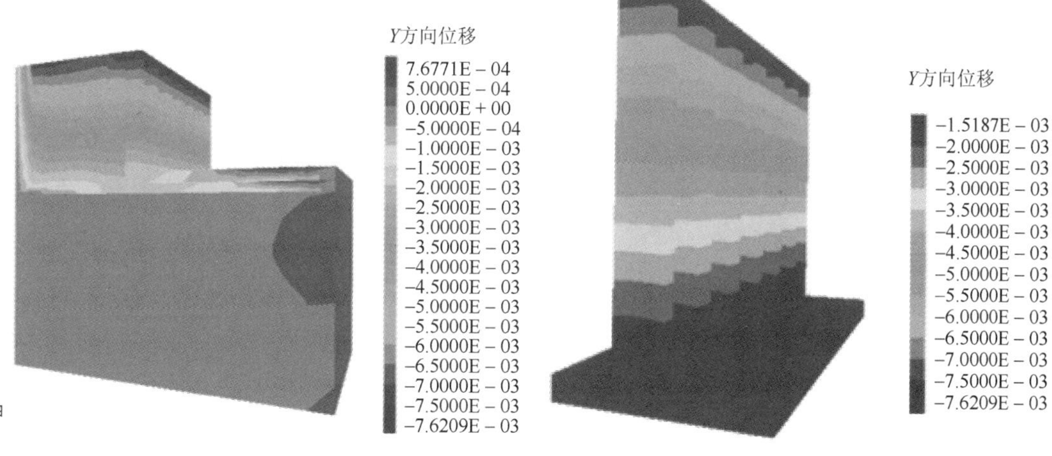

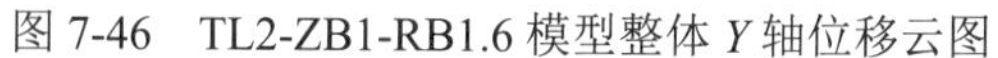

图 7-46　TL2-ZB1-RB1.6 模型整体 Y 轴位移云图

扫一扫　见彩图

图 7-47　TL2-ZB1-RB1.6 墙体 Y 轴位移云图

该条件下的墙体 Y 轴应力分布云图如图 7-48 所示，由图可知，与趾板宽度为 0.8m 时的情况相比，墙体应力集中现象增强。

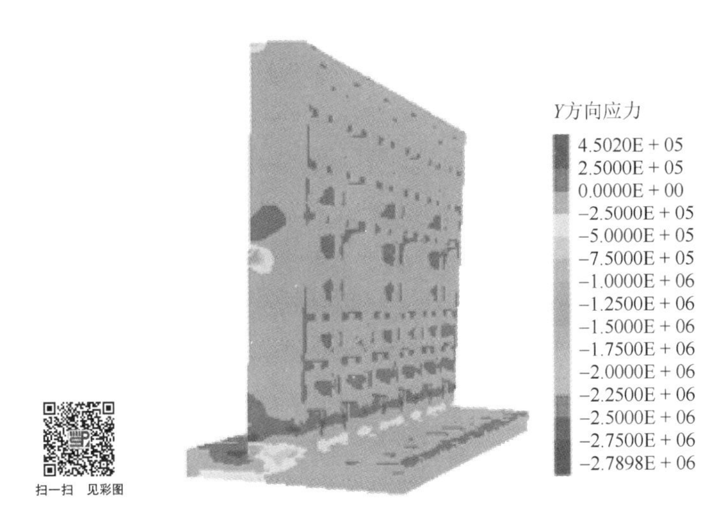

图 7-48　TL2-ZB1-RB1.6 墙体 Y 轴应力分布云图

（3）趾板宽度为 2.4m 时。

TL2-ZB1-RB2.4 条件下的模型整体 Y 轴位移云图及墙体 Y 轴位移云图分别如图 7-49 和图 7-50 所示，由图可知模型整体位移最大为 6.0mm，位于墙体顶部及顶部周围接触的岩土体附近；距离墙体越远，由墙身与岩土体相互作用造成的影响越小，岩土体位移也越小；地基土位移变化极小，变化范围为 0～0.7mm。由图 7-50 还可以看出墙体位移的变化趋势，即随着墙高的增加墙体水平位移逐渐增大，墙体位移变形方向指向坡外，最大值为 6.0mm，位于墙体顶部；最小值为 1.0mm，位于趾板以上 0.9m 处；趾板底部位移为 2.0～2.5mm；倾覆角为 0.05°。

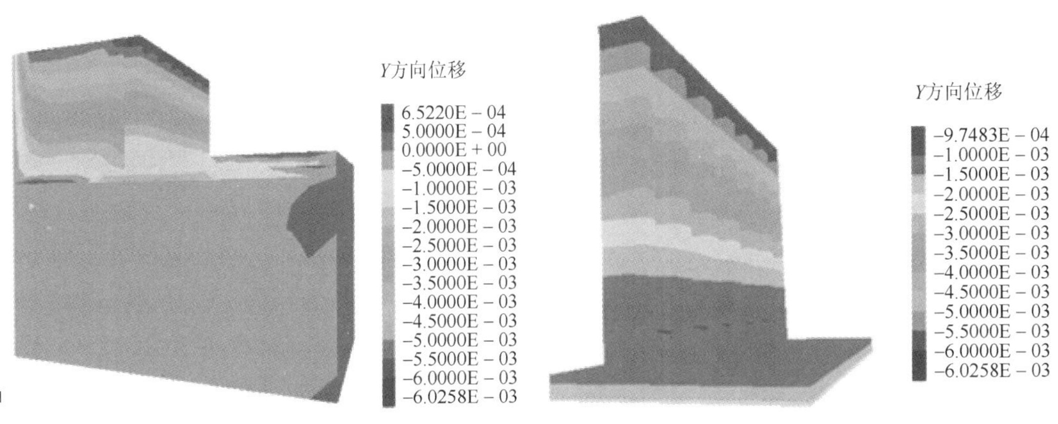

图 7-49　TL2-ZB1-RB2.4 模型整体 Y 轴位移云图　　图 7-50　TL2-ZB1-RB2.4 墙体 Y 轴位移云图

图 7-51 为 TL2-ZB1-RB2.4 条件下的墙体 Y 轴应力分布云图，由图可知，与趾板宽度为 0.8m 和 1.6m 时相比，墙体应力集中现象进一步增强，在趾板表面已出现 1.5MPa 的压

应力，而在墙体和趾板连接处则出现了拉应力，这充分说明随着趾板宽度的增大，趾板上覆岩土体的压力已造成墙体的受力不均。

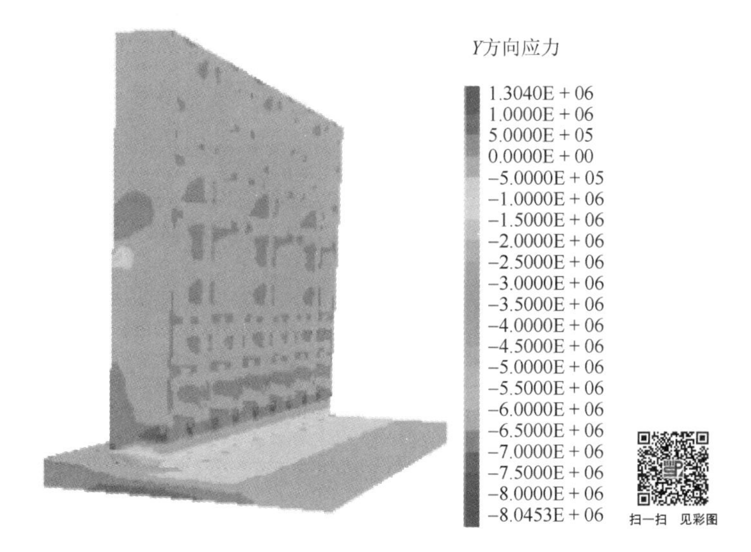

图 7-51　TL2-ZB1-RB2.4 墙体 Y 轴应力分布云图

2）理论计算分析

（1）趾板宽度为 0.8m 时。

基底摩擦系数 $\mu = 0.500$，抗滑移稳定系数 $K_c = 1.896 > 1.300$，满足规范的要求。验算滑动稳定方程，得到方程值 = 107.735kN>0，满足规范的要求。

倾覆验算满足：$K_0 = 3.589 > 1.500$；

倾覆稳定方程满足：方程值 = 524.189kN/m>0；

作用于基底的合力偏心距验算满足：$e = 0.289 < 0.167 \times 3.600 \approx 0.601(\mathrm{m})$。

（2）趾板宽度为 1.6m 时。

基底摩擦系数 $\mu = 0.500$，抗滑移稳定系数 $K_c = 1.977 > 1.300$，满足规范的要求。验算滑动稳定方程，得到方程值 = 117.195kN>0，满足规范的要求。

倾覆验算满足：$K_0 = 4.989 > 1.500$；

倾覆稳定方程满足：方程值 = 810.901kN/m>0；

作用于基底的合力偏心距验算满足：$e = -0.032 < 0.167 \times 4.400 \approx 0.735(\mathrm{m})$。

（3）趾板宽度为 2.4m 时。

基底摩擦系数 $\mu = 0.500$，抗滑移稳定系数 $K_c = 2.058 > 1.300$，满足规范的要求。验算滑动稳定方程，得到方程值 = 126.665kN>0，满足规范的要求。

倾覆验算满足：$K_0 = 6.447 > 1.500$；

倾覆稳定方程满足：方程值 = 1108.621kN/m>0；

作用于基底的合力偏心距验算满足：$e = -0.329 < 0.167 \times 5.200 \approx 0.868(\mathrm{m})$。

3）趾板宽度对挡墙稳定性的影响

TL2-ZB1 条件下，不同趾板宽度时的墙体最大位移、抗滑移稳定系数 K_c 及抗倾覆稳

定系数 K_0 见表 7-9，关系曲线如图 7-52 所示。

表 7-9　TL2-ZB1 条件下不同趾板宽度时的墙体最大位移、K_c、K_0

填料参数	0.8m 趾板模型	1.6m 趾板模型	2.4m 趾板模型
墙体最大位移/mm	9.6	7.6	6.0
抗滑移稳定系数 K_c	1.896	1.977	2.058
抗倾覆稳定系数 K_0	3.589	4.989	6.447

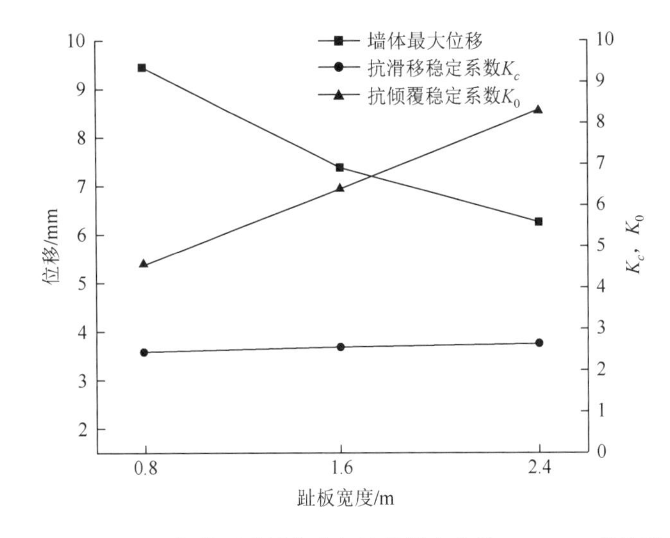

图 7-52　TL2-ZB1 条件下趾板宽度与墙体最大位移、K_c、K_0 的关系曲线

由表 7-9 及图 7-52 可知，当踵板宽度固定为 1m、趾板宽度为 0.8m 时，墙体最大位移为 9.6mm，在三种趾板宽度的墙体模型位移中为最大值；当趾板宽度分别为 1.6m 和 2.4m 时，墙体最大位移分别为 7.6mm 和 6.0mm，且趾板宽度分别为 0.8m、1.6m 和 2.4m 的墙体模型都满足抗滑移稳定系数 $K_c>1.300$，抗倾覆稳定系数 $K_0>1.500$。当然，由图 7-52 可知，随着趾板宽度的增大，K_c 和 K_0 也增大，但三种趾板宽度均满足规范对挡墙稳定性的要求。三种趾板宽度的最大位移均不足 10mm，但墙体应力集中现象却随着趾板宽度的增大而逐渐增强，故仍建议趾板宽度取为 0.8～1.0m。

7.2.4　路堤填料参数三

1）数值模拟结果分析

（1）趾板宽度为 0.8m 时。

TL3-ZB1-RB0.8 条件下的模型整体 Y 轴位移云图及墙体 Y 轴位移云图分别如图 7-53 和图 7-54 所示。从图 7-53 中可以看出模型整体位移最大为 9.4mm，位于墙体顶部及顶部周围接触的岩土体附近；距离墙体越远，由墙身与岩土体相互作用造成的影响越小，岩土体位移也越小；地基土位移变化极小，变化范围为 0～0.8mm。由图 7-54 还可以看出墙体发生一定的倾斜，墙体位移由顶部至墙踵逐渐减小，墙体位移变形方向指向坡外，最大值为 9.4mm，位于墙体顶部；最小值为 1.0mm，位于墙体底部，墙体的位移方式为绕墙底倾覆，倾覆角为 0.08°。

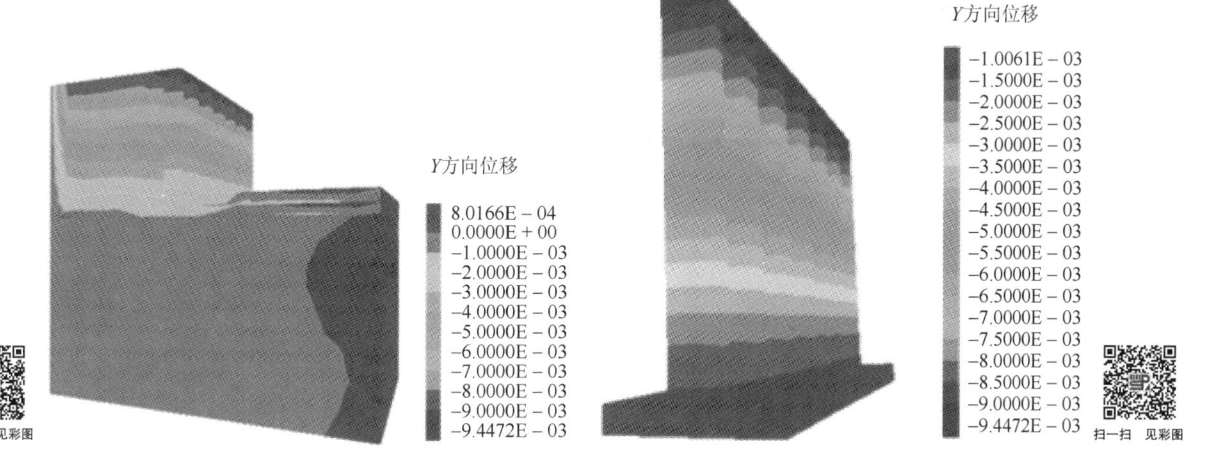

图 7-53　TL3-ZB1-RB0.8 模型整体 *Y* 轴位移云图　　图 7-54　TL3-ZB1-RB0.8 墙体 *Y* 轴位移云图

图 7-55 为 TL3-ZB1-RB0.8 条件下的墙体 *Y* 轴应力分布云图，由图可知，挡墙整体在路堤填料的作用下受力较均匀，仅肋柱处有一定应力集中，肋柱与墙体底部接触处、墙体与墙趾连接处均有应力集中现象。墙体与墙趾连接处出现 1.0MPa 左右的压应力，应为墙体倾覆所致，但量值较小，对墙体稳定性不构成威胁。

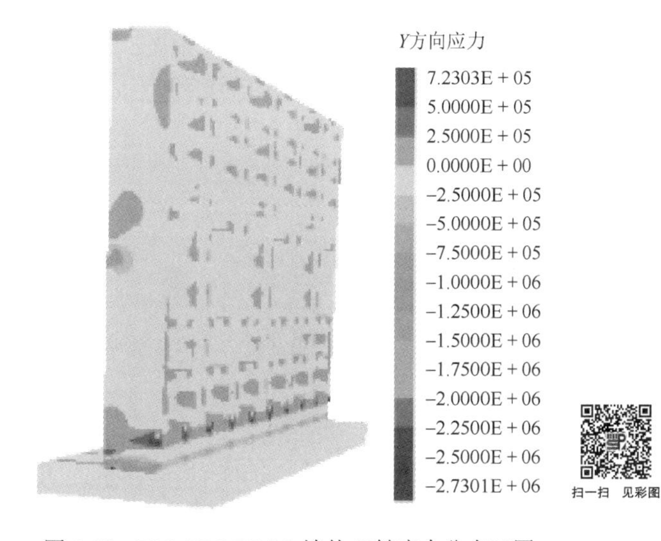

图 7-55　TL3-ZB1-RB0.8 墙体 *Y* 轴应力分布云图

（2）趾板宽度为 1.6m 时。

TL3-ZB1-RB1.6 条件下的模型整体 *Y* 轴位移云图及墙体 *Y* 轴位移云图分别如图 7-56

和图 7-57 所示。由图 7-56 可知，模型整体位移最大为 7.4mm，位于墙体顶部及顶部周围接触的岩土体附近；距离墙体越远，由墙身与岩土体相互作用造成的影响越小，岩土体位移也越小，岩土体中没有明显的位移突变区域，即边坡并无宏观破坏，趾板宽度为 0.8m 时的情况也有此特征；墙后填土及地基土位移变化极小，变化范围为 0～0.7mm。由图 7-57 同样可以看出墙体发生了一定的倾斜，墙体位移由顶部至墙底逐渐减小，墙体位移变形方向指向坡外，最大值为 7.4mm，位于墙体顶部；最小值为 0.8mm，位于墙体底部，倾覆角为 0.06°。

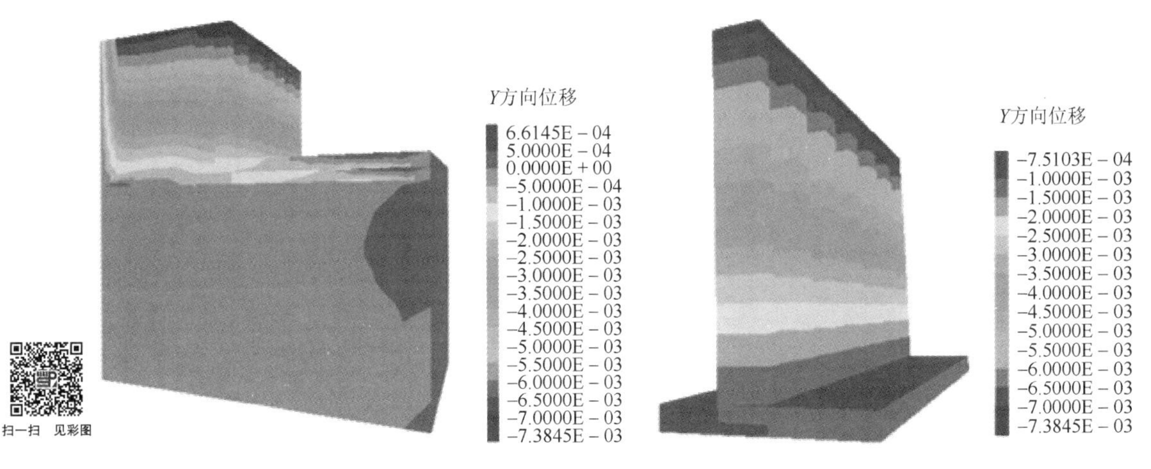

图 7-56　TL3-ZB1-RB1.6 模型整体 Y 轴位移云图　　图 7-57　TL3-ZB1-RB1.6 墙体 Y 轴位移云图

由 TL3-ZB1-RB1.6 条件下的墙体 Y 轴应力分布云图（图 7-58）可知，挡墙整体在路堤填料的作用下受力仍较均匀，肋柱与墙体底部接触处、墙趾与墙体连接处的应力特征与趾板宽度为 0.8m 时的基本一致。值得注意的是，墙趾与墙体连接处开始出现拉应力，但量值较小，约 100kPa，应为趾板上覆岩土体形成的压力导致在其与墙体连接的部位出现受拉现象。

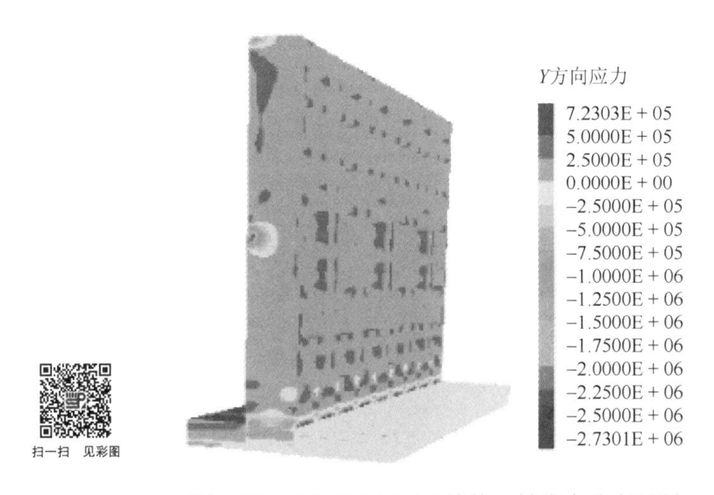

图 7-58　TL3-ZB1-RB1.6 墙体 Y 轴应力分布云图

（3）趾板宽度为 2.4m 时。

TL3-ZB1-RB2.4 条件下的模型整体 Y 轴位移云图及墙体 Y 轴位移云图分别如图 7-59 和图 7-60 所示。从图 7-59 中可以看出模型整体位移最大为 6.2mm，位于墙体顶部及顶部周围接触的岩土体附近，而且距离墙体越远，由墙身与岩土体相互作用造成的影响越小，岩土体位移也越小。墙后填土及地基土位移变化仍较小，变化范围为 0～0.9mm，但最大值相比 0.8m、1.6m 趾板宽度时的有所减小。由图 7-60 还可以看出墙体仍会发生一定程度的倾斜，墙体位移由顶部至墙踵逐渐减小，最大值为 6.2mm（墙体顶部），最小值为 0.3mm（墙体底部），倾覆角为 0.06°。

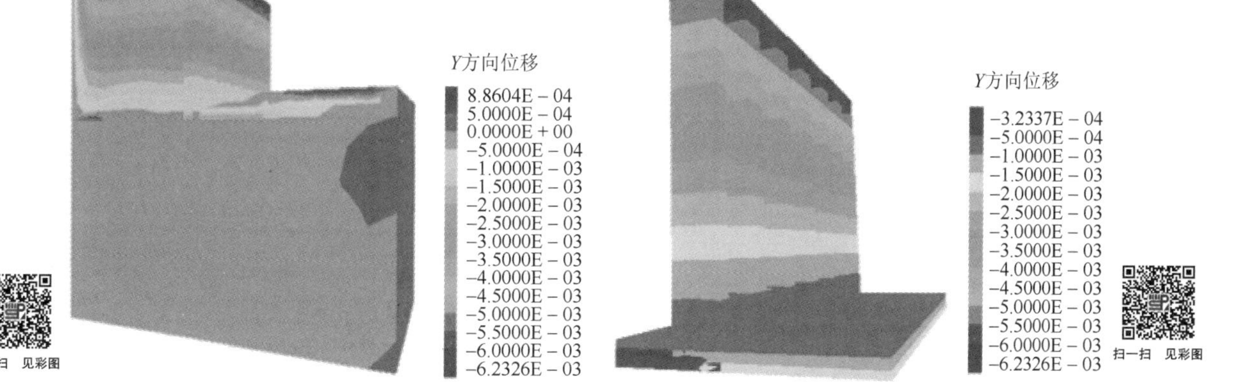

图 7-59　TL3-ZB1-RB2.4 模型整体 Y 轴位移云图　　图 7-60　TL3-ZB1-RB2.4 墙体 Y 轴位移云图

图 7-61 为 TL3-ZB1-RB2.4 条件下的墙体 Y 轴应力分布云图，由图可知，挡墙整体受力均匀，但在墙体与趾板连接处，尤其是肋柱与趾板连接处，与趾板宽度分别为 0.8m 和 1.6m 时相比，拉应力有所增加，达到 1MPa 以上。

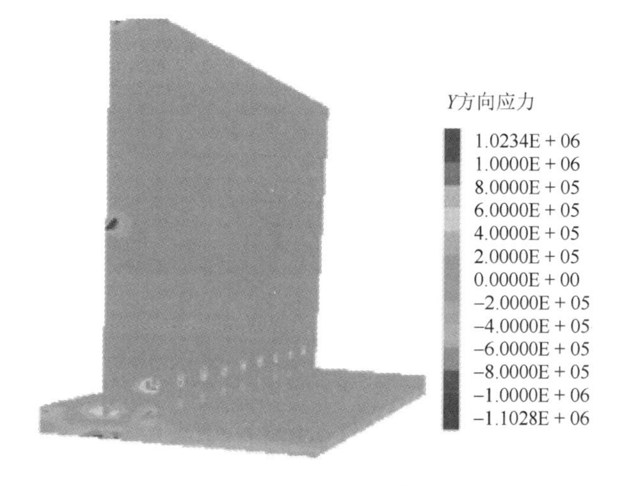

图 7-61　TL3-ZB1-RB2.4 墙体 Y 轴应力分布云图

2）理论计算分析

（1）趾板宽度为 0.8m 时。

基底摩擦系数 $\mu = 0.500$，抗滑移稳定系数 $K_c = 2.463 > 1.300$，满足规范的要求。验算滑动稳定方程，得到方程值 = 127.548kN＞0，满足规范的要求。

倾覆验算满足：$K_0 = 4.592 > 1.500$；

倾覆稳定方程满足：方程值 = 546.646kN/m＞0；

作用于基底的合力偏心距验算满足：$e = 0.180 < 0.167 \times 3.600 \approx 0.601(\mathrm{m})$。

（2）趾板宽度为 1.6m 时。

基底摩擦系数 $\mu = 0.500$，抗滑移稳定系数 $K_c = 2.571 > 1.300$，满足规范的要求。验算滑动稳定方程，得到方程值 = 136.898kN＞0，满足规范的要求。

倾覆验算满足：$K_0 = 6.404 > 1.500$；

倾覆稳定方程满足：方程值 = 822.177kN/m＞0；

作用于基底的合力偏心距验算满足：$e = -0.135 < 0.167 \times 4.400 \approx 0.735(\mathrm{m})$。

（3）趾板宽度为 2.4m 时。

基底摩擦系数 $\mu = 0.500$，抗滑移稳定系数 $K_c = 2.684 > 1.300$，满足规范的要求。验算滑动稳定方程，得到方程值 = 146.688kN＞0，满足规范的要求。

倾覆验算满足：$K_0 = 8.298 > 1.500$；

倾覆稳定方程满足：方程值 = 1109.346kN/m＞0；

作用于基底的合力偏心距验算满足：$e = -0.421 < 0.167 \times 5.200 \approx 0.868(\mathrm{m})$。

3）趾板宽度对挡墙稳定性的影响

TL3-ZB1 条件下，不同趾板宽度时的墙体最大位移、抗滑移稳定系数 K_c 及抗倾覆稳定系数 K_0 见表 7-10，关系曲线如图 7-62 所示。

表 7-10　TL3-ZB1 条件下不同趾板宽度时的墙体最大位移及稳定系数

填料参数	0.8m 趾板模型	1.6m 趾板模型	2.4m 趾板模型
墙体最大位移/mm	9.4	7.4	6.2
抗滑移稳定系数 K_c	2.463	2.571	2.684
抗倾覆稳定系数 K_0	4.592	6.404	8.298

由表 7-10 及图 7-62 可知，在 TL3-ZB1 条件下，即踵板宽度固定为 1m 的情况下，趾板宽度分别为 0.8m、1.6m、2.4m 时，墙体最大位移分别为 9.4mm、7.4mm、6.2mm，三者差别不大，并均在 10mm 以内，考虑到装配式绿化挡墙的位移容错能力，三种趾板宽度的装配式绿化挡墙均可满足上述位移量。另外，由图 7-62 可知，当趾板宽度分别为 0.8m、1.6m 和 2.4m 时，墙体都满足规范对抗滑移稳定系数 $K_c > 1.300$、抗倾覆稳定系数 $K_0 > 1.500$ 的要求。由图 7-62 还可以看出，随着趾板宽度的增大，K_c 和 K_0 也增大，尤其是 K_0 增大显著。但由趾板与墙体连接处的应力状态可知，随着趾板宽度的增大，该连接处逐渐由受压状态转变为受拉状态，且拉应力逐渐增大，这不利于装配式绿化挡墙的受力协调，故仍建议装配式绿化挡墙趾板宽度设置为 0.8～1.0m。

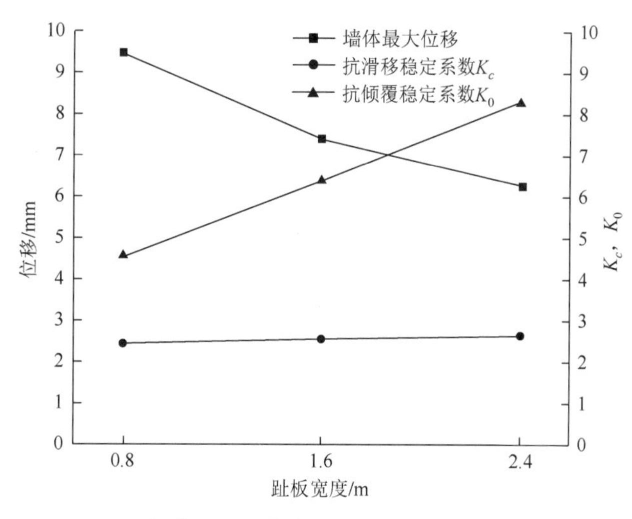

图7-62 TL3-ZB1条件下趾板宽度与墙体最大位移、K_c、K_0的关系曲线

综合上述填料条件（TL1、TL2、TL3）、踵板宽度（ZB = 1m）、趾板宽度（RB = 0.8m、RB = 1.6m、RB = 2.4m）组合情况下的墙体位移和倾覆情况于表7-11，分析表中数据可知，按本书路堤填筑岩土体参数，6m墙高的装配式绿化挡墙在踵板宽度为1m的情况下，趾板宽度取值0.8～1.0m是合理的，能够满足位移及稳定性要求，建议趾板最大宽度不大于1.6m。表7-11所示的墙体倾覆角表明，在三种填筑岩土体参数条件下，RB = 0.8m、RB = 1.6m、RB = 2.4m时的墙体倾覆角非常接近，且都很小，在0.1°以内，能够满足墙体稳定性要求，故无须通过增大趾板宽度降低墙体的倾覆程度。另外，通过前述分析可知，过大的趾板宽度将会增大由趾板上覆岩土体压力引发的趾板与墙体连接处的拉应力，不利于装配式绿化挡墙的整体受力。

表7-11 不同路堤填筑参数及趾板宽度条件下的装配式绿化挡墙位移和倾覆情况

序号	条件组合	最大位移/mm	最小位移/mm	倾覆角/(°)
1	TL1-ZB1-RB0.8	6.9	0.8	0.06
2	TL1-ZB1-RB1.6	6.0	1.3	0.04
3	TL1-ZB1-RB2.4	5.0	0.8	0.04
4	TL2-ZB1-RB0.8	9.6	1.2	0.08
5	TL2-ZB1-RB1.6	7.6	1.5	0.06
6	TL2-ZB1-RB2.4	6.0	1.0	0.05
7	TL3-ZB1-RB0.8	9.4	1.0	0.08
8	TL3-ZB1-RB1.6	7.4	0.8	0.06
9	TL3-ZB1-RB2.4	6.2	0.3	0.06

7.3 凸榫对挡墙稳定性的影响

7.3.1 模型简介

凸榫是挡墙在基础底面设置的一个与底板连成整体的榫状凸体。当没有条件设置趾板或无必要设置时，如路堤坡脚无设置空间或无步道等需求，则可在墙踵下设置凸榫以增强装配式绿化挡墙的稳定性，当然凸榫也可与趾板同时设置，如图 7-63 所示，凸榫前岩土体的被动土压力可以增加挡墙抗滑稳定性。

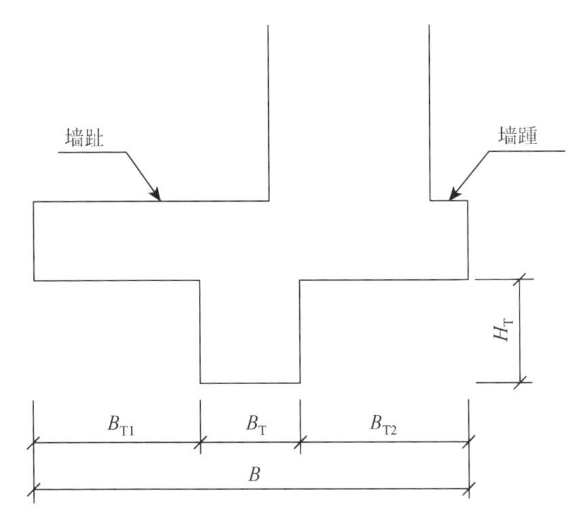

图 7-63　装配式绿化挡墙凸榫示意图

其中，B_{T1} 为凸榫外缘距墙趾的距离；B_T 为凸榫宽度；B_{T2} 为凸榫内缘距墙踵的距离；H_T 为凸榫高度。

由 7.1 节数值模拟及理论计算分析结果可知，当单独设置踵板时，踵板宽度的合理取值为 2m，此时墙体的整体受力较协调合理，挡墙的支挡效果也较为理想。为了研究凸榫对装配式绿化挡墙加固效果的影响，本节将踵板宽度设为 1m，并通过增加凸榫来加强墙体的稳定性，B_{T2} 分别取 1.3m、1.1m、0.7m，凸榫宽度取常用的 0.5m。据此建立 FLAC3D 数值模拟模型，模型几何尺寸及坐标系统如图 7-64 所示，直角坐标系符合右手法则，各坐标轴的设置及正方向与 7.1 节、7.2 节相同。模拟的条件组合共 9 种，标识方法同前，分别为 TL1-ZB1-BT1.3、TL1-ZB1-BT1.1、TL1-ZB1-BT0.7、TL2-ZB1-BT1.3、TL2-ZB1-BT1.1、

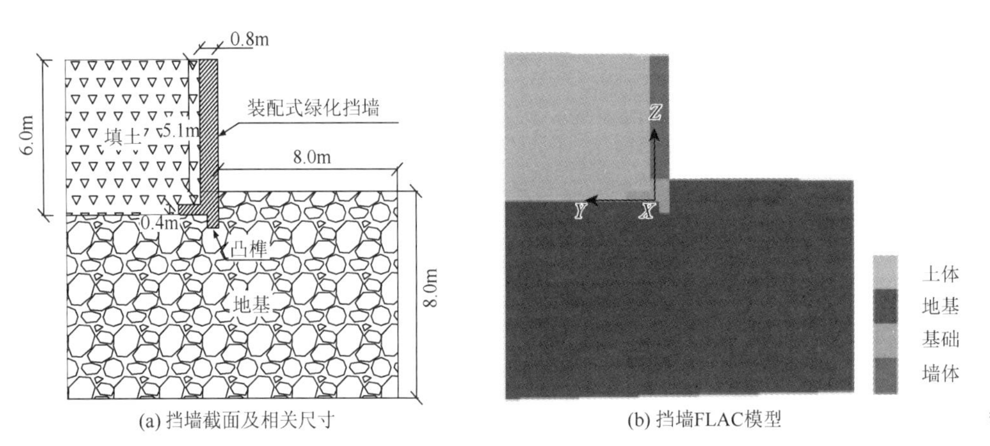

(a) 挡墙截面及相关尺寸　(b) 挡墙FLAC模型

图 7-64　FLAC3D 模型图

TL2-ZB1-BT0.7、TL3-ZB1-BT1.3、TL3-ZB1-BT1.1、TL3-ZB1-BT0.7，其中 BT1.3、BT1.1、BT0.7 分别代表 B_{T2} 为 1.3m、1.1m、0.7m，其他符号意义同前。路堤填筑材料及其物理力学性质与 7.1 节、7.2 节相同，凸榫的物理力学参数与前述趾板、踵板相同，按表 6-2 取值。

7.3.2　路堤填料参数一

1）数值模拟结果分析

（1）当 B_{T2} = 1.3m 时。

TL1-ZB1-BT1.3 条件下的模型整体及墙体 Y 轴位移云图分别如图 7-65 和图 7-66 所示。由图可知，墙体及边坡坡体几乎未发生变形，模型整体位移最大值约为 1.0mm，位于墙体顶部。

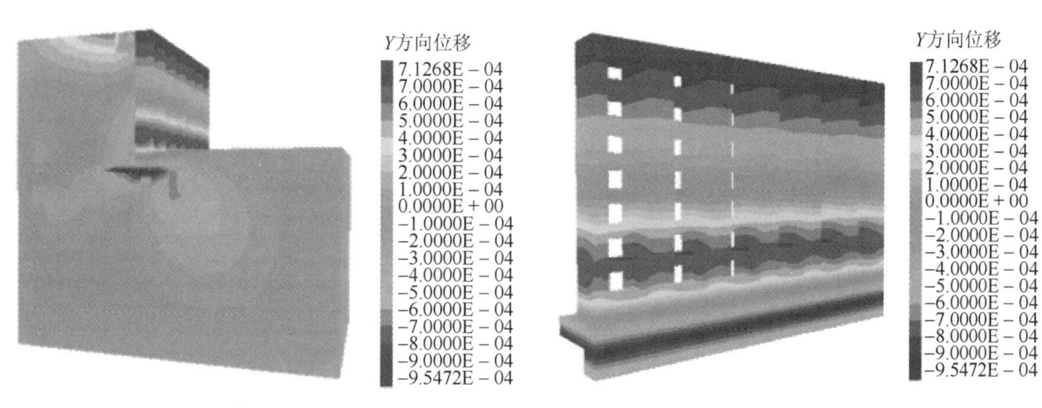

图 7-65　TL1-ZB1-BT1.3 模型整体 Y 轴位移云图

图 7-66　TL1-ZB1-BT1.3 墙体 Y 轴位移云图

图 7-67 为 TL1-ZB1-BT1.3 条件下的墙体 Y 轴应力分布云图，由图可知，挡墙整体受力均匀，墙体底部应力大于中上部，且构造柱及构造柱与墙体底部接触处有一定应力集中。

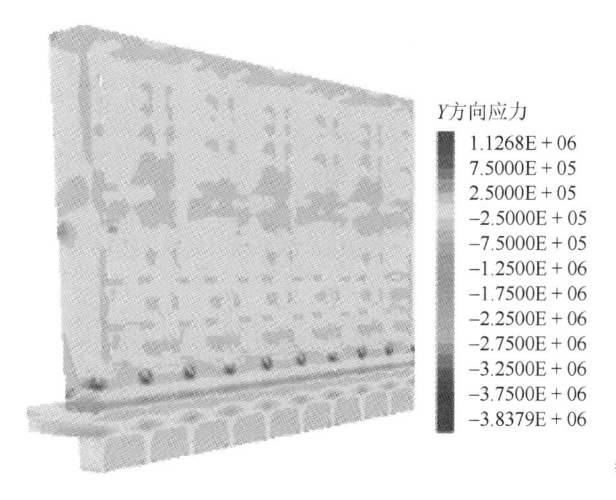

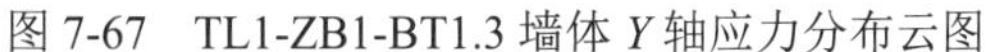
图 7-67　TL1-ZB1-BT1.3 墙体 Y 轴应力分布云图

（2）当 $B_{T2}=1.1\text{m}$ 时。

TL1-ZB1-BT1.1 条件下的模型整体 Y 轴位移云图及墙体 Y 轴位移云图分别如图 7-68 和图 7-69 所示，从图 7-68 中可以看出模型整体位移最大为 10.8mm，位于墙体顶部以及顶部周围接触的岩土体附近；距离墙体越远，由墙身与岩土体相互作用造成的影响越小，岩土体位移也越小；墙后填土及地基土位移变化极小，变化范围为 0～1.3mm，说明岩土体的承载力满足要求，墙体未发生明显沉降。由图 7-69 还可以看出墙体发生一定程度的倾斜，墙体位移由顶部至墙底逐渐减小，最大值为 10.8mm，位于墙体顶部；最小值为 0.2mm，位于凸榫处，倾覆角为 0.10°。

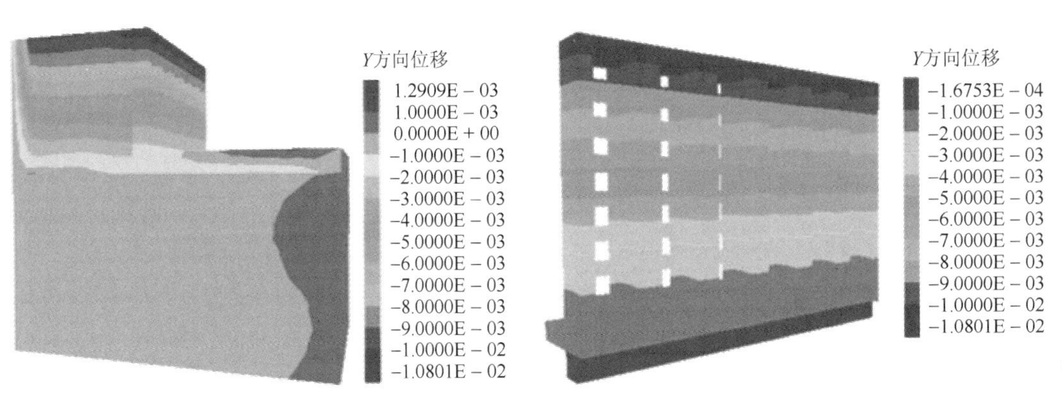

图 7-68　TL1-ZB1-BT1.1 模型整体 Y 轴位移云图　　　图 7-69　TL1-ZB1-BT1.1 墙体 Y 轴位移云图

图 7-70 为 TL1-ZB1-BT1.1 条件下的墙体 Y 轴应力分布云图，由图可知，挡墙整体受力较均匀，墙体底部应力大于中上部，踵板底部及凸榫处有较大压应力。

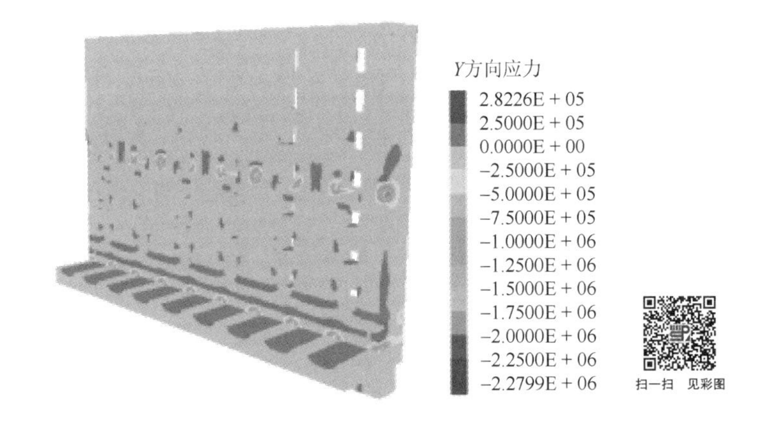

图 7-70　TL1-ZB1-BT1.1 墙体 Y 轴应力分布云图

（3）当 $B_{T2}=0.7\text{m}$ 时。

TL1-ZB1-BT0.7 条件下的模型整体 Y 轴位移云图及墙体 Y 轴位移云图分别如图 7-71 和图 7-72 所示。从图 7-71 中可以看出模型整体位移最大值为 24.6mm，位于墙体顶部及顶部周围接触的岩土体附近；墙后填土及地基土位移变化较小，变化范围为 0～2.2mm。由图 7-72 还可以看出墙体发生较大的倾斜，墙体位移由顶部至墙踵逐渐减小，最大值为 24.6mm，位于墙体顶部；最小值为 0.1mm，位于凸榫处，倾覆角为 0.23°。

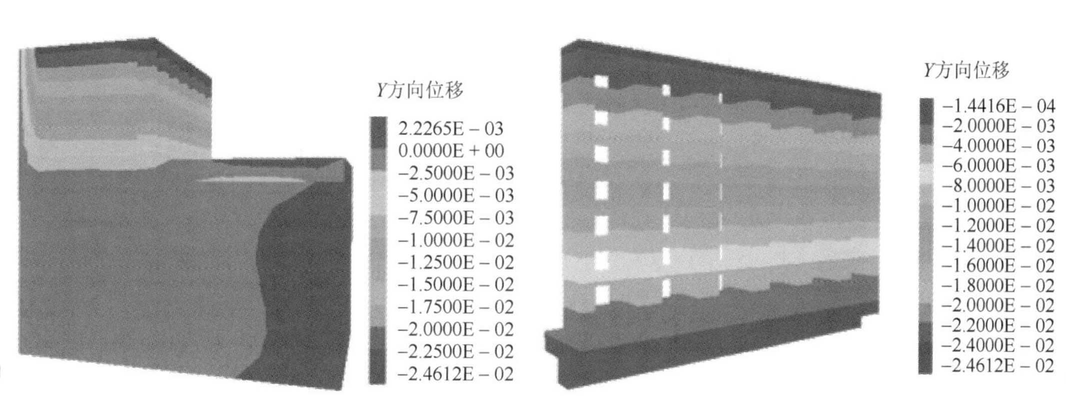

图 7-71　TL1-ZB1-BT0.7 模型整体 Y 轴位移云图　　图 7-72　TL1-ZB1-BT0.7 墙体 Y 轴位移云图

图 7-73 为 TL1-ZB1-BT0.7 条件下的墙体 Y 轴应力分布云图，由图可知，墙体多处出现应力集中，尤其在肋柱与底板连接处较为明显。

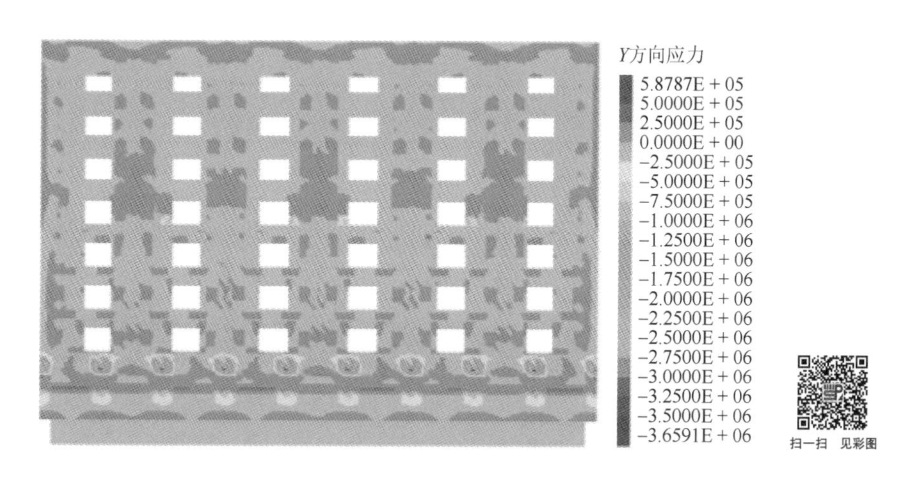

图 7-73　TL1-ZB1-BT0.7 墙体 Y 轴应力分布云图

2）理论计算分析

（1）当 $B_{T2} = 1.3\text{m}$ 时。

基底摩擦系数 $\mu = 0.500$，抗滑移稳定系数 $K_c = 3.572 > 1.300$，满足规范的要求。验算滑动稳定方程，得到方程值 = 127.152kN＞0，满足规范的要求。

倾覆验算满足：$K_0 = 4.885 > 1.500$；

倾覆稳定方程满足：方程值 = 804.332kN/m＞0；

作用于基底的合力偏心距验算满足：$e = 0.004 < 0.200 \times 4.400 \approx 0.880(\text{m})$。

（2）当 $B_{T2} = 1.1$m 时。

基底摩擦系数 $\mu = 0.500$，抗滑移稳定系数 $K_c = 1.413 > 1.300$，满足规范的要求。验算滑动稳定方程，得到方程值 = 96.180kN＞0，满足规范的要求。

倾覆验算满足：$K_0 = 1.660 > 1.500$；

倾覆稳定方程满足：方程值 = 118.721kN/m＞0；

作用于基底的合力偏心距验算满足：$e = 0.013 < 0.200 \times 4.400 \approx 0.880$(m)。

（3）当 $B_{T2} = 0.7$m 时。

基底摩擦系数 $\mu = 0.500$，抗滑移稳定系数 $K_c = 1.140 < 1.300$，不满足规范的要求。验算滑动稳定方程，得到方程值 = 49.833kN＞0，满足规范的要求。

倾覆验算不满足：$K_0 = 1.035 < 1.500$；

倾覆稳定方程满足：方程值 = 63.121kN/m＞0；

作用于基底的合力偏心距验算不满足：$e = 0.925 > 0.200 \times 4.400 \approx 0.880$(m)。

3）凸榫位置对挡墙稳定性的影响

TL1-ZB1 条件下，不同凸榫位置时的墙体最大位移、抗滑移稳定系数 K_c 及抗倾覆稳定系数 K_0 见表 7-12，关系曲线如图 7-74 所示。

表 7-12　TL1-ZB1 条件下不同凸榫位置时的墙体最大位移、K_c、K_0 汇总

填料参数	$B_{T2} = 1.3$m 模型	$B_{T2} = 1.1$m 模型	$B_{T2} = 0.7$m 模型
墙体最大位移/mm	1.0	10.8	24.6
抗滑移稳定系数 K_c	3.572	1.413	1.140
抗倾覆稳定系数 K_0	4.885	1.660	1.035

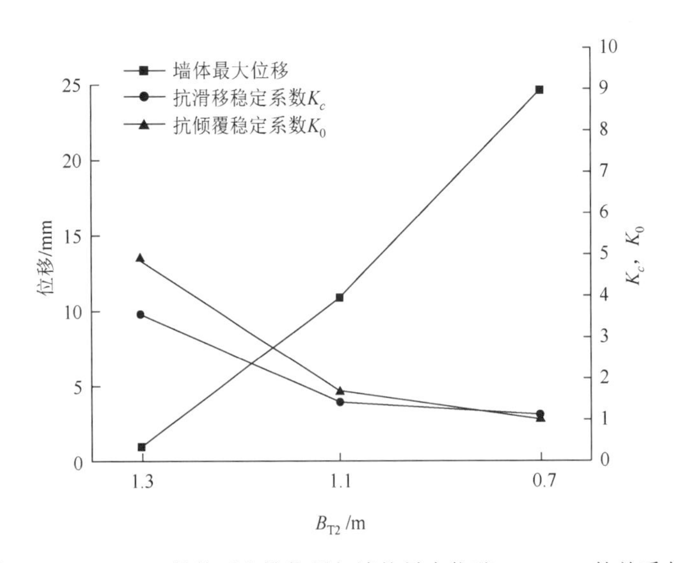

图 7-74　TL1-ZB1 条件下凸榫位置与墙体最大位移、K_c、K_0 的关系曲线

由表 7-12 可知，当 B_{T2} 为 1.3m 时，该路堤参数下墙体最大位移为 1.0mm，为三种凸榫位置情况中的最小者；当 B_{T2} 为 0.7m 时，墙体最大位移在三种模型中为最大值。

由图 7-74 也可以看出，随着 B_{T2} 减小，即随着凸榫位置距墙踵的距离逐渐减小，墙体最大位移逐渐增大，墙体稳定性逐渐降低。

由表 7-12 和图 7-74 可以得出，当 B_{T2} 为 0.7m 时，抗滑移稳定系数不满足 $K_c>1.300$，抗倾覆稳定系数不满足 $K_0>1.500$；当 B_{T2} 分别为 1.1m 和 1.3m 时，抗滑移稳定系数 K_c 和抗倾覆稳定系数 K_0 均满足规范的要求，墙体均较稳定，故建议凸榫位置 B_{T2} 不小于 1.1m。

7.3.3　路堤填料参数二

1）数值模拟结果分析

（1）当 $B_{T2}=1.3\text{m}$ 时。

TL2-ZB1-BT1.3 条件下的模型整体 Y 轴位移云图及墙体 Y 轴位移云图分别如图 7-75 和图 7-76 所示。与 TL1-ZB1-BT1.3 的情况类似，整个模型及墙体的水平位移均不足 2.5mm，说明墙体和坡体均无明显变形，处于稳定状态。

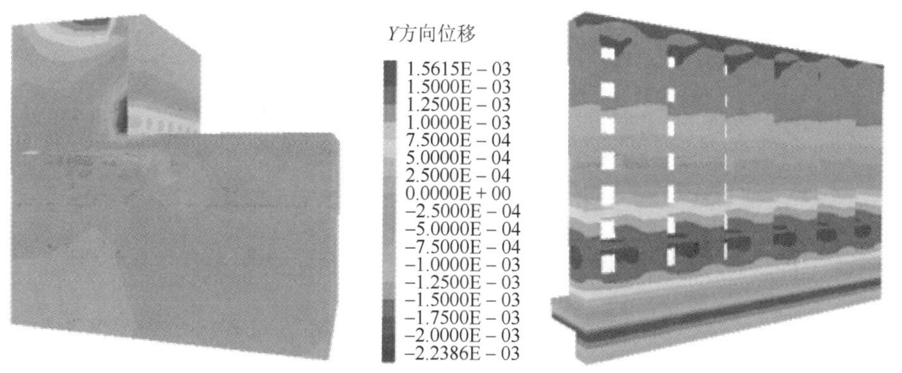

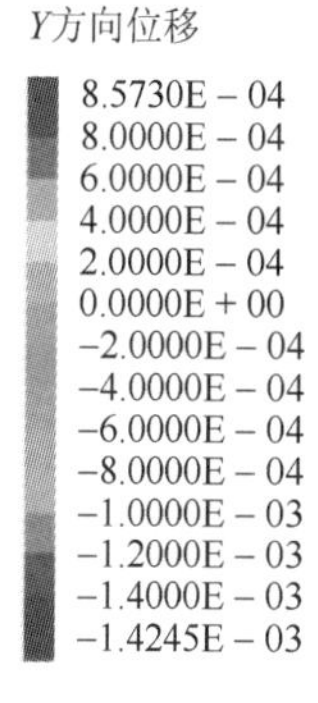

图 7-75　TL2-ZB1-BT1.3 模型整体 Y 轴位移云图　　图 7-76　TL2-ZB1-BT1.3 墙体 Y 轴位移云图

TL2-ZB1-BT1.3 条件下的 Y 轴应力分布云图如图 7-77 所示，由图可知，该条件下的墙体受力均匀，应力集中发生在肋柱与砌块单元、肋柱与底板的连接处。

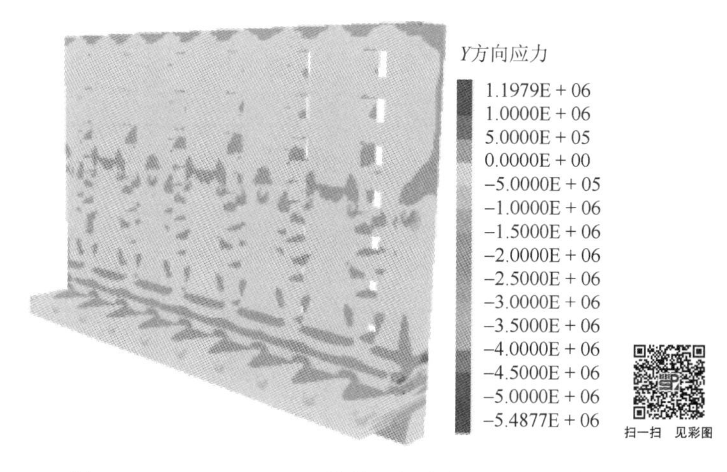

图 7-77　TL2-ZB1-BT1.3 墙体 Y 轴应力分布云图

（2）当 $B_{T2} = 1.1m$ 时。

TL2-ZB1-BT1.1 条件下的模型整体 *Y* 轴位移云图及墙体 *Y* 轴位移云图分别如图 7-78 和图 7-79 所示。从图 7-78 中可以看出模型整体位移最大为 19.2mm，位于墙体顶部及顶部周围接触的岩土体附近；距离墙体越远，由墙身与岩土体相互作用造成的影响越小，岩土体位移也越小；地基土位移变化较小，变化范围为 0～1.9mm，同样说明了墙体基础的承载力能够满足要求，未发生明显沉降。由图 7-79 可知墙体位移的变化规律，即自墙底至墙顶，墙体水平位移逐渐增大，最大值为 19.2mm，位于墙体顶部；最小值为 0.1mm，位于凸榫处，倾覆角为 0.17°，较 TL2-ZB1-BT1.3 条件下的显著增大。

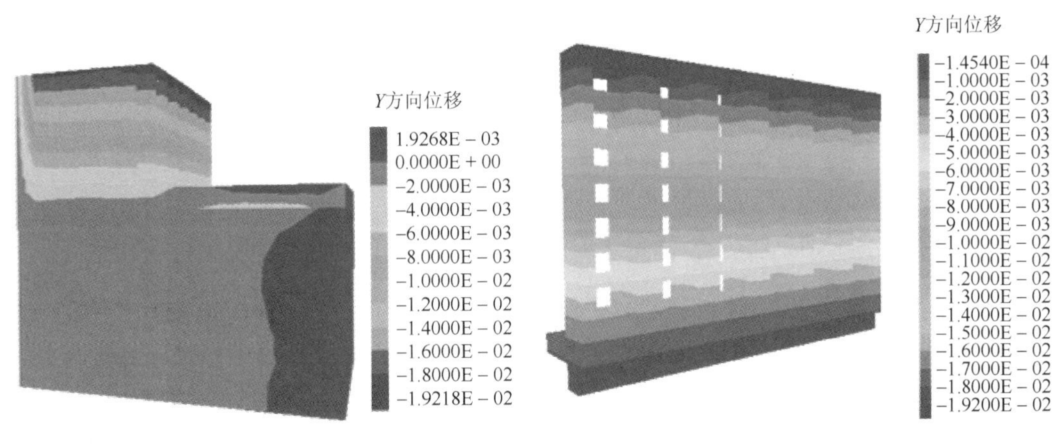

图 7-78　TL2-ZB1-BT1.1 模型整体 *Y* 轴位移云图　　图 7-79　TL2-ZB1-BT1.1 墙体 *Y* 轴位移云图

图 7-80 为 TL2-ZB1-BT1.1 条件下的墙体 *Y* 轴应力分布云图，由图可知，挡墙整体在墙后填料的作用下受力较均匀，但肋柱处、肋柱与墙体底部接触处、墙底与凸榫接触处均有应力集中现象，且较 TL2-ZB1-BT1.3 条件下的更加明显。

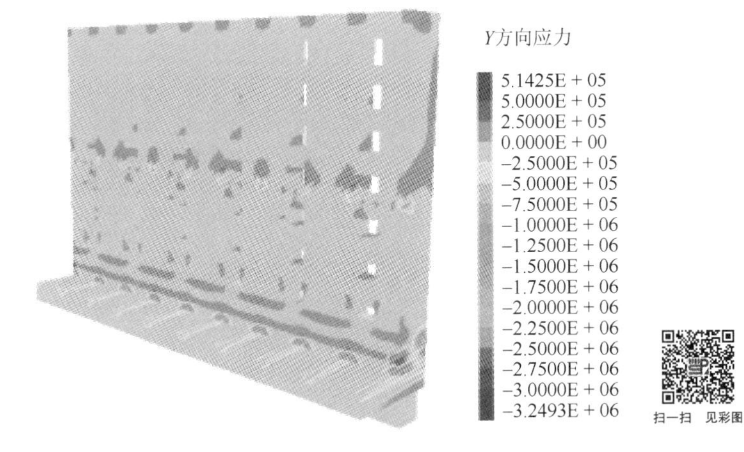

图 7-80　TL2-ZB1-BT1.1 墙体 *Y* 轴应力分布云图

（3）当 $B_{T2}=0.7\text{m}$ 时。

TL2-ZB1-BT0.7 条件下模型整体及墙体的 Y 轴位移云图分别如图 7-81 和图 7-82 所示。由图 7-81 可知，模型整体位移最大为 31.2mm，位于墙体顶部以及顶部周围接触的岩土体附近；距离墙体越远，由墙身与岩土体相互作用造成的影响越小，岩土体位移也越小；地基土位移变化仍很小，变化范围为 0～2.6mm，说明凸榫的设置几乎对墙底岩土体的变形无影响。由图 7-82 还可以看出墙体位移随墙高的分布规律，即自墙底至墙顶，墙体水平位移逐渐增大，最大值为 31.2mm，位于墙体顶部；最小值为 0.1mm，位于凸榫附近，倾覆角约为 0.30°。

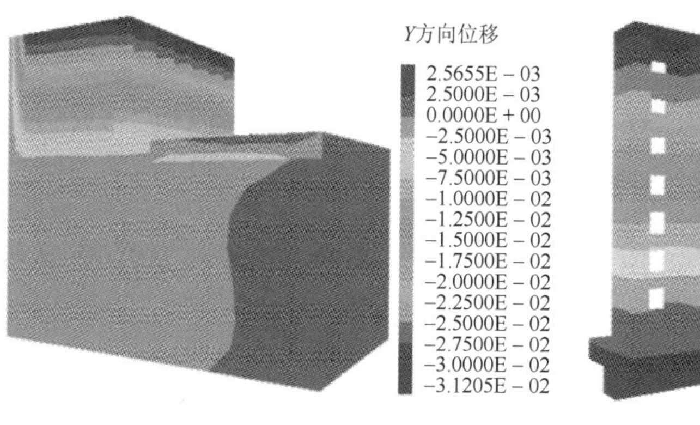

图 7-81　TL2-ZB1-BT0.7 模型整体 Y 轴位移云图

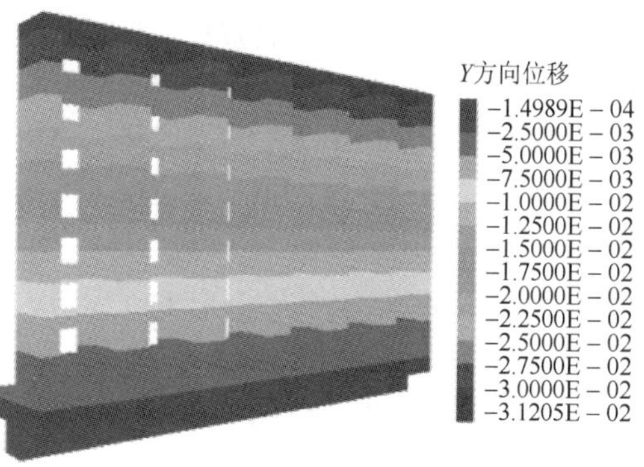

图 7-82　TL2-ZB1-BT0.7 墙体 Y 轴位移云图

由 TL2-ZB1-BT0.7 条件下的墙体 Y 轴应力分布云图（图 7-83）可知，该条件下挡墙整体在墙后填料的作用下受力仍较均匀，但肋柱处、肋柱与墙体底部接触处、墙底与凸榫接触处的应力集中现象比 TL2-ZB1-BT1.1 条件下的更为突出，且范围更大。

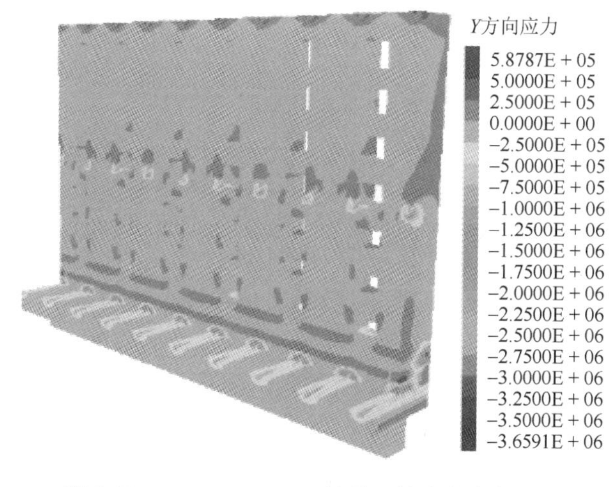

图 7-83　TL2-ZB1-BT0.7 墙体 Y 轴应力分布云图

2）理论计算分析

（1）当 $B_{T2}=1.3m$ 时。

基底摩擦系数 $\mu=0.500$，抗滑移稳定系数 $K_c=3.287>1.300$，满足规范的要求。验算滑动稳定方程，得到方程值 = 109.318kN＞0，满足规范的要求。

倾覆验算满足：$K_0=4.063>1.500$；

倾覆稳定方程满足：方程值 = 817.541kN/m＞0；

作用于基底的合力偏心距验算满足：$e=0.124<0.200\times4.400=0.880(m)$。

（2）当 $B_{T2}=1.1m$ 时。

基底摩擦系数 $\mu=0.500$，抗滑移稳定系数 $K_c=1.599>1.300$，满足规范的要求。验算滑动稳定方程，得到方程值 = 71.304kN＞0，满足规范的要求。

倾覆验算满足：$K_0=1.127<1.500$；

倾覆稳定方程满足：方程值 = 150.956kN/m＞0；

作用于基底的合力偏心距验算不满足：$e=0.931>0.200\times4.400=0.880(m)$。

（3）当 $B_{T2}=0.7m$ 时。

基底摩擦系数 $\mu=0.500$，抗滑移稳定系数 $K_c=1.511>1.300$，满足规范的要求。验算滑动稳定方程，得到方程值 = 76.059kN＞0，满足规范的要求。

倾覆验算不满足：$K_0=1.191<1.500$；

倾覆稳定方程满足：方程值 = 65.356kN/m＞0；

作用于基底的合力偏心距验算不满足：$e=0.937>0.200\times4.400=0.880(m)$。

3）凸榫位置对挡墙稳定性的影响

TL2-ZB1 条件下，不同凸榫位置时的墙体最大位移、抗滑移稳定系数 K_c 及抗倾覆稳定系数 K_0 见表 7-13，关系曲线如图 7-84 所示。

表 7-13　TL2-ZB1 条件下不同凸榫位置时的墙体最大位移、K_c、K_0 汇总

填料参数	$B_{T2}=1.3m$ 模型	$B_{T2}=1.1m$ 模型	$B_{T2}=0.7m$ 模型
墙体最大位移/mm	1.4	19.2	31.2
抗滑移稳定系数 K_c	3.287	1.599	1.511
抗倾覆稳定系数 K_0	4.063	1.127	1.191

由表 7-13 可知，在 TL2-ZB1 条件下，当 B_{T2} 为 1.3m 时，该路堤填料参数下墙体最大位移为 1.4mm，在三种凸榫位置情况中为最小者；当 B_{T2} 分别为 1.1m、0.7m 时，墙体最大位移明显增大。三种凸榫位置时的墙体最大位移充分说明，随着 B_{T2} 的减小，墙体的 Y 轴位移增大。由图 7-84 也可以看出，随着 B_{T2} 的减小，即随着凸榫位置距墙踵的距离逐渐减小，墙体位移逐渐增大，墙体稳定性逐渐降低。

由表 7-13 和图 7-84 可以得出，当 B_{T2} 为 0.7m 时，抗倾覆稳定系数不满足 $K_0>1.500$；当 B_{T2} 为 1.1m 时，抗倾覆稳定系数不满足 $K_0>1.500$；当 B_{T2} 为 1.3m 时，抗滑移稳定系数和抗倾覆稳定系数均满足要求，墙体稳定性得到保证，故建议在该填筑材料参数下，凸榫位置的 B_{T2} 设计值不小于 1.3m。

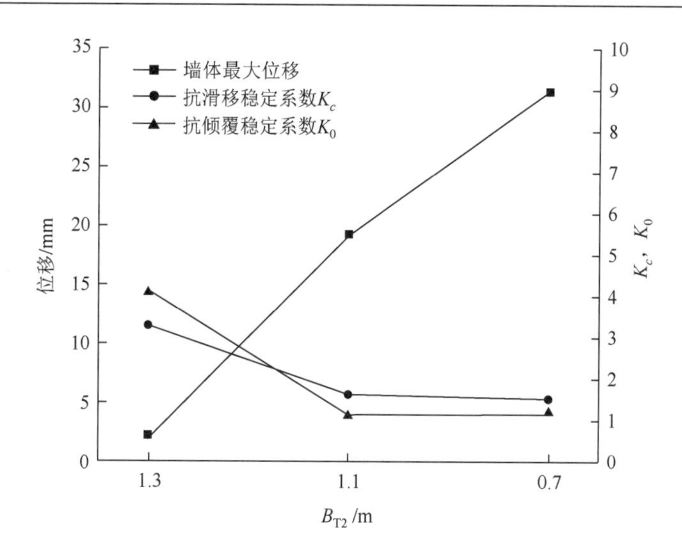

图 7-84　TL2-ZB1 条件下凸榫位置与墙体最大位移、K_c、K_0 的关系曲线

7.3.4　路堤填料参数三

1）数值模拟结果分析

（1）当 $B_{T2}=1.3\text{m}$ 时。

TL3-ZB1-BT1.3 条件下的模型整体 Y 轴位移云图及墙体 Y 轴位移云图分别如图 7-85 和图 7-86 所示。可见，和 TL1、TL2 时的情况类似，$B_{T2}=1.3\text{m}$ 时的墙体最大位移较小，仅 3.0mm，发生在墙顶位置，墙底基本无 Y 轴变形，说明墙体稳定性较好。地基土位移变化仍很小，变化范围为 0～2mm。

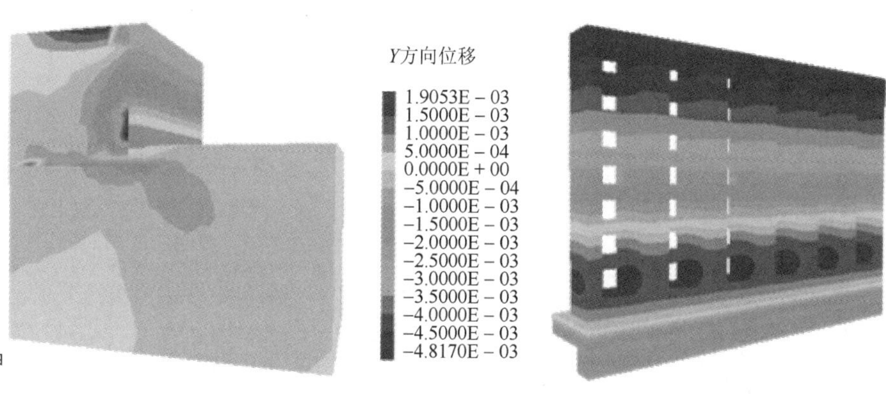

扫一扫　见彩图

图 7-85　TL3-ZB1-BT1.3 模型整体 Y 轴位移云图

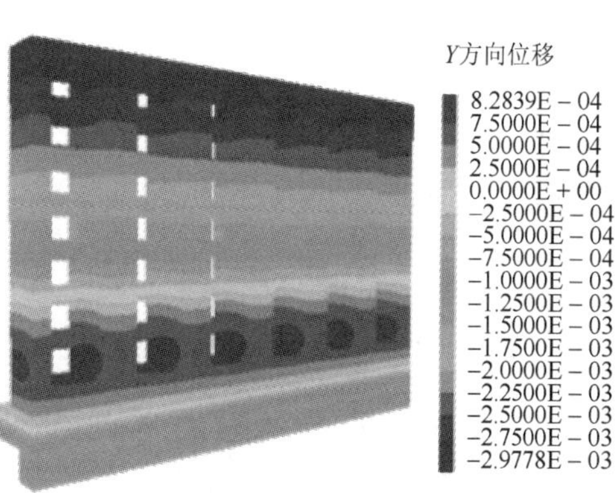

扫一扫　见彩图

图 7-86　TL3-ZB1-BT1.3 墙体 Y 轴位移云图

（2）当 $B_{T2}=1.1\text{m}$ 时。

TL3-ZB1-BT1.1 条件下的模型整体及墙体 Y 轴位移云图分别如图 7-87 和图 7-88 所示。从图 7-87 中可以看出模型整体位移最大为 11.9mm，位于墙体顶部及顶部周围接触的岩土体附近；距离墙体越远，由墙身与岩土体相互作用造成的影响越小，岩土体的位移也越小；地基土位移变化极小，变化范围为 0～1.4mm。由图 7-88 还可以看出墙体发生一定程度的倾斜，墙体位移由顶部至墙底逐渐减小，最大值为 11.9mm，位于墙体顶部；最小值为 0.2mm，位于凸榫附近，倾覆角约为 0.11°。

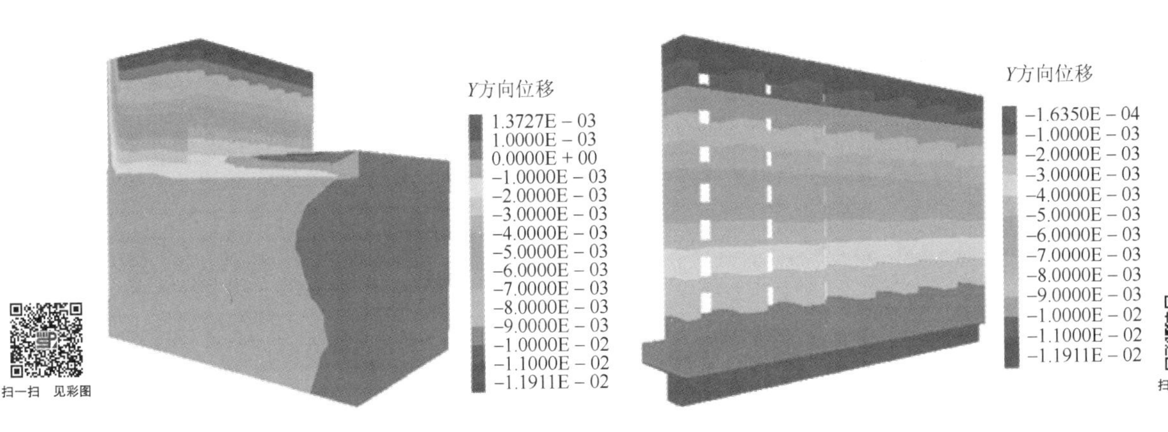

图 7-87　TL3-ZB1-BT1.1 模型整体 Y 轴位移云图　　图 7-88　TL3-ZB1-BT1.1 墙体 Y 轴位移云图

（3）当 $B_{T2}=0.7\text{m}$ 时。

TL3-ZB1-BT0.7 条件下的模型整体 Y 轴位移云图及墙体 Y 轴位移云图分别如图 7-89 和图 7-90 所示。可见，模型整体最大位移及墙体最大位移均约为 16.7mm，位于墙体顶部及顶部周围接触的岩土体附近，二者位移分布特征基本一致，说明墙体并未与岩土体分离。地基土位移变化极小，变化范围为 0～1.8mm。由图 7-90 还可以看出墙体发生一定程度的倾斜，墙体位移由顶部至墙踵逐渐减小，最大值为 16.7mm，位于墙体顶部；最小值为 0.1mm，位于凸榫处，倾覆角为 0.15°。

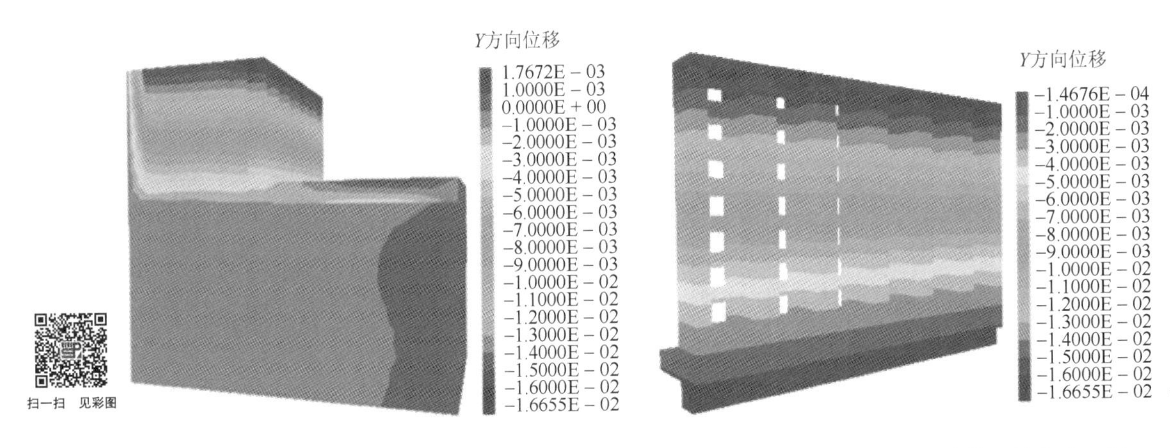

图 7-89　TL3-ZB1-BT0.7 模型整体 Y 轴位移云图　　图 7-90　TL3-ZB1-BT0.7 墙体 Y 轴位移云图

图 7-91 和图 7-92 分别为 TL3-ZB1-BT1.3 和 TL3-ZB1-BT0.7 条件下的墙体 Y 轴应力分布云图。由图可知，挡墙整体在墙后填土的作用下受力均较均匀，凸榫位置对应力分

布特征影响不大。从应力值及局部应力的集中程度来看，TL3-ZB1-BT0.7 条件下的应力大于 TL3-ZB1-BT1.3 条件下的应力，特别是在肋柱与墙体底部接触处、踵板底部及凸榫处、凸榫与踵板连接处，TL3-ZB1-BT0.7 条件下的应力集中更明显。

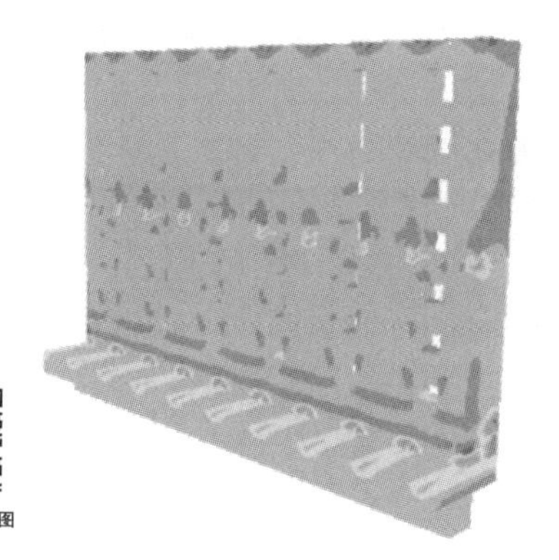
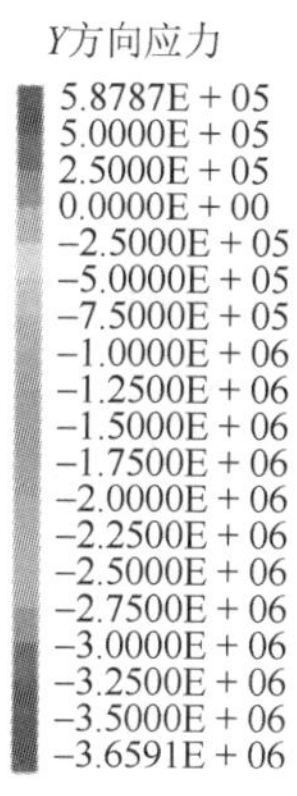

扫一扫 见彩图

图 7-91 TL3-ZB1-BT1.3 墙体 Y 轴应力分布云图

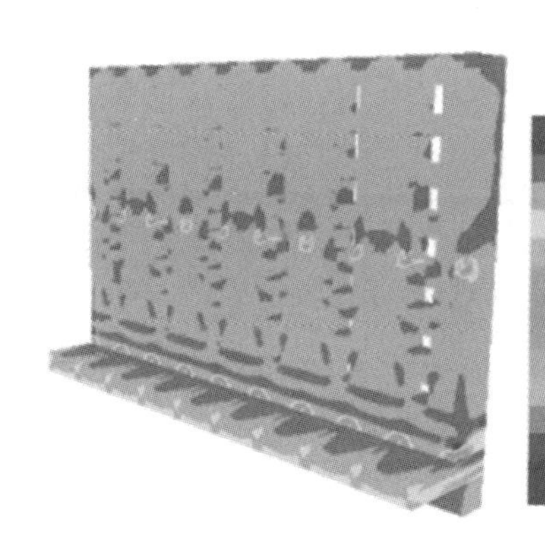

扫一扫 见彩图

图 7-92 TL3-ZB1-BT0.7 墙体 Y 轴应力分布云图

2）理论计算分析

（1）当 $B_{T2} = 1.3$m 时。

基底摩擦系数 $\mu = 0.500$，抗滑移稳定系数 $K_c = 2.787 > 1.300$，满足规范的要求。验算滑动稳定方程，得到方程值 = 90.359kN>0，满足规范的要求。

倾覆验算满足：$K_0 = 4.963 > 1.500$；

倾覆稳定方程满足：方程值 = 736.556kN/m>0；

作用于基底的合力偏心距验算满足：$e = 0.124 < 0.200 \times 4.400 = 0.880$(m)。

（2）当 $B_{T2} = 1.1$m 时。

基底摩擦系数 $\mu = 0.500$，抗滑移稳定系数 $K_c = 1.399 > 1.300$，满足规范的要求。验算滑动稳定方程，得到方程值 = 51.634kN>0，满足规范的要求。

倾覆验算满足：$K_0 = 1.325 < 1.500$；

倾覆稳定方程满足：方程值 = 161.939kN/m>0；

作用于基底的合力偏心距验算不满足：$e = 0.9168 > 0.200 \times 4.400 = 0.880$(m)。

（3）当 $B_{T2} = 0.7$m 时。

基底摩擦系数 $\mu = 0.500$，抗滑移稳定系数 $K_c = 1.457 > 1.300$，满足规范的要求。验算滑动稳定方程，得到方程值 = 63.168kN>0，满足规范的要求。

倾覆验算不满足：$K_0 = 1.308 < 1.500$；

倾覆稳定方程满足：方程值 = 71.349kN/m>0；

作用于基底的合力偏心距验算不满足：$e = 1.013 > 0.200 \times 4.400 = 0.880$(m)。

3）凸榫位置对挡墙稳定性的影响

TL3-ZB1 条件下，不同凸榫位置时的墙体最大位移、抗滑移稳定系数 K_c 及抗倾覆稳定系数 K_0 见表 7-14，关系曲线如图 7-93 所示。

表 7-14　TL3-ZB1 条件下不同凸榫位置时的墙体最大位移、K_c、K_0 汇总

填料参数	$B_{T2}=1.3m$ 模型	$B_{T2}=1.1m$ 模型	$B_{T2}=0.7m$ 模型
墙体最大位移/mm	3.0	11.9	16.7
抗滑移稳定系数 K_c	2.787	1.399	1.457
抗倾覆稳定系数 K_0	4.963	1.325	1.308

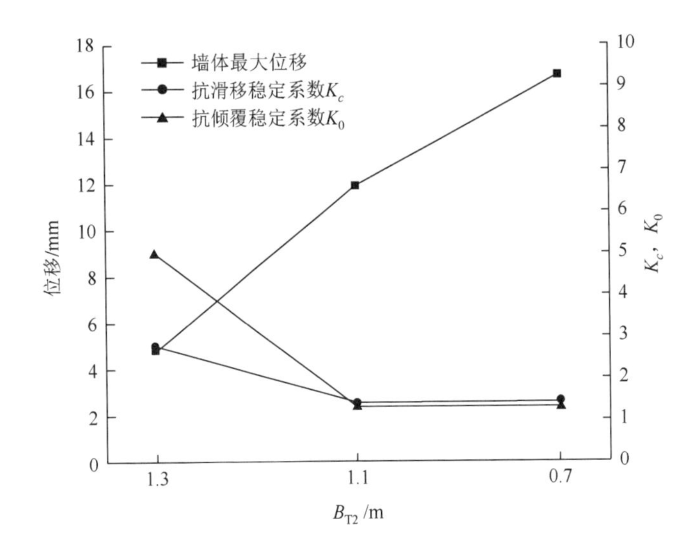

图 7-93　TL3-ZB1 条件下凸榫位置与墙体最大位移、K_c、K_0 的关系曲线

表 7-14 中的数据表明，在 TL3-ZB1 条件下，当 B_{T2} 为 1.3m 时，该路堤填料参数下墙体最大位移为 3.0mm，在三种凸榫位置情况中为最小者；当 B_{T2} 分别为 1.1m、0.7m 时，墙体最大位移明显增大，分别达 11.9mm 和 16.7mm。三种凸榫位置时的墙体最大位移特征与 TL1-ZB1、TL2-ZB1 条件下的位移特征一致，即随着 B_{T2} 的减小，墙体的 Y 轴位移增大。由图 7-92 也可以看出，随着 B_{T2} 的减小，即随着凸榫位置距墙踵的距离逐渐减小，墙体最大位移逐渐增大，墙体稳定性逐渐降低。

从表 7-14 中的数据可以看出，当 B_{T2} 分别为 0.7m 和 1.1m 时，墙体的抗倾覆稳定系数均不满足 $K_0>1.500$。只有当 B_{T2} 为 1.3m 时，抗滑移稳定系数和抗倾覆稳定系数均满足规范对挡墙稳定性的要求，墙体稳定性得到保证。

综合本节填料条件（TL1、TL2、TL3）、踵板宽度（ZB = 1m）、凸榫位置（B_{T2} 分别为 1.3m、1.1m、0.7m）组合情况下的墙体位移和倾覆情况于表 7-15，分析表中的数据可知，按本书路堤填筑岩土体参数，6m 墙高的装配式绿化挡墙在踵板宽度为 1m 的情况下，凸榫内缘距墙踵的距离 B_{T2} 取 1.3m 是合理的，能够满足墙体的抗滑移和抗倾覆稳定性要求。由于 B_{T2} 取 1.3m 时，三种填筑材料参数条件下的墙体抗滑移稳定系数和抗倾覆稳定系数都远大于规范规定的值，故建议 B_{T2} 的取值也不可过大，建议不大于 1.5m。表 7-15 所示的墙体倾覆角表明，在三种填筑岩土体参数条件下，$B_{T2}=1.3m$ 时的挡墙倾覆角明显小于 $B_{T2}=1.1m$、$B_{T2}=0.7m$ 时的墙体倾覆角。虽然三种情况下的墙体倾覆角均很小，且

在 0.3°以下，能够满足墙体稳定性要求，但从应力集中情况看，B_{T2} = 1.3m 明显优于其他两种情况。

表 7-15　不同路堤填筑参数及凸榫位置条件下的装配式绿化挡墙位移和倾覆情况

序号	条件组合	最大位移/mm	最小位移/mm	倾覆角/(°)
1	TL1-ZB1-BT1.3	1.0	0.1	0.01
2	TL1-ZB1-BT1.1	10.8	0.2	0.10
3	TL1-ZB1-BT0.7	24.6	0.1	0.23
4	TL2-ZB1-BT1.3	1.4	0.1	0.01
5	TL2-ZB1-BT1.1	19.2	0.1	0.17
6	TL2-ZB1-BT0.7	31.2	0.1	0.30
7	TL3-ZB1-BT1.3	3.0	0.8	0.02
8	TL3-ZB1-BT1.1	11.9	0.2	0.11
9	TL3-ZB1-BT0.7	16.7	0.1	0.15

7.4　小　　结

由于装配式路堤挡墙具有良好的施工空间，因此其具有良好的踵板、趾板和凸榫设置条件。单独设置踵板时，抗滑移稳定系数、抗倾覆稳定系数均有随踵板宽度的增大而呈现先增大后减小的趋势，而且墙体最大位移在踵板宽度为 2m 时最小，继续增大踵板宽度，位移基本不再变化，故建议踵板宽度为 2m，继续增加踵板宽度对墙体的受力协调和稳定性反而不利。

在踵板宽度为 1m 的基础上设置趾板时，挡墙抗滑移稳定系数、抗倾覆稳定系数、墙体最大位移在趾板宽度大于 0.8m 时均可满足要求，但过大的趾板宽度会导致其上覆岩土体的压力引发应力集中，不利于装配式绿化挡墙的整体受力协调，故建议踵板宽度为 1m 时，趾板宽度取 0.8～1.0m，最大不超过 1.6m。

若同时设置踵板和凸榫，建议踵板宽度为 1m 时，凸榫高度为 0.5m，凸榫内缘距墙踵的距离为 1.3m。

第 8 章　装配式绿化挡墙应用实例

8.1　装配式路堑挡墙应用实例

8.1.1　工程概况

应用工程位于四川省广安市邻水县工业园区基础设施建设项目第三污水处理厂场地的东北侧，为修建邻水县第三污水处理厂厂区道路时开挖所形成的路堑边坡。如图 8-1 所示，第三污水处理厂位于 G65 高速公路达州至重庆某段左侧，地处邻水县牟家镇境内。场地进入通道受到高速公路涵洞及附近河道的影响，交通条件较为不便利。

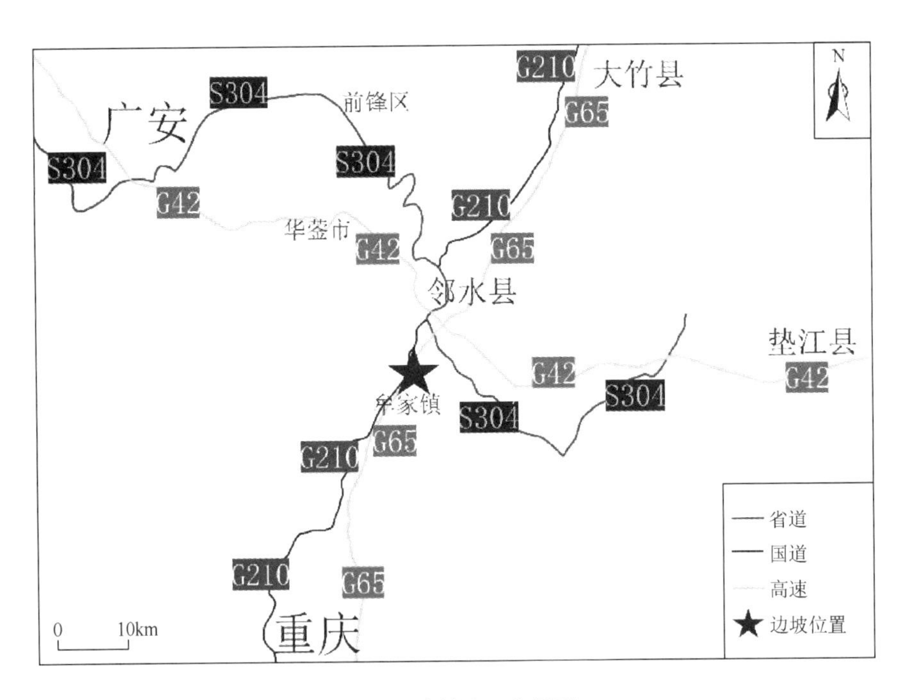

图 8-1　边坡地理位置图

边坡平面如图 8-2 所示。由于场地地形狭窄，受公路线型限制，该段路堑边坡施工空间较小，需选取占地面积及施工场地较小的支护结构；同时考虑到基建设施场地需具备的景观性需求，综合考虑后采用装配式绿化挡墙结构对该边坡进行加固支护，挡墙高度为 6m。

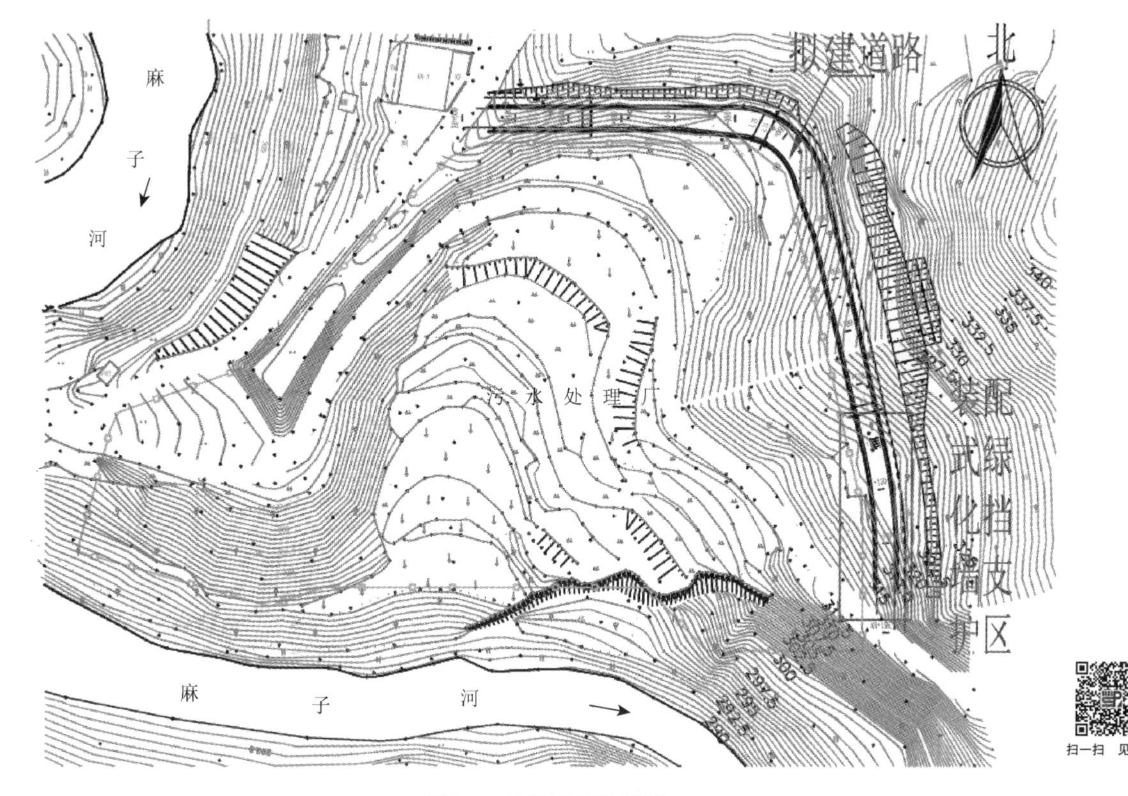

扫一扫　见彩图

图 8-2　边坡平面位置图

图中数字代表高程，单位为 m

8.1.2　工程地质条件

1）地形地貌

拟建场地地形起伏较大，整体呈现东、北高及西、南低的特点。根据勘探资料，场地最大标高为 336.32m，最小标高为 310.72m，相对高差为 25.60m。该区域为构造剥蚀浅丘地貌。

2）地质构造

该区域位于川东褶皱带构造体系边缘，南东部存在华蓥山隆起褶皱束。岩体完整性良好，岩层表面存在较发育的风化裂隙，场地区域内未出现断层与断裂破碎带，地质构造相对简单。

3）地层岩性

根据钻探揭露，场地内分布的土层自上而下包括耕植土、素填土、粉质黏土，土层下覆基岩为侏罗系中统沙溪庙组（J_2s）砂岩。拟设墙后路堑边坡开挖剖面分布有耕植土（厚 0.6m 左右）、素填土（厚 3.5m 左右）、粉质黏土（厚 2.7m 左右）及下覆侏罗系中统沙溪庙组（J_2s）强风化砂岩（1.5m 左右）、中风化砂岩（9.8m 左右）。该路堑边坡代表性钻孔情况见表 8-1。

表 8-1　路堑边坡代表性钻孔情况

时代成因	层底高程/m	层底深度/m	分层厚度/m	柱状图 1∶100	岩土名称及特征
Q_4^{ml}	330.86	0.60	0.60		耕植土：灰色、黄褐色；稍密；稍湿；成分以黏性土为主，上部含大量植物根茎，均匀性、密实性差
	327.36	4.10	3.50		素填土：杂色；稍密；稍湿；以黏性土、基岩碎屑为主，含少量砂土，不均匀，新进堆积，未完成自重沉实，新近回填，稍有压实
	324.66	6.80	2.70		粉质黏土：黄褐、灰褐色；可塑；干强度、韧性中等，刀切面稍有光泽，无摇振反应，土质不均匀，局部含少量的砂砾
J_2s	323.16	8.30	1.50		强风化砂岩：土黄、青灰色；中细粒结构，块状构造，硅钙质胶结，风化节理裂隙发育，结构构造大部分已破坏，岩芯破碎呈粉状、碎块状及短柱状，碎块用手可折断
	313.36	18.10	9.80		中风化砂岩：土黄、青灰色；中细粒结构，块状构造，硅钙质胶结，风化裂隙不甚发育，结构构造较清晰，岩芯较完整，岩芯以长柱状为主，次为短柱状及少许碎块状，岩质较硬

4）水文地质

拟建场区属于剥蚀浅丘地貌，场地内下覆地层主要为第四系松散层上层滞水及侏罗系中统沙溪庙组砂岩，地下水有赋存的空间条件，但勘察区总体地势较高，排泄条件好。场区地下水种类以孔隙水与基岩裂隙水为主，区域环境类型属于Ⅱ类。孔隙水赋存在第四系土层的孔隙内，其含水量相对较高。补给区与场址区一致，孔隙水含量低，仅地形低洼及易于地下水赋存的地段含有孔隙水。裂隙水赋存于砂岩的风化裂隙中。整体来看，本场区基岩富水性相对较弱，且埋深较大。

5）不良地质作用及地质灾害

根据地面调查，拟建场区内无滑坡、泥石流及采空区等不良地质作用，也未见致灾地质体和对工程不利的埋藏物。

6）特殊地质

场区特殊岩土主要为膨胀性泥岩，其具有弱膨胀性和崩解性，自然坡脚可见崩解碎落的泥岩颗粒，粒径以 0.5～2cm 居多。加固工程应充分考虑截排水措施。

8.1.3　边坡稳定性分析

路堑边坡为修建第三污水处理厂厂区道路时开挖所形成。边坡南侧位置存在 2 条裂隙，LX01 垂直于岩层走向发育，贯通长度约为 7.0m，裂隙张开度约为 2cm，裂隙内充填物质为破碎的中风化砂岩，易形成危岩；LX02 与边坡走向成约 75°夹角发育，贯通长度约为 5m，裂隙张开度约为 2.5cm，裂隙内充填物质为破碎的中风化砂岩。根据边坡赤平投影图（图 8-3）对岩石边坡分析如下。

本段边坡岩性主要为薄-中厚层砂岩，岩层产状与坡向构成顺向坡结构。在地质构造、风化卸荷等作用下，岩体较为破碎且节理裂隙较发育。主要的节理裂隙有 2 组：①174°∠42°；②143°∠34°。调查和测绘资料表明：边坡的裂隙间距不大，且裂隙结构面结合程度较一般。由图 8-4 可知：裂隙①倾向与坡体相交，倾角＜坡角，滑动可能性较小；裂隙②的裂隙面与坡向呈大角度斜交，斜交夹角均大于 30°，较稳定。因此，在地震及

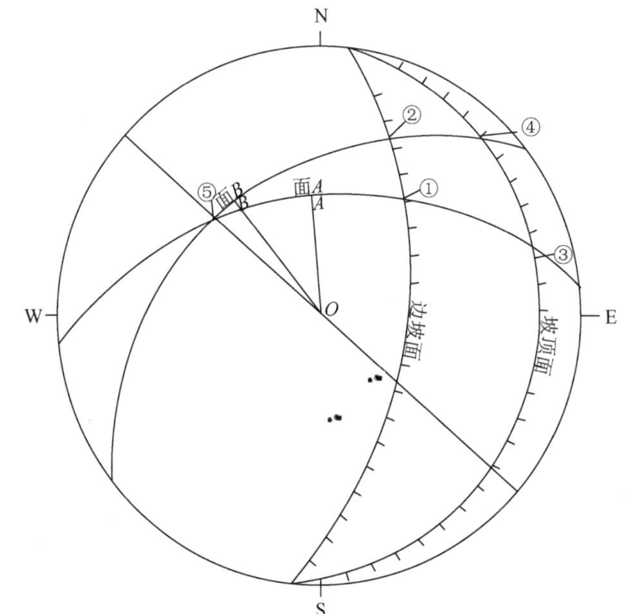

结构面 \ 产状	倾向/(°)	倾角/(°)
坡顶面	276.00	10.00
边坡面	276.00	54.00
平面A	174.00	42.00
平面B	142.00	34.00
交线①	35.39	34.04
交线②	20.73	19.29
交线③	73.57	9.26
交线④	42.96	6.05
交线⑤	311.43	33.55

判定岩体稳定性：

（1）滑动方向：沿一条倾向线方向滑动。

（2）稳定类型：最稳定的。

图 8-3　边坡赤平投影图

降雨作用下，上部危岩带内残留的块状危岩体有沿裂隙与坡向的组合面产生局部滑塌及掉块、落石的可能，潜在破坏方式以倾倒、坠落为主，对坡下建筑及行人的安全构成威胁。

8.1.4　装配式绿化挡墙结构设计及稳定性计算

1）装配式绿化挡墙结构设计

场地道路边坡如图 8-4 所示。由于场地狭窄，为节省空间，对边坡实施直立放坡开挖。该道路边坡工程前期采用现浇钢筋混凝土挡墙对坡体部分区域进行防护，由于场区地下水较丰富，且恰逢雨季施工，施工条件较恶劣，工程总体进度较慢。后期由于工期紧迫，同时考虑到该区域场地环境的狭窄性，需要选择墙身断面及占地面积小的挡墙结构，且道路沿线附近分布的居民建筑及污水处理厂基础设施对沿线环境的保护与道路景观同周围环境的协调性要求很高。因此，经过综合考虑及优化设计，采用装配式绿化挡墙对公路路堑边坡进行支护。根据道路边坡的特点，分别设计了公路上挡及下挡装配式绿化挡墙结构：公路上挡为路堑边坡装配式绿化挡墙，下挡为路肩装配式绿化挡墙。上下挡墙支护断面图如图 8-5 所示。

图 8-4　支护边坡全貌图

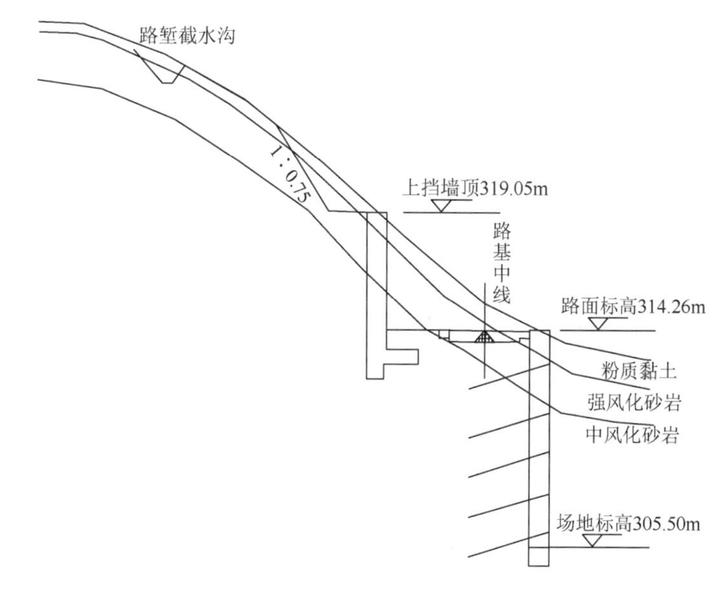

图 8-5　上下挡墙支护断面图

公路上挡墙设计尺寸统一为高度 6m，全长 30m。由 7 层预制块经构造柱、基础、压顶梁组合直立拼装而成，每层布置 20 个预制块，共计 140 个预制块。由于场地限制，该路堑挡墙无设踵板的空间，根据第 7 章的数值模拟结果，装配式路堑挡墙设置厚度为 0.5m、宽度为 1m 的趾板，趾板埋深 1m；凸榫设置于基础前端附近（无法按第 7 章优化结果 $B_{T2}=1.3$m 设置）。具体墙体形式及尺寸如图 8-6 所示。构造柱（肋柱）、压顶梁及底部基础均采用 C35 混凝土进行现场浇筑，挡墙构造柱结构内的钢筋采用 HRB400 钢筋。

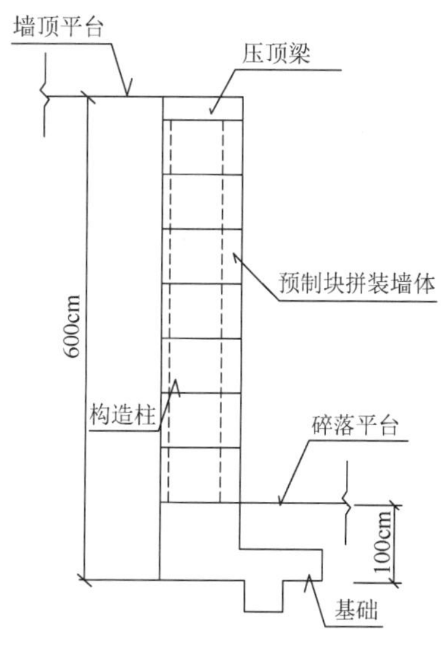

图 8-6　公路上挡墙断面图

公路下挡墙由 12 层预制块经构造柱、基础、压顶梁组合直立拼装而成，墙宽 36m，每层设有 24 块预制块，共计 288 块预制块；挡墙总高度为 9.5m，其中预制块墙体高度为 8.4m，基础厚 0.8m，压顶梁厚 0.3m。由于下挡墙高度大于 6m，为安全起见，在下挡墙构造柱的预留锚拉孔上加入锚杆，形成锚杆装配式路堑挡墙结构。锚杆采用 Φ32mmHRB400 钢筋制作（锚杆接长采用专用连接器连接）；锚孔直径为 110mm，锚杆与水平方向的倾角为 15°，锚杆锚固间距为 1.5m×2.1m；按本书第 3 章及相关规范计算得到锚杆锚固段长度最小取 6m，公路下挡墙断面图如图 8-7 所示。

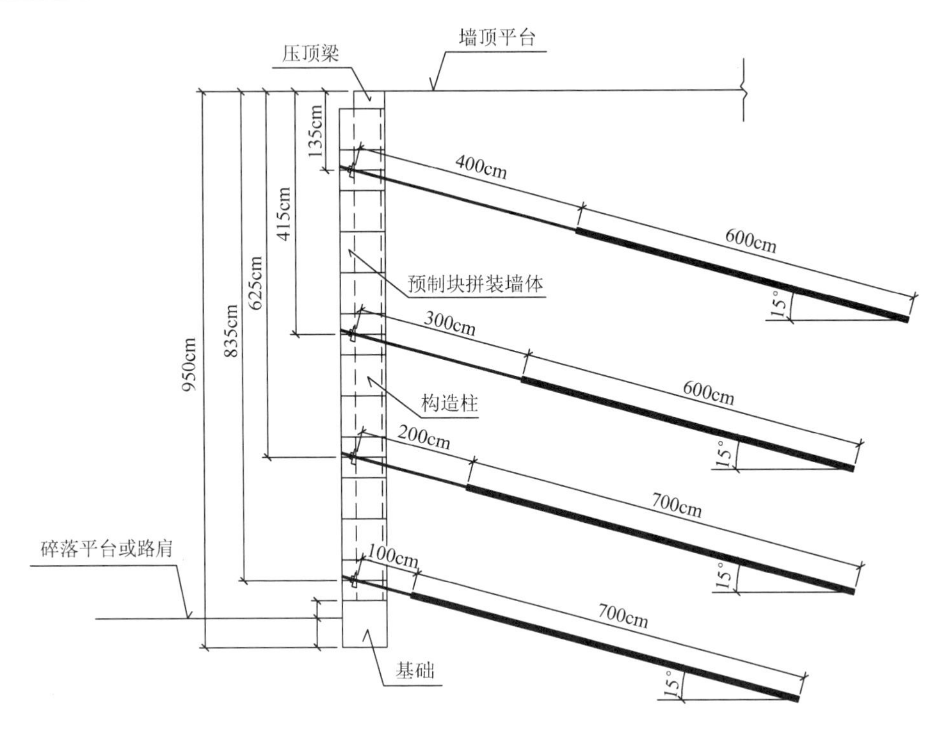

图 8-7　公路下挡墙断面图

2）装配式绿化挡墙稳定性验算

由图 8-5 所示的挡墙支护断面可得，公路下挡的路堑边坡岩土体主要为中风化砂岩，岩土体质量等级高于第Ⅴ类岩土质量等级，根据第 7 章数值模拟结果，锚杆装配式路堑挡墙已能够满足此类边坡的支护要求。公路上挡的路堑边坡岩土体以强风化砂岩为主，稳定性较差，以下仅对路堑边坡上挡装配式路堑挡墙结构进行稳定性验算。

（1）岩石设计参数选取。

由场区地质勘查报告资料及现场实际调研情况得到场地边坡岩土体结构设计参数参考值，见表 8-2。

表 8-2　设计参数参考值

项目	参数	取值
墙后岩体容重	γ	23.5kN/m^3
岩体等效内摩擦角	φ_e	55°
岩体与墙背的摩擦角	δ	36.7°
基础底面与地基的摩擦因数	μ	0.35
墙背岩体面与水平面的夹角	β	0°
挡墙基底倾角	α_0	0°
挡墙容重	γ_c	10.49kN/m^3
地基承载力设计值	f	300kPa

（2）上挡装配式路堑挡墙稳定性验算。

抗倾覆验算：挡墙抗倾覆稳定系数 K_0 按式（5-24）进行验算。经计算，得到倾覆力 $\sum M_0 = 75.28\text{kN·m}$；抗倾覆力矩 $\sum M_y = 229.43\text{kN·m}$。倾覆验算：$K_0 = 3.05 > 1.5$，满足要求。

抗滑移稳定系数计算：挡墙抗滑移稳定系数 K_c 按式（5-25）进行验算。经计算，得到下滑力为 37.64kN；抗滑力为 60.11kN。滑移验算：$K_c = 1.6 > 1.3$，满足要求。

合力偏心距及基底应力验算：作用在基底的总竖向力 $\sigma = 171.78\text{kN}$；作用在趾板上的总弯矩 $M_z = 154.15\text{kN·m}$；基础底面宽度 $B = 1.8\text{m}$；偏心距 $e = 0.002\text{m}$；基底合力作用点距趾板的距离 $z_n = 0.898\text{m}$。

基底压应力：$p_{\text{kmin}}^{\max} = \dfrac{96.21}{94.62}\text{kPa} \leqslant 300\text{kPa}$，满足要求。

基底合力偏心距验算：$e = 0.002 \leqslant 0.167 \times 1.800 \approx 0.300(\text{m})$，满足要求。

以上稳定性验算结果表明，装配式路堑挡墙结构可以满足稳定性验算的要求。

8.1.5　边坡稳定性数值模拟结果及分析

本节仍采用 FLAC3D 软件对路堑边坡上挡装配式路堑挡墙结构进行数值模拟分析。在模拟过程中，路堑边坡岩土参数由场地勘察报告确定。

1）开挖后边坡稳定性数值模拟分析

根据现场边坡实际尺寸采用 FLAC3D 软件建立边坡模型进行数值模拟，模型具体尺寸如图 8-8 所示，边坡模型如图 8-9 所示，其中 X 轴代表边坡横断面方向，Y 轴代表边坡纵断面方向，Z 轴代表边坡竖向方向。限制边坡模型底部与周围的位移，挡墙临空面与模型顶部设置成自由边界。边坡模型岩体力学参数根据现场勘察报告资料选取，见表 8-3。

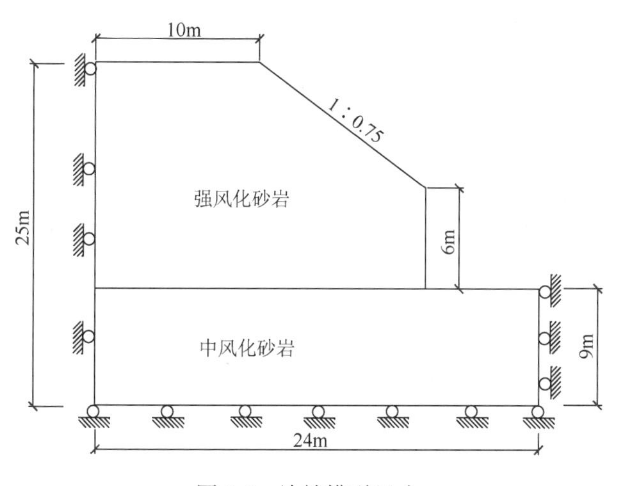

图 8-8　边坡模型尺寸

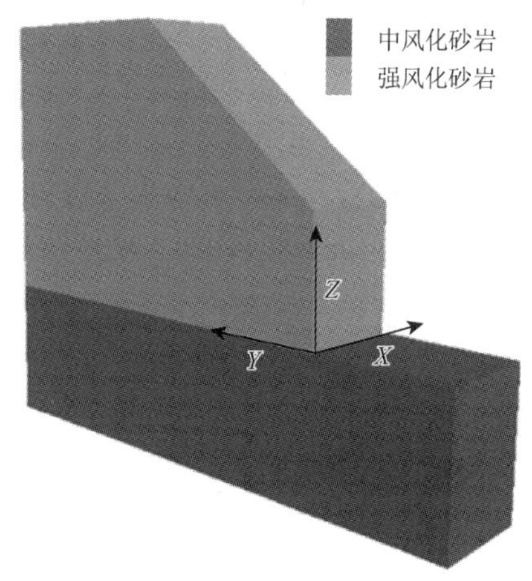

图 8-9　边坡模型图

表 8-3　边坡模型岩体力学参数

名称	本构模型	黏聚力/MPa	摩擦角/(°)	密度/(kg/m³)	剪切模量/GPa	体积模量/GPa
强风化砂岩	摩尔-库仑	0.5	30	2350	0.16	0.26
中风化砂岩	摩尔-库仑	3.2	50	2550	1.02	1.67

图 8-10 为边坡水平位移云图，由图可得在直立开挖坡面上端处出现的最大水平位移为 3.3cm，坡体后缘位置出现的水平位移约为 1cm。

图 8-11 为边坡竖向位移云图，由图可得在拟设挡墙位置与边坡后缘处均出现最大竖向位移，约为 2cm。此时，边坡整体形成了较大的变形区域，边坡后缘区域产生明显的下拉凹陷变形。

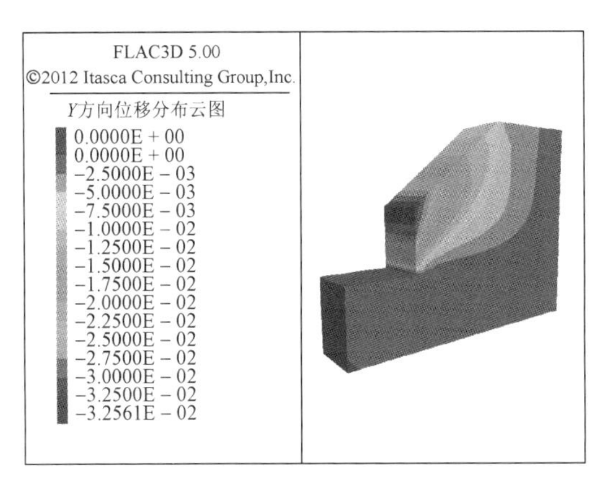

扫一扫　见彩图

图 8-10　边坡水平位移云图

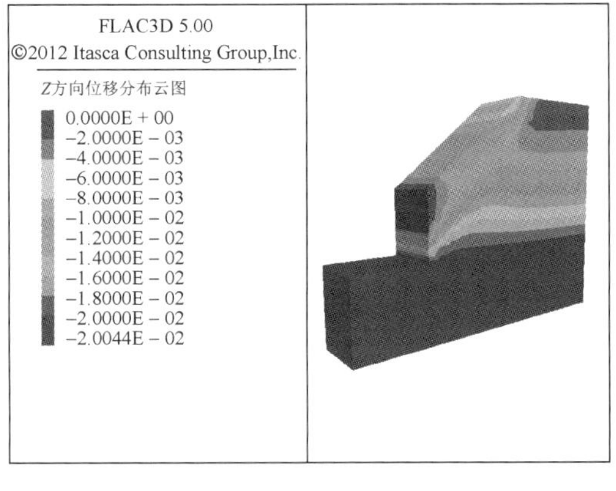

扫一扫　见彩图

图 8-11　边坡竖向位移云图

上述分析表明，该路堑边坡开挖后将处于不稳定状态，拟设墙后位置将发生潜在的下滑危险，需对路堑开挖边坡采取支护措施，从而保证道路的安全施工及运营。

2）装配式绿化挡墙支护边坡数值模拟分析

以公路上挡墙支护为例，对开挖边坡设置装配式路堑挡墙后重新进行数值模拟。图 8-12 为在路堑边坡前端竖直开挖面设置装配式绿化挡墙并进行支护后的水平位移云图，从图中可得，设墙后，墙后坡体最大水平位移较图 8-8 中的明显减小（降至 2.6mm），有效减小了开挖边坡的变形。由图 8-13 可得，设置挡墙后，坡体竖直开挖面处将不会出现最大位移变形，坡体顶部后缘虽然发生一定下拉凹陷变形，但位移数值由不设墙前的 2cm 减小至 2.7mm。这表明，装配式绿化挡墙采用本书提出的趾板宽度参数支护路堑边坡时，可以明显减小坡体变形，有效加固开挖边坡。

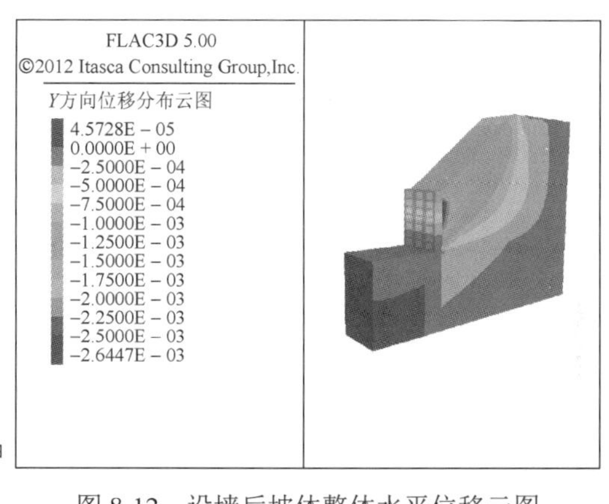

扫一扫　见彩图

图 8-12　设墙后坡体整体水平位移云图

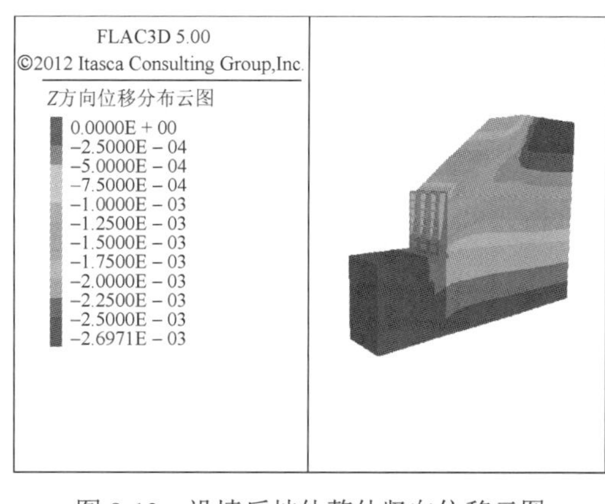

扫一扫　见彩图

图 8-13　设墙后坡体整体竖向位移云图

8.2　装配式路堤挡墙应用实例

为扩展该类挡墙的应用，将其与实际工程相结合，本书以某公路 B2K0＋400～B2K0＋556 段的路基边坡治理工程为例，通过对该路堤边坡的地形地貌及地质条件的分析，结合第 7 章的研究内容，确定采用只使用墙踵的方案（墙体外缘为沟谷地形，无设趾板的条件），并根据前述踵板宽度与墙体位移及稳定性的关系，选择设置 2m 宽的踵板。由于该地区属于地震频发区，本节将通过数值模拟及理论分析比对，研究装配式绿化挡墙在天然工况及地震工况下对该路堤边坡进行支护的可行性和有效性。

8.2.1　工程概况

拟建九寨隧道出口立交位于四川省九寨沟县漳扎镇彭丰村境内，起点接 H 线九寨隧道出口，止点接路基（S301 原路改造段），区内有 S301 省道通过，交通方便。立交包含 HK39＋159.5 九寨沟九龙大桥及 B1、B2、B3、B4 路基匝道，其中 B2 匝道 B2K0＋400～B2K0＋556 段为填方路基，右侧斜坡设置抗滑桩。隧道出口全貌及填土开采区分别如图 8-14 和图 8-15 所示。

图 8-14　隧道出口全貌

图 8-15　填土开采区

8.2.2　工程地质条件

1）地形地貌

该场区地处四川盆地向青藏高原过渡的边缘地带，地形复杂，山势陡峭，属于剥蚀构造高中山深切峡谷地貌，河流侵蚀堆积地形沿白河谷底呈带状展布。场区山脉走向与构造线和岩层走向基本一致，呈 NW 向展开。某隧道出口交通图及卫星图分别如图 8-16 和图 8-17 所示。

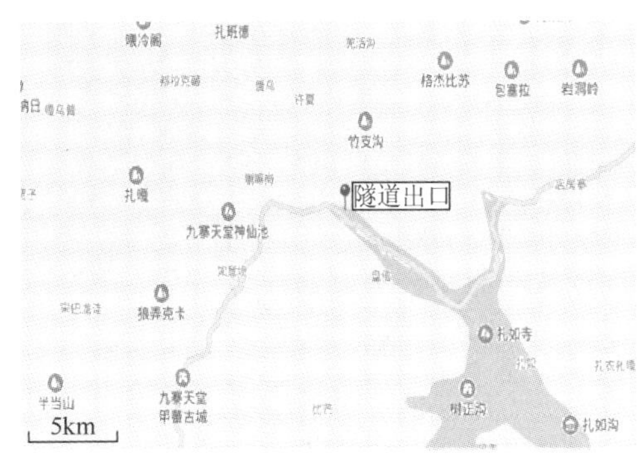

图 8-16　某隧道出口交通图

图 8-17　某隧道出口卫星图

2）地层岩性

据地面调查及钻探揭露，场地出露地层有新生界第四系全新统人工填筑层（Q_4^{me}）、崩坡积层（Q_4^{c+dl}）、冲洪积层（Q_4^{al+pl}）及三叠系中统扎尕山群（T_2zg）、下统波茨沟组（T_1b）地层。地质剖面图如图 8-18 所示。

3）地质构造

该场区位于秦岭东西向构造南侧，受岷江南北向构造影响，构造线呈 NWW 向。隧道位于秦岭东西向构造带南缘、松潘-甘孜褶皱系东侧，线路位于隆康倒转复背斜的南西翼。

据地面地质调查，场地位于隆康倒转复背斜南西翼，倒转翼地层的倒转受断层及复背斜影响，岩层产状尤其是倾角变化较大，优势产状为 224°∠73°。

4）新构造及地震

该场区经历了多次构造运动，河谷下切表现明显，分布多级阶地，古河床高出现有的河床数十米，说明场区有强烈上升。新构造运动主要表现为大面积抬升运动和地震活动。

2017 年 8 月 8 日 21 时 19 分 46 秒，四川省阿坝州九寨沟县（33.2°N，103.82°E）发生 7 级地震，震源深度为 20km。本次地震发源于塔藏断裂带九寨沟县附近，该断裂起于南坪东南侧，向北西延伸经九寨沟沟口、塔藏至若尔盖以北，总体走向 NW，全长约 150km，为一条全新世活动断裂，平均水平左旋滑动速率为 2.7～2.8mm/a。本次地震导致 G544 线九寨沟县城至川主寺段受损严重，地震导致山体岩石松动，部分房屋受损。未来崩塌、滑坡、泥石流等次生灾害发生的概率显著增加。

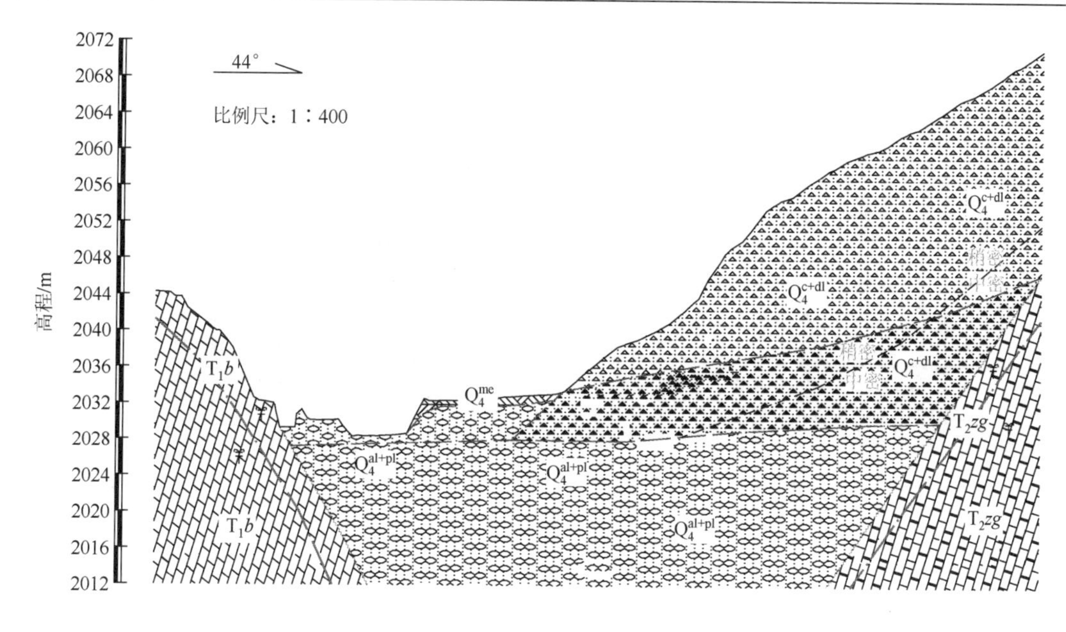

图 8-18　地质剖面图

5）不良地质作用

该场区不良地质作用主要表现为危岩崩塌及岩堆、强震区、岩溶，对装配式绿化挡墙设计有影响的不良地质作用主要为岩堆和地震。

8.2.3　天然工况下挡墙稳定性的数值模拟研究

1）模型构建

根据 8.2.2 节建立某隧道出口路堤边坡支护模型，模型建立后，根据地勘资料给路基、挡墙、墙后填料赋予物理力学参数，参数取值见表 8-4，填土压实度为 97%，模型如图 8-19 所示。

表 8-4　物理力学参数

项目	容重/(kN/m³)	黏聚力 c/kPa	内摩擦角 φ/(°)
填土	23.00	16.8	24
路基	24.00	15.0	19
墙体	11.35	—	—
基础	25.00	—	—

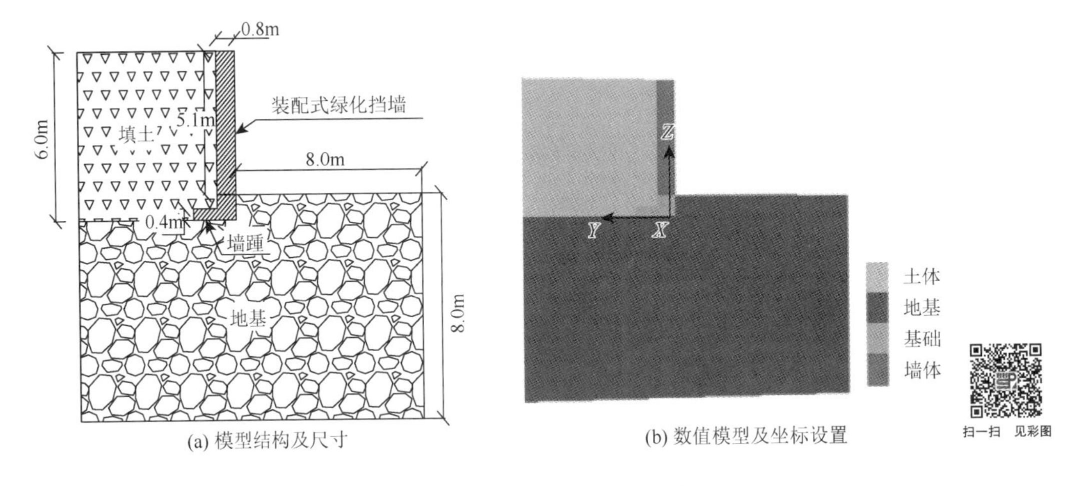

图 8-19　天然工况下路堤边坡支护模型

2）数值模拟结果分析

根据数值模拟计算得出天然工况下踵板宽度为2m的模型整体 Y 轴位移云图及墙体 Y 轴位移云图，如图 8-20 和图 8-21 所示。从图 8-20 中可以看出模型整体最大位移为 4.7mm，由图 8-21 可知墙体位移由墙踵底部至墙顶逐渐增大，最大值为 4.7mm，墙体位移变形方向指向坡外，墙体较稳定。

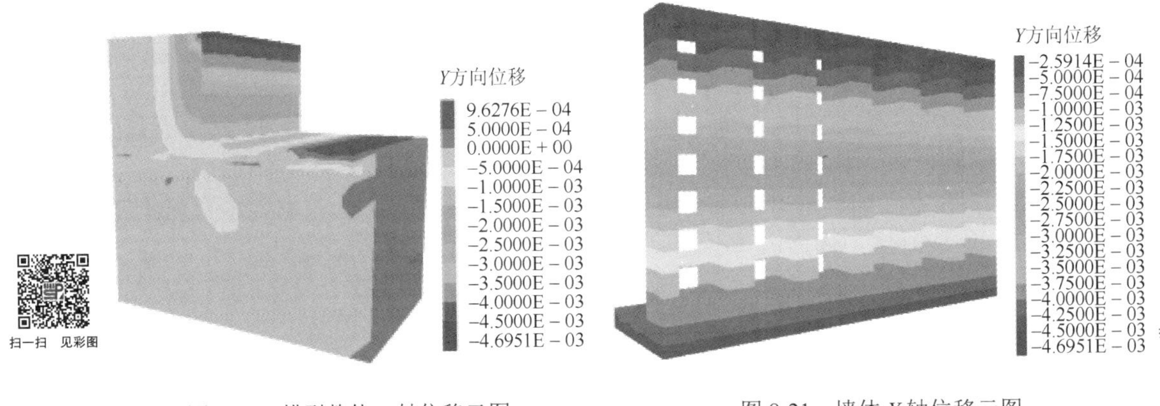

图 8-20　模型整体 Y 轴位移云图

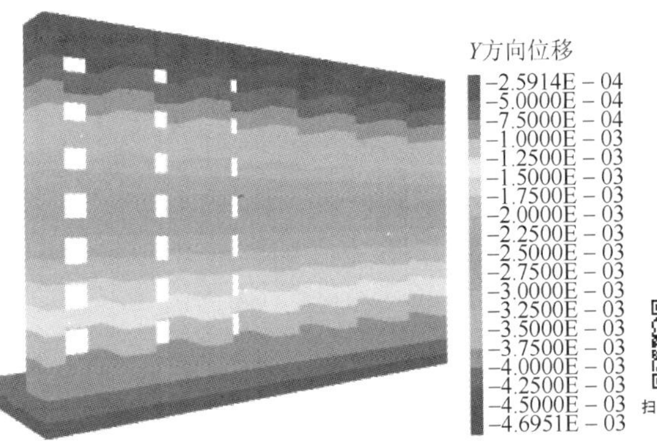

图 8-21　墙体 Y 轴位移云图

3）理论计算结果分析

基底摩擦系数 $\mu = 0.500$，抗滑移稳定系数 $K_c = 2.092 > 1.300$，满足规范的要求。验算滑动稳定方程，得到方程值 = 135.451kN＞0，满足规范的要求。

倾覆验算满足：$K_0 = 3.787 > 1.500$；

倾覆稳定方程满足：方程值 = 542.335kN/m＞0；

作用于基底的合力偏心距验算满足：$e = 0.395 < 0.16700 \times 2.800 \approx 0.468$(m)。

8.2.4　地震工况下挡墙稳定性的数值模拟研究

1）模型构建

模型建立后，使用不同的边界条件进行静力计算。静力计算阶段，除挡墙和填土顶部外，固定其余边界，使模型在重力作用下达到稳定状态，模型各个侧面的边界条件须考虑为没有地面结构时的自由场运动，施加自由场边界条件后的模型如图 8-22 所示。

本节数值模拟采用的地震荷载为 2017 年九寨沟地震记录的地震波。在模型底部输入九寨沟地震波，其峰值加速度大小约为 0.2g，总时程选取 10s，时步为 0.02s。九寨沟地震波加速度时程曲线如图 8-23 所示。

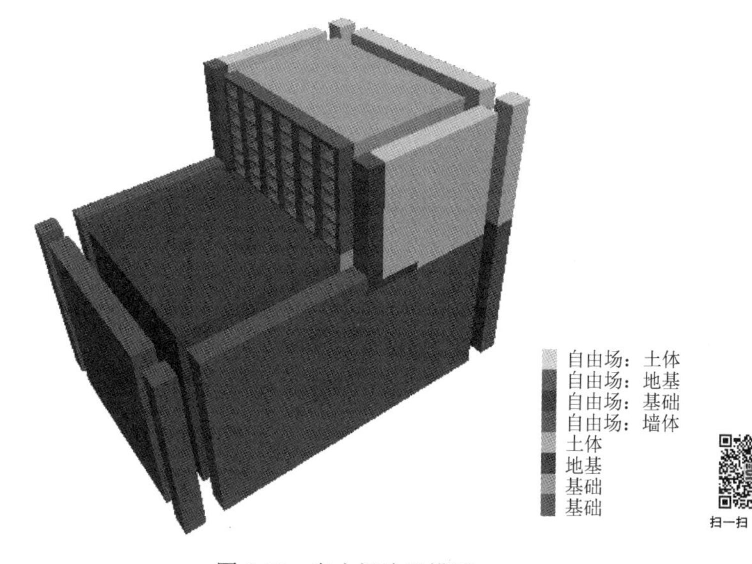

图 8-22　自由场边界模型

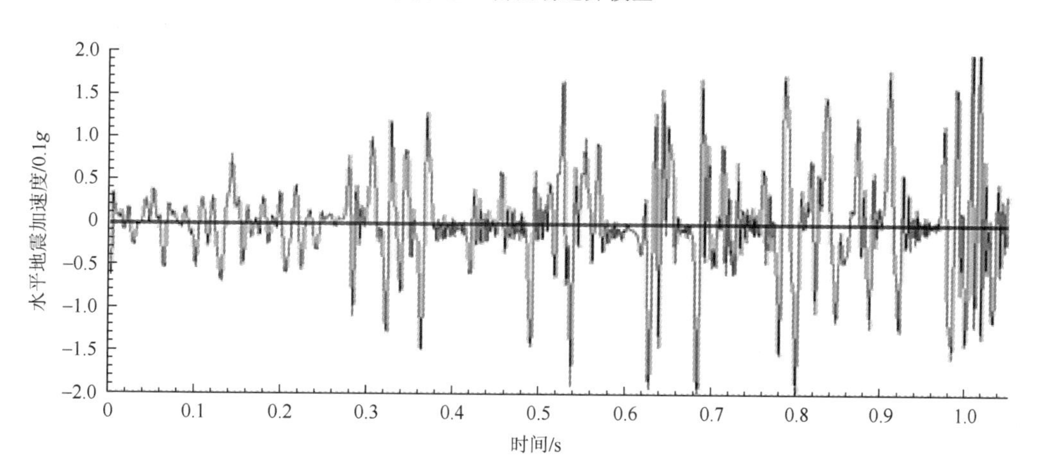

图 8-23　九寨沟地震波加速度时程曲线

2）数值模拟结果分析

根据数值模拟计算得出地震工况下踵板宽度为 2m 的模型整体 Y 轴位移云图，如图 8-24 所示。从图 8-24 中可以看出模型整体最大位移为 24.6mm，发生在墙后填料处，墙体位移范围为 0～9.1mm，在地震作用下，墙后填料的位移随着墙体位移的增加而逐渐增大，这与天然工况下的位移情况不同。

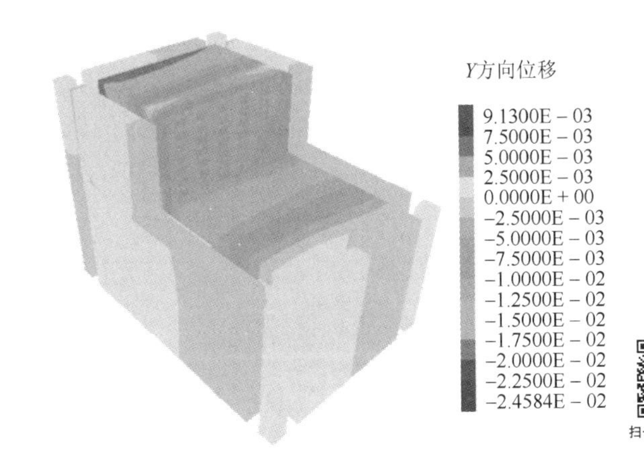

图 8-24　模型整体 Y 轴位移云图

3）理论计算结果分析

地震工况下踵板宽度为 2m 时挡墙稳定性分析如下。

基底摩擦系数 $\mu = 0.500$，抗滑移稳定系数 $K_c = 1.810 > 1.300$，满足规范的要求。验算滑动稳定方程，得到方程值 = 116.048kN＞0，满足规范的要求。

倾覆验算满足：$K_0 = 2.525 > 1.500$；

倾覆稳定方程满足：方程值 = 305.032kN/m＞0；

作用于基底的合力偏心距验算不满足：$e = 0.586 > 0.200 \times 2.800 = 0.560$(m)。

本节以某高速公路 B2K0＋400～B2K0＋556 段的路基边坡治理工程为实例，对天然工况和地震工况下路堤边坡装配式绿化挡墙的支护效果及挡墙是否稳定进行分析，并利用 FLAC3D 模型对两种工况下的挡墙整体位移及墙体位移进行了计算，通过理论计算与数值模拟相互验证得出了挡墙稳定的结论。

通过数值模拟及理论计算得到的模型位移及稳定性数据见表 8-5。

表 8-5　墙体最大位移及 K_c、K_0 汇总

工况	墙体最大位移/mm	K_c	K_0
天然	4.7	2.092	3.787
地震	24.6	1.810	2.525

8.3　铁路装配式路堑挡墙应用实例

8.3.1　工程概况

川南城际铁路泸州车站 DK121 + 892.86～DK122 + 130.94 段路堑边坡采用了装配式绿化挡墙等措施进行边坡的加固防护。该铁路是连接四川南部核心城市内江、自贡、宜宾、泸州的城际铁路，也是连接成渝经济区腹地次级中心城市及沿线地区与成都、重庆的快捷通道。线路全长约 220km，设计时速 250km，与成渝高铁和成贵客运专线连接。项目区域主要以农田生态系统、城镇生态系统为主，线路穿越 5 处生态敏感区，边坡加固防护需考虑环境生态效应。

泸州车站位于泸州市龙马潭区，北临九狮路、南临云翔路、东临齐宁路、西临春雨路，车站距泸州市中心城区约 6km，距泸州客运中心站约 2km，环境生态要求高，站内边坡需进行坡面绿化，采用装配式绿化挡墙能良好满足该方面的需求。DK121 + 892.86～DK122 + 130.94 段路堑边坡全长 238.08m，最大挖深 27.4m。边坡分三级开挖，设两处坡间平台，一级平台宽 2.0m，二级平台宽 3.0m。边坡采用综合加固防护措施，一级边坡采用桩间装配式绿化挡墙，二级边坡采用锚杆框架梁内植生态袋护坡，三级边坡采用人字型截水骨架护坡，代表性断面图如图 8-25 所示、立面图如图 8-26 所示。

抗滑桩共计 35 根，桩截面尺寸为 2.5m×1.5m，桩间距（中-中）均为 6.2m，桩长 17m，桩身采用 C35 钢筋混凝土灌注。装配式绿化挡墙的预制块外轮廓尺寸为 1.5m（长）×0.8m（宽）×0.7m（高），采用钢模整体成型，单块重量约 528kg。由预制块装配而成的墙体按照 1∶0.1 的倾角安装在两根抗滑桩间，且埋入地面以下 0.3m。预制预制块时，在其上预留孔洞，肋柱装配成型后，每一小跨纵向间隔 1.4m 形成直径为 110mm 的孔洞，作为锚杆的锚孔。锚杆为非预应力锚杆，采用 Φ32mm HRB400 钢筋制作（锚杆接长采用等强度专用连接器连接），纵向间距 1.4m，横向间距 1.5m，与水平方向的倾角为 6°，注浆材料采用 M30 水泥砂浆或纯水泥浆，注浆压力不小于 0.2MPa。墙顶平台和墙前平台（碎落平台或路肩）采用 20cm 厚 C30 混凝土封闭，墙顶平台及以上各级边坡平台需设截水沟。

该边坡严格控制施工工序，开挖至桩顶平台时，先施工抗滑桩，桩体混凝土达到龄期后，开挖桩前及桩间岩土体，人工找平坡面达到装配式绿化挡墙施工要求后，方进行墙体的装配施工。墙体基槽开挖深度为 30cm，开挖形状满足装配安装要求。为保证墙体的顺利安装就位，需将抗滑桩悬臂端的护臂拆除。第一层预制块安装在基槽内，倾角为 1∶0.1，高度一致，底座可用水泥砂浆找平，第一层的安装十分关键，是整个绿化挡墙的基础，务必精确定位。之后，将绑扎好的肋柱钢筋笼精确定位并放入初步形成的肋柱槽内，肋柱混凝土现场浇注，标号为 C35。

预制块每次的安装高度不超过 3m，在拼装后预留的孔洞内安装外径为 110mm、内径不小于 100mm 的 PVC 预埋管，然后浇注混凝土，并继续装配上部预制块，重复以上步骤直至桩顶。待装配结构施工完成，且肋柱混凝土强度达到 70%后，方可进行锚杆施工。

建成后的装配式绿化挡墙如图 8-27 所示。

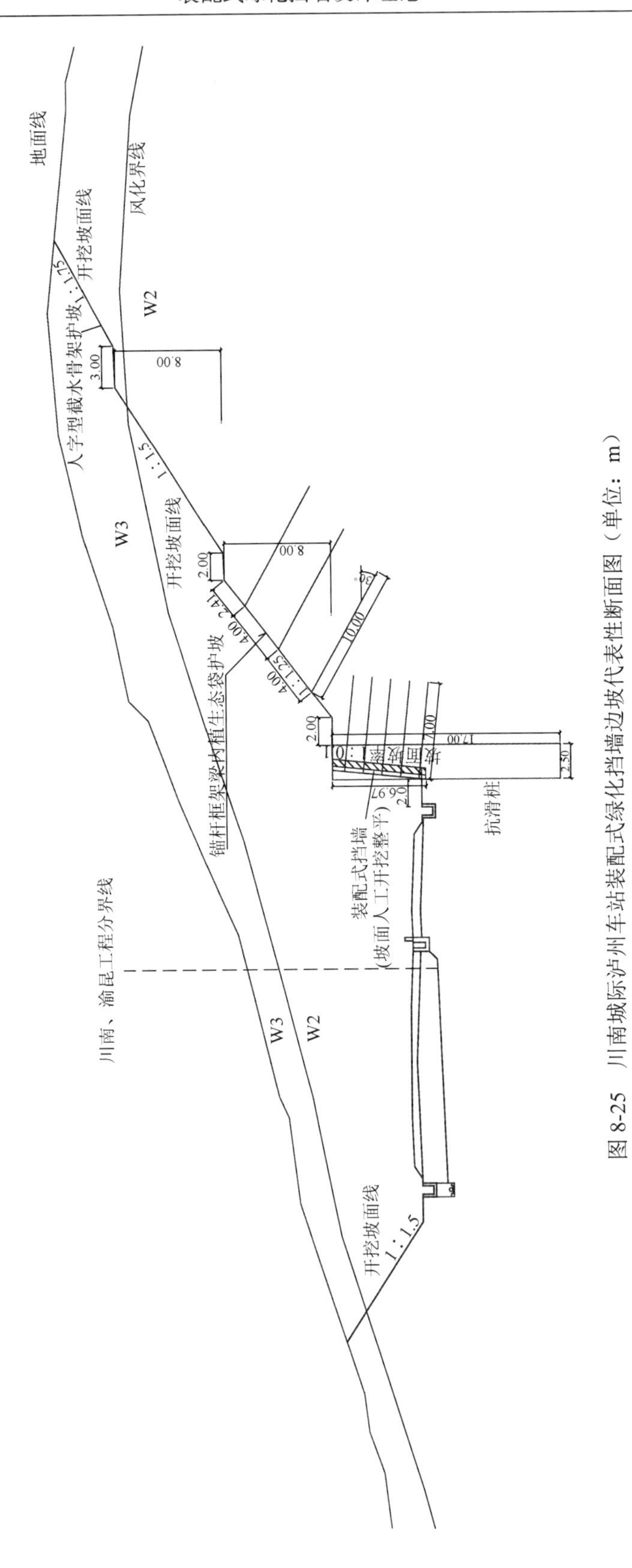

图 8-25　川南城际泸州车站装配式绿化挡墙边坡代表性断面图（单位：m）

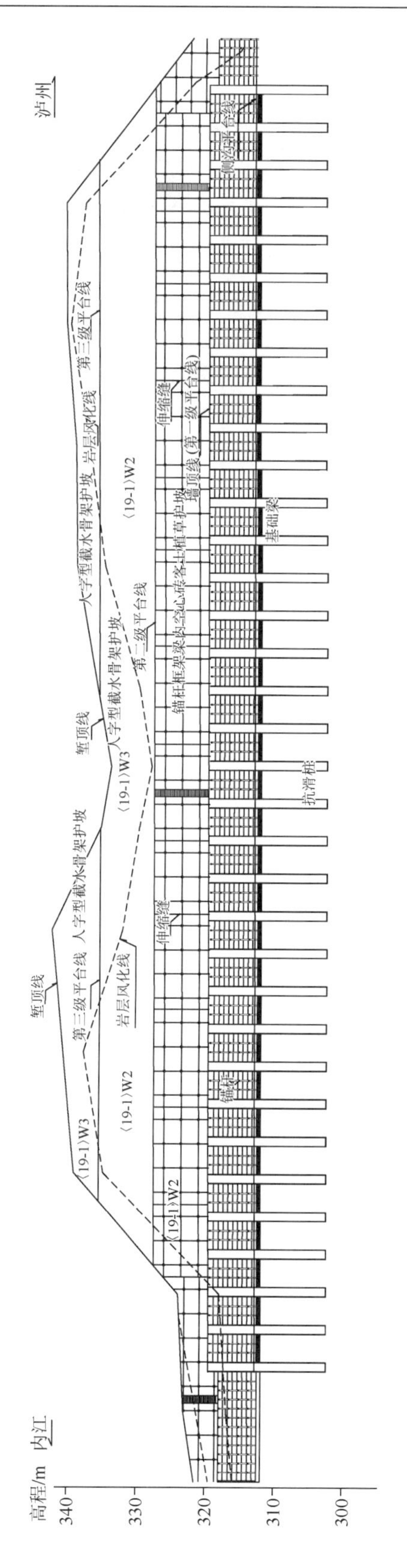

图 8-26　川南城际泸州车站装配式绿化挡墙边坡立面图

图 8-27　川南城际泸州车站边坡装配式绿化挡墙施工完成后的实景图

8.3.2　工程地质条件

1）地形地貌

场区为丘陵地貌，多为浑圆状缓丘，局部较陡，自然斜坡坡度为 5°～30°，丘间多为宽缓沟槽，地面高程介于 290～340m，相对高差约 50m，地形起伏较小。村庄民房沿线路两侧零星分布，测段内道路相通，交通较方便。

2）地层岩性

地表上覆坡残积层（Q_4^{dl+el}）粉质黏土；下覆基岩为侏罗系中统沙溪庙组（J_2s）泥岩夹砂岩。

<19-1>泥岩夹砂岩（J_2s）：泥岩为紫红色，泥质结构，泥钙质胶结，岩质较软，易风化剥落，具遇水软化崩解、失水收缩开裂等特性；砂岩多为长石石英砂岩，呈浅灰、紫红色，中-细粒结构，泥质胶结，中厚-厚层状，质稍硬。全风化带（W4）厚 0～2m，可见原岩结构，岩体风化成土状；强风化带（W3）厚 0～14m，节理裂隙较发育，质较软；以下为弱风化带（W2），属Ⅳ级软石。

3）地质构造及地震动参数

测段发育阳高寺背斜，阳高寺背斜与线路相交于 DK123 + 393 处，交角为 63°，阳高寺背斜发育于侏罗系中统下沙溪庙组（J_2xs），两翼岩性均为泥岩夹砂岩，北东翼产状 25°NW/5°～13°NE，南西翼产状 40°NE/14°NW。泥岩风化节理裂隙普遍发育，主要见于地表及浅部，裂隙多而细小；砂岩中节理多为闭合或微张型，其延伸较远。据该工程的地质勘察报告，该构造对路基工程影响较小。

根据《中国地震动参数区划图》（GB 18306—2015）及四川赛思特科技有限责任公司的《川南城际铁路工程场地地震安全性评价报告（区域性地震区划）》（2015 年 9 月），测区Ⅱ类场地基本地震动峰值加速度为 0.05g，基本地震动加速度反应谱特征周期为 0.35s。

4）水文地质特征

地表水主要为沟水和坡面暂时性流水，流量受季节影响明显，雨季水量较大，旱季水量相对较小。地下水主要为第四系孔隙潜水及基岩裂隙水，第四系多为黏性土，孔隙水含量较低；基岩裂隙水主要发育于砂岩内，泥岩为相对隔水层，地下水含量较低，地表偶见裂隙水渗出。地下水位受季节变化影响较大。

取附近地表水样进行分析，水质类型为HCO_3^--Na^+·Ca^{2+}型水。据《铁路混凝土结构耐久性设计规范》（TB 10005—2010），在环境作用类别为化学侵蚀环境、氯盐环境及盐类结晶破坏环境时，该段地表水对混凝土结构无侵蚀性。

5）不良地质作用与特殊岩土

不良地质作用为泥岩风化剥落，特殊岩土为膨胀性泥岩。段内岩性以泥岩夹砂岩为主，泥岩岩质较软，边坡开挖后易风化剥落，影响边坡浅表部稳定性。侏罗系中统沙溪庙组（J_2s）泥岩，泥质胶结，含较多亲水矿物，具遇水软化崩解、失水收缩开裂等特性，具有一定膨胀性，局部为弱膨胀岩，饱和吸水率 $\omega_n = 0.80\%\sim5.41\%$，平均值 2.85%；自由膨胀率 $F_s = 18.0\%\sim36.0\%$，平均值 23.8%；膨胀力 $P_s = 7.11\sim61.50\text{kPa}$，平均值 24.06kPa。应加强对开挖边坡的封闭防护，这也是采用桩间装配式绿化挡墙及上部坡面采用锚杆及骨架护坡的原因。

6）岩土体物理力学参数

据该工程的地质勘察报告及实地调研核实，该处边坡的岩性主要为泥岩夹砂岩，铁路工程地质勘察中的岩性代号为＜19-1＞，风化程度为强风化（W3）至中风化（W2），相关代号同图 8-25 和图 8-26。工程地质勘察中主要采用泥岩进行相关的物理力学试验，相关指标见表 8-6，表中同时列出了全风化岩石的相关指标，以利比较。

8.3.3　开挖边坡稳定性数值模拟

根据现场边坡实际尺寸，采用 FLAC3D 软件建立边坡模型并进行数值模拟，模型具体尺寸如图 8-28 所示，边坡模型如图 8-29 所示，其中 X 轴代表边坡纵断面方向，Y 轴代表边坡横断面方向，Z 轴代表边坡竖向方向。限制边坡模型底部与周围的位移，挡墙临空面与模型顶部设置成自由边界。岩体物理力学参数根据表 8-6 并结合 FLAC 软件的要求选取，见表 8-7。

图 8-30 为边坡水平位移云图，由图可得在直立开挖坡面顶部出现的最大水平位移为 5.4cm，二、三级边坡最大水平位移约为 2.5cm。图 8-31 为边坡竖向位移云图，由图可得在直立开挖坡面上端出现的最大竖向位移约为 2.0cm，二级边坡坡面最大竖向位移约为 3.5cm，三级边坡坡面中心处出现的最大竖向位移为 4.5cm。此时，边坡整体形成了较大的变形区域，边坡后缘区域产生较明显的下拉凹陷变形。

由以上数据表明，该路堑边坡开挖后在无支护状态下将处于欠稳定或不稳定状态，尤其在长期降雨工况下，边坡整体有潜在下滑风险，二级边坡也有局部失稳风险。因此，需对一级边坡及二级边坡采取加固措施，以保证铁路的安全施工及运营。

8.3.4　装配式绿化挡墙加固后边坡稳定性数值模拟

按该边坡设计方案，开展加固后的边坡稳定性数值模拟，相关参数同表 8-7。图 8-32 为在一级边坡设置装配式绿化挡墙以及锚杆支护后的水平位移云图，从图中可得，加固后

表 8-6　边坡岩体物理力学参数

岩性代号	岩土名称	时代成因	状态	天然密度/(g/cm^3)	天然快剪		钻孔灌注桩桩周极限摩阻力 f_i/kPa	基底摩擦系数 f	变形模量 $E_{00.1\text{-}0.2}$/MPa	压缩模量 $E_{s0.1\text{-}0.2}$/MPa	边坡率		基本承载力 σ_0/kPa	岩石单轴天然抗压强度 R_c/MPa
					黏聚力 c/kPa	内摩擦角 φ/(°)					临时 m'	永久 m		
<19-1>	泥岩夹砂岩	J_2xs	W4	2.00	20	18	60	0.30	—	8	1∶1	1∶1.25	200	—
			W3	2.10	—	40	120	0.40	30	—	1∶0.75	1∶1	350	—
			W2	2.62	—	50	150	0.50	—	—	1∶0.5	1∶0.75	500	5

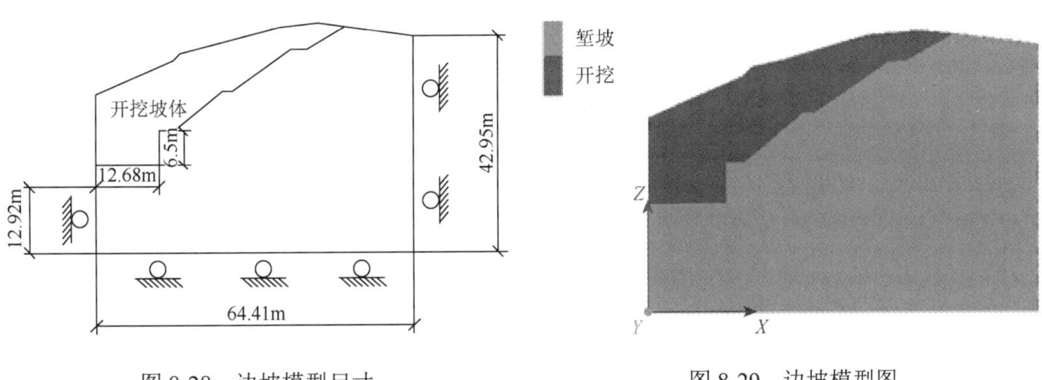

图 8-28　边坡模型尺寸　　　图 8-29　边坡模型图

表 8-7　边坡模型岩体物理力学参数

名称	本构模型	黏聚力/MPa	摩擦角/(°)	密度/(kg/m^3)	剪切模量/GPa	体积模量/GPa
中风化泥岩夹砂岩	摩尔-库仑	0	50	2620	1.02	1.67

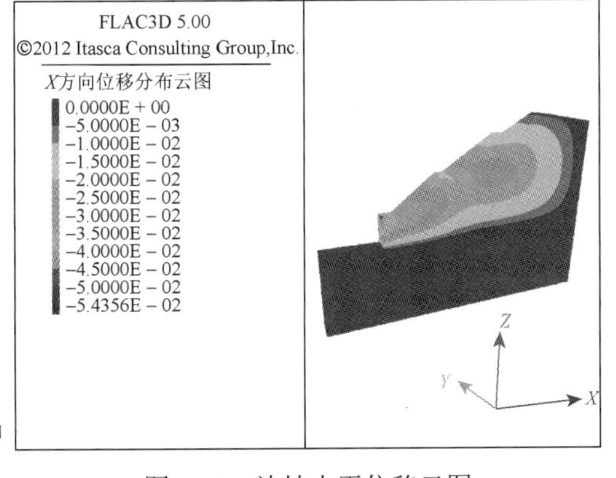

图 8-30　边坡水平位移云图

图 8-31　边坡竖向位移云图

坡体最大水平位移较图 8-30 中的明显减小，降至 5.1mm，有效减小了开挖边坡的变形。由图 8-33 可得，设置挡墙后，一级边坡开挖面处最大竖向位移减小至 2mm，二级边坡坡面最大竖向位移减小至 3.5mm，三级边坡坡面最大竖向位移减小至 4.2mm，开挖边坡的竖向变形得到充分控制。

图 8-34 为装配式绿化挡墙墙身水平位移云图，可以看出挡墙顶部位移最大，但仅为 5.15mm，表明支护效果较好。图 8-35 为锚杆位移云图，可以看出锚杆在接近坡面端时位移较大，最大位移出现在竖直坡顶和二级坡脚交界处，为 4.2mm，同样表明支护效果良好，边坡位移受到有效控制。

综上所述，该边坡采用桩间装配式绿化挡墙的加固方式是有效的，达到了良好的加固效果。

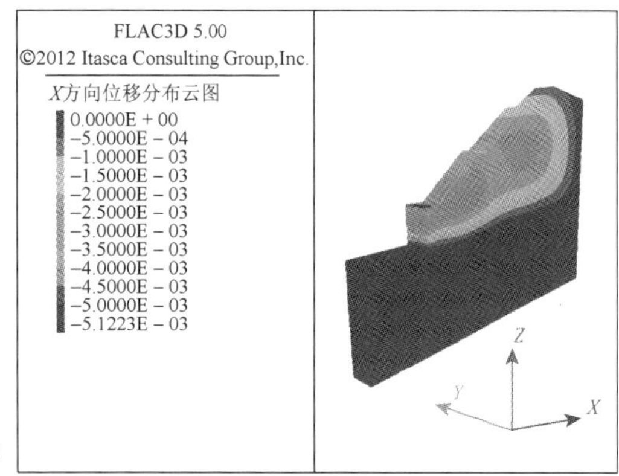

图 8-32　支护后坡体整体水平位移云图

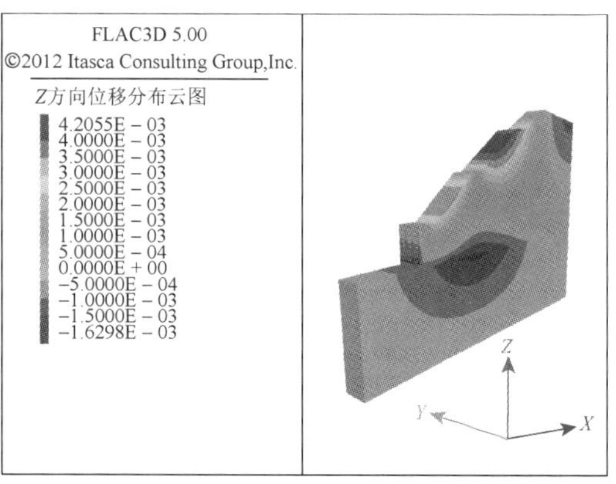

图 8-33　支护后坡体整体竖向位移云图

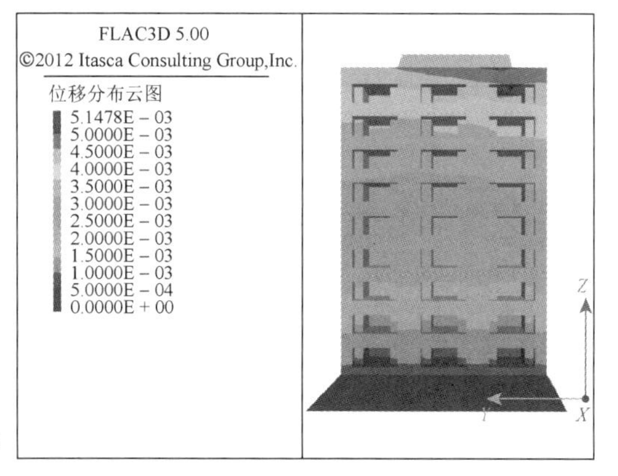

图 8-34　装配式绿化挡墙墙身水平位移云图

图 8-35　锚杆位移云图

8.4　小　　结

三个实际应用案例表明，装配式绿化挡墙在挖方边坡和填方边坡的加固中均可发挥良好作用，达到边坡加固的良好效果，在铁路、公路领域，尤其是在车站、城区、城郊等对环境生态要求高的区域，具有良好的应用前景。

铁路边坡加固防护等级较高，可采用多措施联合的加固方式，如一级边坡采用抗滑桩与装配式绿化挡墙的组合，形成桩间装配式绿化挡墙；二级及以上边坡可采用锚杆、锚索等加固措施及骨架、六棱砖、喷混植生等坡面防护措施。

装配式绿化挡墙的关键在于预制件的质量和施工工艺的控制。施工中应重视预制件与其他加固措施间的衔接，如锚杆孔的预留、抗滑桩间距的精细控制及护壁的设置与拆除等。各部件的施工质量是装配式绿化挡墙长期有效的保障，如墙背空隙的填充、肋柱混凝土的浇筑，这些都需要在施工前做好精细的施工组织设计，施工中做好精准的过程控制，施工完成后进行关键点的检查。值得注意的是，装配式绿化挡墙主体结构施工完成后，需要给绿化槽内的培土和栽种植物留出足够的空间。有条件的地方，可以设置自动滴管系统，以保证植物的成活率和良好的绿化效果。

结　论

（1）装配式绿化挡墙由钢筋混凝土构件（在工厂批量预制）、肋柱、基础、踵板、趾板、凸榫等构成，并在现场拼装形成环境友好的生态支挡结构，与传统边坡加固结构相比，装配式绿化挡墙具有施工速度快、人工成本低、施工场地小、社会环境效益高等突出优点。

（2）装配式绿化挡墙按其与常规加固措施的不同组合及由此形成的不同受力模式，可分为肋柱式、桩柱式、锚固式、桩锚式等，不同的挡墙形式，砌块单元具有不同的受力特点。

（3）装配式绿化挡墙受力计算及工程设计应考虑土拱效应，特别是与抗滑桩联合应用时。确定拱前岩土体范围时，土拱形状宜按等腰三角形考虑；计算土拱的极限承载力时，土拱形状可按合理拱轴线考虑。

（4）装配式绿化挡墙桩（柱）土拱高度主要与桩（柱）间净距、岩土体抗剪强度指标有关；土拱承载能力主要与桩（柱）宽度、岩土体抗剪强度指标有关。

（5）桩（柱）土拱的动力破坏主要体现为桩（柱）体偏转引起的拱体破坏。单桩偏转在桩顶偏转量超过 10mm 或达到约悬臂段长度的 30%时，土拱完全失效，实际工程中如果个别抗滑桩发生偏转，在相邻抗滑桩未发生明显偏转的情况下，桩后岩土体仍能保持稳定，但应及时对偏转桩体进行补强纠偏；多桩同步整体偏转时，不会形成新的支撑拱脚，也无法形成新的土拱，故桩后岩土体迅速破坏失稳，当桩顶偏转量达到 4mm 或悬臂段长度的 10%左右时，土拱完全失效。

（6）降雨会同时减小拱后岩土体和拱体的内摩擦角和黏聚力，拱体的抗剪强度指标降低将导致拱体承载力的降低，拱后岩土体抗剪强度的降低则会增大作用在拱体上的剩余下滑力或土压力，这二者共同作用将最终致使土拱效应减弱甚至土拱破坏。

（7）装配式绿化挡墙砌块单元上的作用力为桩（柱）后土拱拱前岩土体形成的剩余下滑力或土压力。墙体的稳定性可按重力式挡墙进行抗滑移稳定性和抗倾覆稳定性验算，并验算偏心距是否满足要求。

（8）对于挖方边坡装配式绿化挡墙，设置趾板能够明显减小墙顶位移、提高墙体的稳定性，当路堑边坡岩体质量达到第Ⅴ级岩体质量时，建议趾板宽度取 1.0～1.5m；设置凸榫时，建议设置于基础后端，即墙体正下方，应避免设置于趾板中间且不宜设置于趾板前端（远离墙体的一侧）；施加锚杆能显著提高装配式路堑挡墙的抗震性能，可根据拼装构件尺寸情况和总厚度合理确定锚杆间距和长度。

（9）对于填方边坡装配式绿化挡墙，单独设置踵板时，建议踵板宽度为 2m，继续增加踵板宽度，对墙体的受力协调和稳定性不利；若同时设置趾板和踵板，建议宽度均为 1m；若同时设置踵板和凸榫，建议踵板宽度为 1m，凸榫高度为 0.5m，凸榫内缘距墙踵的距离为 1.3m。

（10）肋柱与砌块单元连接处、墙体与基础连接处、踵板或趾板与墙体连接处均为应力集中部位，应加强对这些部位的合理构造和强度设计，并注意踵板、趾板宽度对应力集中的影响。

（11）降雨期间会存在岩土体自砌块单元后壁开窗挤出（溜出）的现象，应根据具体边坡岩土体的物理力学性质合理确定开窗的尺寸或采取其他措施避免边坡岩土体的破坏。

（12）装配式绿化挡墙的绿化受砌块单元尺寸的限制，宜选取浅根系（根系长度不大于 7cm 为佳）的植物，以及对温度、湿度、风力等耐受性较强的植物，优先选用适应当地气候、四季常绿的植物或时令花卉，同时尽量选择具有一定环保功能（如能够吸收噪声、净化空气等）的植物品种。

参 考 文 献

[1] 李海光. 新型支挡结构设计与工程实例（第二版）[M]. 北京：人民交通出版社，2011.

[2] Japan Architectural Society. Specifications of highway earthwork，retaining walls，culverts and temporary structures[S]. Tokyo：Japan Highway Public Corporation，1999.

[3] Japan Architectural Society. Specification of structural design of building foundation[S].Tokyo：Japan Highway Public Corporation，1998.

[4] Ministry of Construction. Design and construction manual of geotextile-reinforced soil structures[M]. Tokyo：Public Works Research Institute，1998.

[5] National Concrete Masonry Association（NCMA）. Segmental Retaining Walls-Seismic Design Manual[M]. VA：HardonPublishing House，1998.

[6] Elias V，Christopher B R，Berg R R. Mechanicaug stabilized earth walls and reinforced soil slopes design and constraction guidelines[M]. Washington D C：National Higkway Institute Federal Highway Institute Federal Highway Administration U.S. Department of Transportation，2001.

[7] 朱益军，吴德兴，戴显荣. 一种可绿化的生态挡墙：200620105365.1[P]. 2007-6-13.

[8] 王志峰，张百永，高波，等. 浅谈箱体拼装式挡墙的应用价值[J]. 工程与建设，2014，28（6）：763-765.

[9] 刘泽，史克友，谷明等. 一种装配式挡墙：2015205450587.5[P]. 2015-12-9.

[10] 王智猛，王海波，李安洪，等. 一种快速拼装现浇式加筋土挡墙：201620153295.0[P]. 2016-7-27.

[11] 王志锋，张荣兵，高琼，等. 一种快速拼装式防汛挡墙：201720814864.6[P]. 2018-1-12.

[12] 熊探宇，康波，李秉展. 新型拼装式挡墙在边坡防护中的应用[J]. 工程勘察，2017，S（1）：132-138.

[13] 郭海强，肖飞知，李安洪，等. 一种拼装式生态土钉挡墙结构：201720763491.4[P]. 2018-2-13.

[14] 周晓靖. 装配式外阶梯型钢筋混凝土生态挡墙研究[J]. 华东公路，2017（5）：101-102.

[15] 蒋楚生，贺钢，李庆海，等. 多级拼装式 L 型路堑绿化挡墙构造：201721384210.0[P]. 2018-6-1.

[16] 张飞，许高杰，高玉峰，等. 一种曲面加筋土挡墙面板结构及其拼装方法：201810498255.3[P]. 2018-9-18.

[17] 封志军，曾锐，王毅敏，等.钢制框架拼装式危岩落石拦挡构造：201810434594.5[P]. 2018-10-26.

[18] 傅乾龙. 装配式连拱挡墙：201810956290.5[P]. 2018-11-30.

[19] 陈岩. 一种装配式钢筋混凝土挡墙：201820492642.1[P]. 2018-11-13.

[20] 石中柱，张文清. 预制钢筋混凝土折板挡土墙的设计与施工[J]. 市政技术，1982（1）：6-13.

[21] 张程宏. 装配式挡土墙设计特点及其在市政道路中的应用[J]. 城市道桥与防洪，2012（4）：30-32.

[22] 段铁铮. 装配式挡土墙标准化及系列化问题探讨[J]. 特种结构，2004，21（3）：78-81.

[23] 曾向荣. 部分预制装配式钢筋混凝土挡土墙在城市轨道交通工程中的应用技术[J]. 地铁与轻轨，2001（4）：24-27.

[24] 丁录胜. 冻土地区拼装式挡土墙设计[J]. 路基工程，2008（2）：189-191.

[25] 江平，那文杰，李国忠. 寒区装配式挡墙的设计方法[J]. 黑龙江水专学报，2001，28（4）：65-66.

[26] 章宏生，沈振中，徐力群，等. 新型装配扶壁式挡土墙结构特性有限元分析[J]. 南水北调与水利科技，2017，15（3）：145-150.

[27] 徐健，刘泽，黄天棋，等. 装配式挡土墙设计与施工的关键问题研究[J]. 城市建设理论研究，2018（6）：88-91.

[28] 王大伟. 预制拼装式绿色挡墙大型模型试验研究[D]. 成都：西南交通大学，2016.
[29] 中海神勘测规划设计（天津）有限公司. 一种水利绿化挡土墙：201320412813. 2[P]. 2013-12-11.
[30] 周晓靖. 装配式钢筋砼生态挡土墙的技术应用[J]. 中华建设，2017（11）：140-141.
[31] Terzaghi K. Theoretical soil mechanics[M]. New York：John Wiley and Son，1943.
[32] 贾海莉，王成华，李江洪. 关于土拱效应的几个问题[J]. 西南交通大学学报，2003，38（4）：398-402.
[33] 蒋楚生. 路堤（肩）式预应力锚索桩板墙结构设计理论及工程应用研究[D]. 成都：西南交通大学，2016.
[34] 刘小丽. 新型桩锚结构设计计算理论研究[D]. 成都：西南交通大学，2003.
[35] 王成华，陈永波，林立相. 抗滑桩间土拱力学特性与最大桩间距分析[J]. 山地学报，2001（6）：556-559.
[36] 杨明，姚令侃，王广军. 桩间土拱效应离心模型试验及数值模拟研究[J]. 岩土力学，2008（3）：817-822.
[37] 李晋. 地震降雨作用下挖方边坡悬臂桩桩后土拱失效行为研究[D]. 成都：西南交通大学，2020.
[38] 肖世国，程富强. 再论悬臂式抗滑桩合理桩间距的计算方法[J]. 岩土力学，2015，36（1）：111-116.
[39] 黄强盛，夏旺民. 滑坡稳定性评价中地震作用力计算的讨论[J]. 地震工程学报，2013，35（1）：104-108.
[40] 李承亮，冯春，刘晓宇. 拟静力方法适用范围及地震力计算[J]. 济南大学学报（自然科学版），2011，25（4）：431-436.
[41] 叶晓明，孟凡涛，许年春. 土层水平卸荷拱的形成条件[J]. 岩石力学与工程学报，2002（5）：745-748.
[42] 熊自英，黄少强，胡厚田. 花岗岩类土质边坡工程特性及加固方法研究[J]. 工程地质学报，2014，22（6）：1241-1249.
[43] 蒋明杰，朱俊高，沈靠山，等. 土压力盒标定方法研究[J]. 河北工程大学学报（自然科学版），2015，32（3）：5-8.
[44] 徐光明，章为民. 离心模型中的粒径效应和边界效应研究[J]. 岩土工程学报，1996（3）：80-86.
[45] 张永兴，董捷，黄治云. 合理间距条件悬臂式抗滑桩三维土拱效应试验研究[J]. 岩土工程学报，2009，31（12）：1874-1881.
[46] 张昕升. 路堑边坡装配式绿化挡墙受力特性研究[D]. 成都：西南交通大学，2019.
[47] 韩晓云. 路堤边坡绿化装配式挡土墙的稳定性分析[D]. 成都：西南交通大学，2019.